iOS 程序员面试笔试真题库

猿媛之家　组编

蒋信厚　汪小发　楚　秦　等编著

机械工业出版社

本书针对当前各大 IT 企业面试笔试中的特性与侧重点，精心挑选了近 3 年以来约 20 家顶级 IT 企业的 iOS 面试笔试真题卷，这些企业涉及业务包括系统软件、搜索引擎、电子商务、手机 App、安全关键软件等，这些真题涉及的知识点包括 iOS、计算机网络、操作系统、数据结构与算法、基础数学知识、数据库、设计模式等，非常具有代表性与参考性。同时，本书对这些题目进行了详细的分析与讲解，针对试题中涉及的部分重难点问题，本书都进行了适当的扩展与延伸，力求对知识点的讲解清晰而不紊乱，全面而不啰嗦，使得读者能够通过本书不仅获取到求职的知识，同时更有针对性地进行求职准备，最终能够收获一份满意的工作。

本书是一本计算机相关专业毕业生面试、笔试的求职用书，同时也适合期望在计算机软、硬件行业大显身手的计算机爱好者阅读。

图书在版编目（CIP）数据

iOS 程序员面试笔试真题库 / 猿媛之家组编；蒋信厚等编著. —北京：机械工业出版社，2019.6

ISBN 978-7-111-62617-6

Ⅰ. ①i… Ⅱ. ①猿… ②蒋… Ⅲ. ①移动终端－应用程序－程序设计－资格考试－试题 Ⅳ. ①TN929.53-44

中国版本图书馆 CIP 数据核字（2019）第 080851 号

机械工业出版社（北京市百万庄大街 22 号　邮政编码 100037）
策划编辑：尚　晨　　责任编辑：尚　晨
责任校对：张艳霞　　责任印制：孙　炜

北京玥实印刷有限公司印刷

2019 年 9 月第 1 版 · 第 1 次印刷
184mm×260mm · 17.75 印张 · 437 千字
0001－2500 册
标准书号：ISBN 978-7-111-62617-6
定价：69.00 元

电话服务	网络服务
客服电话：010-88361066	机　工　官　网：www.cmpbook.com
010-88379833	机　工　官　博：weibo.com/cmp1952
010-68326294	金　书　网：www.golden-book.com
封底无防伪标均为盗版	机工教育服务网：www.cmpedu.com

前　言

在当今 IT 互联网火热的时代，iOS 技术的生命力从其诞生开始一直屡增不减，iOS 软件开发工程师的岗位也是各大互联网企业招聘必不可少的。同时，随着互联网技术的成熟以及 iOS 从业者的激增和整体水平的提高，各大企业招聘时对应聘者的要求也水涨船高，iOS 开发者必须系统地提高自身专业水平才能应对企业更加系统全面的考察，在激烈的竞争中提高获取理想工作的机率。

iOS 领域火热这么多年，之前市面上一直都没有比较系统的 iOS 面试指导书籍。"猿媛之家"作为致力于互联网面试指导的专业团队，多年来一直在为国内 IT 从业者研发整理面试指导书籍，先后由机械工业出版社出版了《程序员面试笔试宝典》《Java 程序员面试笔试宝典》等畅销书籍，受到一致好评，包括本人和身边很多同学同事都得益于此系列书籍，找到理想的工作，也帮助大家在从业前打好了相关领域的知识基础，在以后的工作中发挥长远的作用。考虑到一直以来 iOS 面试指导书籍的空缺，团队从 2016 年年底开始创作 iOS 程序员面试笔试系列书籍，历时一年半有余，于 2018 年 9 月出版了《iOS 程序员面试笔试宝典》，并按照计划于 2019 年先后出版《iOS 程序员面试笔试真题库》和《iOS 程序员面试笔试真题与解析》。

本书之前的《iOS 程序员面试笔试宝典》一书侧重点在于囊括过去几年已有的面试笔试题目，对其进行系统分类，构建知识框架，并进行知识点的辐射，深入挖掘并总结面试笔试中常考到的重要知识点，帮助应聘者快速填充基础知识空缺，同时帮助应聘者更加系统、清晰、有逻辑地组织答案和语言，取得更好的面试笔试成绩。本书的特点是整理知名企业有代表性的 iOS 面试真题，很多典型的题目经常反复考查，在面试笔试中也很容易会碰到原题或者原题的简单变型。应聘者可利用此书来进行实战模拟，快速检测出自身不足之处，及时弥补，短时间突击，以提高应聘表现成绩。另外每套真题后都进行了详细解析和知识点挖掘，同时补充了 iOS 面试笔试宝典中没有覆盖到的部分小知识点，力求全面地将 iOS 面试笔试中可能出现的考查点都总结到位。

为了更加高效地利用好这本书，建议读者自行控制时间一次性做完一套题目，遇到不会的可跳过，之后翻看答案对照，找出自身的知识盲点，并通过研读解析或者翻查宝典中的知识点进行学习，弥补自己的弱点。希望更多的 iOS 从业者通过此系列书籍，专业技能更上一层楼，历经磨练找到属于自己的理想工作，发挥自身的才能，成为优秀的 iOS 开发者乃至行业专家。另外，由于本书作者自身水平有限，难免在细节上会有疏忽的地方，希望读者谅解，也欢迎读者们的热心反馈或者技术交流。

最后诚挚感谢家人和身边朋友们的支持和鼓励，使我们能够坚持将此系列书籍按时保质保量地完成。

对于书中的任何问题或困惑，读者都可以通过邮件联系我们：yuancoder@foxmail.com。期待你们的来信。

编 者

目　录

真题详解篇

面试笔试经验技巧篇

想找到一份程序员的工作，一点技术都没有显然是不行的，但是，只有技术也是不够的。面试笔试经验技巧篇主要提供 iOS 程序员面试笔试经验、面试笔试问题方法讨论等。通过本篇的学习，求职者必将获取到丰富的应试技巧与方法。

经验技巧 1　　如何巧妙地回答面试官的问题

所谓"来者不善，善者不来"，程序员面试中，求职者不可避免地需要回答面试官各种刁钻、犀利的问题，回答面试官的问题千万不能简单地回答"是"或者"不是"，而应该具体分析"是"或者"不是"的理由。

回答面试官的问题是一门很深的学问。那么，面对面试官提出的各类问题，如何才能条理清晰地回答呢？如何才能让自己的回答不至于撞上枪口呢？如何才能让自己的回答结果令面试官满意呢？

谈话是一种艺术，回答问题也是一种艺术，同样的话，不同的回答方式，往往也会产生出不同的效果，甚至是截然不同的效果。在此，编者提出以下几点建议，供读者参考。首先回答问题务必谦虚谨慎。既不能让面试官觉得自己很自卑，唯唯诺诺，也不能让面试官觉得自己清高自负，而应该通过问题的回答表现出自己自信从容、不卑不亢的一面。例如，当面试官提出"你在项目中起到了什么作用"的问题时，如果求职者回答：我完成了团队中最难的工作，此时就会给面试官一种居功自傲的感觉，而如果回答：我完成了文件系统的构建工作，这个工作被认为是整个项目中最具有挑战性的一部分内容，因为它几乎无法重用以前的框架，需要重新设计。这种回答不仅不傲慢，反而有理有据，更能打动面试官。

其次，回答面试官的问题时，不要什么都说，要适当地留有悬念。人一般都有猎奇的心理，面试官自然也不例外，而且，人们往往对好奇的事情更有兴趣、更加偏爱，也更加记忆深刻。所以，在回答面试官问题时，切记说关键点而非细节，说重点而非和盘托出，通过关键点，吸引面试官的注意力，等待他们继续"刨根问底"。例如，当面试官对你的简历中一个算法问题有兴趣，希望了解时，可以如下回答：我设计的这种查找算法，对于 80% 以上的情况，都可以将时间复杂度从 $O(n)$ 降低到 $O(logn)$，如果您有兴趣，我可以详细给您分析具体的细节。

最后，回答问题要条理清晰、简单明了，最好使用"三段式"方式。所谓"三段式"，有点类似于中学作文中的写作风格，包括"场景/任务""行动"和"结果"三部分内容。以面试官提的问题"你在团队建设中，遇到的最大挑战是什么？"为例，第一步，分析场景/任务：在我参与的一个 ERP 项目中，我们团队一共 4 个人，除了我以外的其他 3 个人中，两个人能力很强，人也比较好相处，但有一个人不太好相处，每次我们小组讨论问题的时候，他都不太爱说话，也很少发言，分配给他的任务也很难完成。第二步，分析行动：为了提高团队的综合实力，我决定找个时间和他好好单独谈一谈。于是我利用周末时间，约他一起吃饭，吃饭的时候，顺便讨论了一下我们的项目，我询问了一些项目中他遇到的问题，通过他的回答，我发现他并不懒，也不糊涂，只是对项目不太了解，缺乏经验，缺乏自信而已，所以越来越孤立，越来越不愿意讨论问题。为了解决这个问题，我尝试着把问题细化到他可以完成的程度，从而建立起他的自信心。第三步，分析结果：他是小组中水平最弱的人，但是，慢慢地，他的技术变得越来越强了，也能够按时完成安排给他的工作了，人也越来越自信了，也越来越喜欢参与我们的讨论，并发表自己的看法，我们也都愿意与他一起合作了。"三段式"回答的一个最明显的好处就是条理清晰，既有描述，也有结果，有理有据，让面试官一目了然。

回答问题的技巧，是一门大的学问。求职者完全可以在平时的生活中加以练习，提高自己与人沟通的技能，等到面试时，自然就得心应手了。

经验技巧 2 　如何回答技术性问题

程序员面试中，面试官会经常询问一些技术性的问题，有的问题可能比较简单，都是历年的面试笔试真题，求职者在平时的复习中会经常遇到，应对自然不在话下。但有的题目可能比较难，来源于 Google、Microsoft 等大企业的题库或是企业自己为了招聘需要设计的题库，求职者可能从来没见过或者从来都不能完整地、独立地想到解决方案，而这些题目往往又是企业比较关注的。

如何能够回答好这些技术性问题呢？编者建议：会做的题目一定要拿满分，不会做的题目一定要拿部分分。即对于简单的题目，求职者要努力做到完全正确，毕竟这些题目，只要复习得当，完全回答正确一点问题都没有（编者的一个朋友把《编程之美》《编程珠玑》《程序员面试笔试宝典》上面的技术性题目与答案全都背得滚瓜烂熟，后来找工作无往不利）；对于难度比较大的题目，不要惊慌，也不要害怕，即使无法完全做出来，也要努力思考问题，哪怕是半成品也要写出来，至少要把自己的思路表达给面试官，让面试官知道你的想法，而不是完全回答不会或者放弃，因为面试官很多时候除了关注求职者独立思考问题的能力以外，还会关注求职者技术能力的可塑性，观察求职者是否能够在别人的引导下去正确地解决问题，所以，对于你不会的问题，他们很有可能会循序渐进地启发你去思考，通过这个过程，让他们更加了解你。

一般而言，在回答技术性问题时，求职者大可不必胆战心惊，除非是没学过的新知识，否则，一般都可以采用以下 6 个步骤来分析解决。

（1）勇于提问

面试官提出的问题，有时候可能过于抽象，让求职者不知所措，或者无从下手，所以，对于面试中的疑惑，求职者要勇敢地提出来，多向面试官提问，把不明确或二义性的情况都问清楚。不用担心你的问题会让面试官烦恼，影响你的面试成绩，相反它可能会对面试结果产生积极影响：一方面，提问可以让面试官知道你在思考，也可以给面试官一个心思缜密的好印象；另一方面，方便后续自己对问题的解答。

例如，面试官提出一个问题：设计一个高效的排序算法。求职者可能丈二和尚摸不到头脑，排序对象是链表还是数组？数据类型是整型、浮点型、字符型还是结构体类型？数据基本有序还是杂乱无序？数据量有多大，1000 以内还是百万以上个数？此时，求职者大可以将自己的疑问提出来，问题清楚了，解决方案也自然就出来了。

（2）高效设计

对于技术性问题，如何才能打动面试官？完成基本功能是必需的，仅此而已吗？显然不是，完成基本功能顶多只能算及格水平，要想达到优秀水平，至少还应该考虑更多的内容，以排序算法为例：时间是否高效？空间是否高效？数据量不大时也许没有问题，如果是海量数据呢？是否考虑了相关环节，例如数据的"增删改查"？是否考虑了代码的可扩展性、安全性、完整性以及顽健性？如果是网站设计，是否考虑了大规模数据访问的情况？是否需要考虑分布式系统架构？是否考虑了开源框架的使用？

（3）伪代码先行

有时候实际代码会比较复杂，上手就写很有可能会漏洞百出、条理混乱，所以，求职者可以首先征求面试官的同意，在编写实际代码前，写一个伪代码或者画好流程图，这样做往往会让思路更加清晰明了。

切记在写伪代码前要告诉面试官，否则他们很有可能对你产生误解，认为你只会纸上谈兵，实际编码能力却不行。只有征得了他们的允许，方可先写伪代码。

（4）控制节奏

如果是算法设计题，面试官都会给求职者一个时间限制用以完成设计，一般为 20min 左右。完成得太慢，会给面试官留下能力不行的印象，但完成得太快，如果不能保证百分之百正确，也会给面试官留下毛手毛脚的印象，速度快当然是好事情，但只有速度，没有质量，速度快根本不会给面试加分。所以，编者建议，回答问题的节奏最好不要太慢，也不要太快，如果实在是完成得比较快，也不要急于提交给面试官，最好能够利用剩余的时间，认真仔细地检查一些边界情况、异常情况及极性情况等，看是否也能满足要求。

（5）规范编码

回答技术性问题时，多数都是纸上写代码，离开了编译器的帮助，求职者要想让面试官对自己的代码一看即懂，除了要字迹工整，最好能够严格遵循编码规范：函数变量命名、换行缩进、语句嵌套和代码布局等，同时，代码设计应该具有完整性，保证代码能够完成基本功能、输入边界值能够得到正确地输出、对各种不合规范的非法输入能够做出合理的错误处理，否则，写出的代码即使无比高效，面试官也不一定看得懂或者看起来非常费劲，这些对面试成功都是非常不利的。

（6）精心测试

在软件行业有一句真理：任何软件都有缺陷（Bug）。但不能因为如此就纵容自己的代码，允许错误百出。尤其是在面试过程中，实现功能也许并不十分困难，困难的是在有限的时间内设计出的算法，各种异常是否都得到了有效的处理，各种边界值是否都在算法设计的范围内。

测试代码是让代码变得完备的高效方式之一，也是一名优秀程序员必备的素质之一。所以，在编写代码前，求职者最好能够了解一些基本的测试知识，做一些基本的单元测试、功能测试、边界测试以及异常测试。

在回答技术性问题时，注意在思考问题的时候，千万别一句话都不说，面试官面试的时间是有限的，他们希望在有限的时间内尽可能地去了解求职者，如果求职者坐在那里一句话不说，会让面试官觉得求职者不仅技术水平不行，思考问题能力以及沟通能力可能都存在问题。

其实，在面试时，求职者往往会存在一种思想误区，把技术性面试的结果看得太重要了。面试过程中的技术性问题，结果固然重要，但也并非最重要的内容，因为面试官看重的不仅仅是最终的结果，还包括求职者在解决问题的过程中体现出来的逻辑思维能力以及分析问题的能力。所以，求职者在面试的过程中，要适当地提问，通过提问获取面试官的反馈信息，并抓住这些有用的信息进行辅助思考，从而给面试官留下好印象，进而提高面试的成功率。

经验技巧 3   如何回答非技术性问题

评价一个人的能力，除了专业能力，还有一些非专业能力，如智力、沟通能力和反应能力等，所以在 IT 企业招聘过程的笔试面试环节中，并非所有的笔试内容都是 C/C++、数据结构与算法及操作系统等专业知识，也包括其他一些非技术类的知识，如智力题、推理题和作文题等。技术水平测试可以考查一个求职者的专业素养，而非技术类测试则更加强调求职者的综合素质，包括数学分析能力、反应能力、临场应变能力、思维灵活性、文字表达能力和性格特征等内容。考查的形式多种多样，但与公务员考查相似，主要包括行测（占大多数）、性格测试（大部分都有）、应用文和开放问题等内容。

每个人都有自己的答题技巧，答题方式也各不相同，以下是一些相对比较好的答题技巧（以行测为例）。

1）合理有效的时间管理。由于题目的难易不同，所以不要对所有题目都"绝对的公平"、都"一刀切"，要有轻重缓急，最好的做法是不按顺序回答。行测中有各种题型，如数量关系、图形推理、应用题、资料分析和文字逻辑等，而不同的人擅长的题型是不一样的，因此应该首先回答自己最擅长的问题。例如，如果对数字比较敏感，那么就先答数量关系。

2）注意时间的把握。由于题量一般都比较大，可以先按照总时间/题数来计算每道题的平均答题时间，如 10s，如果看到某一道题 5s 后还没思路，则马上放弃。在做行测题目的时候，以在最短的时间内拿到最多分为目标。

3）平时多关注图表类题目，培养迅速抓住图表中各个数字要素间相互逻辑关系的能力。

4）做题要集中精力，只有集中精力、全神贯注，才能将自己的水平最大限度地发挥出来。

5）学会关键字查找，通过关键字查找，能够提高做题效率。

6）提高估算能力，有很多时候，估算能够极大地提高做题速度，同时保证正确率。

除了行测以外，一些企业非常相信个人性格对入职匹配的影响，所以都会引入相关的性格测试题用于测试求职者的性格特性，看其是否适合所投递的职位。大多数情况下，只要按照自己的真实想法选择就行了，不要弄巧成拙，因为测试是为了得出正确的结果，所以大多测试题前后都有相互验证的题目。如果求职者自作聪明，选择该职位可能要求的性格选项，则很可能导致测试前后不符，这样很容易让企业发现你是个不诚实的人，从而首先予以筛除。

经验技巧 4   如何回答快速估算类问题

有些大企业的面试官，总喜欢出一些快速估算类问题。对他们而言，这些问题只是手段，不是目的，能够得到一个满意的结果固然是他们所需要的，但更重要的是通过这些题目他们可以考查求职者的快速反应能力以及逻辑思维能力。由于求职者平时准备的时候可能对此类问题有所遗漏，一时很难想起解决的方案。而且，这些题目乍一看确实是毫无头绪，无从下手，其实求职者只要从惊慌失措中冷静下来，稍加分析，会发现这些问题并非看上去那样可怕。因为此类题目比较灵活，属于开放性试题，一般没有标准答案，只要弄清楚了回答要点，分析合理到位，具有说服力，能够自圆其说，就是正确答案，一点都不困难。

例如，面试官可能会问这样一个问题："请你估算一下一家商场在促销时一天的营业额。"求职者又不是统计局官员，家里也不是开商场的，如何能够得出一个准确的数据呢？即使求职者是商场的经理，也不可能弄得清清楚楚明明白白吧。

难道此题就无解了吗？其实不然，本题只要能够分析出一个概数就行了，不一定要精确数据，而分析概数的前提就是做出各种假设。以该问题为例，可以尝试从以下思路入手：从商场规模、商铺规模入手，通过每平方米的租金，估算出商场的日租金，再根据商铺的成本构成，得到全商场日均交易额，再考虑促销时的销售额与平时销售额的倍数关系，乘以倍数，即可得到促销时一天的营业额。具体而言，包括以下估计数值。

1）以一家较大规模的商场为例，商场一般按 6 层计算，每层大约长 100m，宽 100m，合计 $60000m^2$ 的面积。

2）商铺规模占商场规模的一半左右，合计 $30000m^2$。

3）商铺租金约为 $40 元/m^2$，估算出年租金为 $40 \times 30000 \times 365$ 元=4.38 亿元。

4）对商户而言，租金一般占销售额的 20%左右，则年销售额为 4.38 亿元×5=21.9 亿元。计算平均日销售额为 21.9 亿元/365=600 万元。

5）促销时的日销售额一般是平时的 10 倍，所以大约为 600 万元×10=6000 万元。

此类题目涉及面比较广，例如：估算一下北京小吃店的数量，估算一下中国在过去一年方便面的市场销售额是多少，估算一下长江的水的质量，估算一下一个行进在小雨中的人 5min 内身上淋到的雨的质量，估算一下东方明珠电视塔的质量，估算一下中国 2017 年一年一共用掉了多少块尿布，估算一下杭州的轮胎数量。但这些题一般都是即兴发挥，不是哪道题记住答案就可以应付得了的。遇到此类问题，一步步抽丝剥茧，才是解决之道。

经验技巧5　如何回答算法设计问题

程序员面试中的很多算法设计问题，都是历年来各家企业的"炒现饭"，不管求职者以前对算法知识学习得是否扎实，理解得是否深入，只要面试前买本《程序员面试笔试宝典》（编者早前编写的一本书，由机械工业出版社出版）学习上一段时间，牢记于心，应付此类题目就完全没有问题。但遗憾的是，很多世界级知名企业也深知这一点，如果纯粹是出一些毫无技术含量的题目，对于考前"突击手"而言，可能会占尽便宜，但对于那些技术好的人而言是非常不公平的。所以，为了把优秀的求职者与一般的求职者能够更好地区分开来，企业会推陈出新，越来越倾向于出一些有技术含量的"新"题，这些题目以及答案，不再是陈芝麻烂谷子了，而是经过精心设计的好题。

在程序员面试中，算法的地位就如同 GRE 或托福考试在出国留学中的地位，必需但不是最重要的，它只是众多考核方面中的一个而已，不一定就能决定求职者的"生死"。虽然如此，但并非说就不用去准备算法知识了，因为算法知识回答得好，必然会成为面试的加分项，对于求职成功，百利而无一害。那么如何应对此类题目呢？很显然，编者不可能将此类题目都在《程序员面试笔试宝典》中一一解答，一来由于内容众多，篇幅有限，二来也没必要，今年考过了，以后一般就不会再考了，不然还是没有区分度。编者以为，靠死记硬背肯定是行不通的，解答此类算法设计问题，需要求职者具有扎实的基本功以及良好的运用能力。编者无法左右求职者的个人基本功以及运用能力。因为这些能力需要求职者"十年磨一剑"地苦学，但编者可以提供一些比较好的答题方法和解题思路，以供求职者在面试时应对此类算法设计问题，正所谓"授之以鱼不如授之以渔"。

（1）归纳法

此方法通过写出问题的一些特定的例子，分析总结其中的一般规律。具体而言就是通过列举少量的特殊情况，经过分析，最后找出一般的关系。例如，某人有一对兔子饲养在围墙中，如果它们每个月生一对兔子，且新生的兔子在第二个月后也是每个月生一对兔子，问一年后围墙中共有多少对兔子？

使用归纳法解答此题，首先想到的就是第一个月有多少对兔子，第一个月的时候，最初的一对兔子生下一对兔子，此时围墙内共有两对兔子。第二个月仍是最初的一对兔子生下一对兔子，共有 3 对兔子。到第三个月除最初的兔子新生一对兔子外，第一个月生的兔子也开始生兔子，因此共有 5 对兔子。通过举例，可以看出，从第二个月开始，每一个月兔子总数都是前两个月兔子总数之和，$U_{n+1}=U_n+U_{n-1}$，一年后，围墙中的兔子总数为 377 对。

此种方法比较抽象，也不可能对所有的情况进行列举，所以，得出的结论只是一种猜测，还需要进行证明。

（2）相似法

此方法考虑解决问题的算法是相似的。如果面试官提出的问题与求职者以前用某个算法解决过的问题相似，此时此刻就可以触类旁通，尝试改进原有算法来解决这个新问题。而通常情况下，此种方法都会比较奏效。

例如，实现字符串的逆序打印，也许求职者从来就没遇到过此问题，但将字符串逆序肯定在求职准备的过程中是见过的。将字符串逆序的算法稍加处理，即可实现字符串的逆序打印。

（3）简化法

此方法首先将问题简单化，例如改变一下数据类型、空间大小等，然后尝试着解决简化后的问题，一旦有了一个算法或者思路可以解决这个简化过的问题，再将问题还原，尝试着用此类方法解决原有问题。

例如，在海量日志数据中提取出某日访问某网站次数最多的那个 IP 地址。很显然，由于数据量巨大，直接进行排序不可行，但如果数据规模不大时，采用直接排序不失为一种好的解决方法。那么如何将问题规模缩小呢？于是想到了哈希（Hash）法，Hash 法往往可以缩小问题规模，然后在简化的数据里面使用常规排序算法即可找出此问题的答案。

（4）递归法

为了降低问题的复杂度，很多时候都会将问题逐层分解，最后归结为一些最简单的问题，这就是递归。此种方法首先要能够解决最基本的情况，然后以此为基础，解决接下来的问题。

例如，在寻求全排列的时候，可能会感觉无从下手，但仔细推敲，会发现后一种排列组合往往是在前一种排列组合的基础上进行的重新排列，只要知道了前一种排列组合的各类组合情况，只需将最后一个元素插入到前面各种组合的排列里面，就实现了目标，即先截去字符串 s[1...n]中的最后一个字母，生成所有 s[1...n−1]的全排列，然后再将最后一个字母插入到每一个可插入的位置。

（5）分治法

任何一个可以用计算机求解的问题所需的计算时间都与其规模有关。问题的规模越小，越容易直接求解，解题所需的计算时间也越少。而分治法正是充分考虑到这一内容，将一个难以直接解决的大问题，分割成一些规模较小的相同问题，以便各个击破，分而治之。分治法一般包含以下 3 个步骤。

1）将问题的实例划分为几个较小的实例，最好具有相等的规模。

2）对这些较小的实例求解，而最常见的方法一般是递归。

3）如果有必要，合并这些较小问题的解，以得到原始问题的解。

分治法是程序员面试常考的算法之一，一般适用于二分查找、大整数相乘、求最大子数组和、找出伪币、金块问题、矩阵乘法、残缺棋盘、归并排序、快速排序、距离最近的点对、导线与开关等。

（6）Hash 法

很多面试笔试题目，都要求求职者给出的算法尽可能高效。什么样的算法是高效的？一般而言，时间复杂度越低的算法越高效。而要想达到时间复杂度的高效，很多时候就必须在空间上有所牺牲，用空间来换时间。而用空间换时间最有效的方式就是 Hash 法、大数组和位图法。当然，此类方法并非万能，有时，面试官也会对空间大小进行限制，那么此时，求职者只能再去思考其他的方法了。

其实，凡是涉及大规模数据处理的算法设计，Hash 法就是最好的方法之一。

（7）轮询法

在设计每道面试笔试题时，往往会有一个载体，这个载体便是数据结构，例如数组、链表、二叉树或图等，当载体确定后，可用的算法自然而然地就会暴露出来。可问题是很多时候并不确定这个载体是什么。当无法确定这个载体时，一般也就很难想到合适的方法了。

编者建议，此时，求职者可以采用最原始的思考问题的方法——轮询法，在脑海中轮询各种可能的数据结构与算法，常考的数据结构与算法一共就那么几种（见表 1），即使不完全一样，也是由此衍生出来的或者相似的，总有一种是适合考题的。

表 1　常考的数据结构与算法知识点

数 据 结 构	算　　　　法	概　　　念
链表	广度（深度）优先搜索	位操作
数组	递归	设计模式
二叉树	二分查找	内存管理（堆、栈等）
树	排序（归并排序、快速排序等）	—
堆（大顶堆、小顶堆）	树的插入、删除、查找、遍历等	—
栈	图论	—
队列	Hash 法	—
向量	分治法	—
哈希（Hash）表	动态规划	—

此种方法看似笨拙，其实实用，只要求职者对常见的数据结构与算法烂熟于心，就没有问题。

为了更好地理解这些方法，求职者可以在平时的准备过程中，应用此类方法去答题，做得多了，自然对各种方法也就熟能生巧了，面试的时候，再遇到此类问题，也就能够收放自如了。算法设计功力的练就是平时一点一滴的付出和思维的磨炼。方法与技巧只是给面试打了一针"鸡血"、喂一口"大补丸"，真正的功力还需要长期的积累。

经验技巧6　如何回答系统设计题

应届毕业生在面试的时候，偶尔也会遇到一些系统设计题，而这些题目往往只是测试一下求职者的知识面，或者测试求职者对系统架构方面的了解，一般不会涉及具体的编码工作。虽然如此，对于此类问题，很多人还是感觉难以应对，也不知道从何说起。

如何应对此类题目呢？在正式介绍基础知识之前，首先罗列几个常见的系统设计相关的面试笔试题，如下所示。

1）设计一个 DNS 的 Cache 结构，要求能够满足每秒 5000 次以上的查询，满足 IP 数据的快速插入，查询的速度要快（题目还给出了一系列的数据，比如站点数总共为 5000 万、IP地址有 1000 万等）。

2）有 N 台机器，M 个文件，文件可以以任意方式存放到任意机器上，文件可任意分割成若干块。假设这 N 台机器的宕机率小于 1/3，想在宕机时可以从其他未宕机的机器中完整导出这 M 个文件，求最好的存放与分割策略。

3）假设有 30 台服务器，每台服务器上面都存有上百亿条数据（有可能重复），如何根据关键字找出这 30 台机器中，重复出现次数最多的前 100 条？要求使用 Hadoop 来实现。

4）设计一个系统，要求写速度尽可能快，并说明设计原理。

5）设计一个高并发系统，说明架构和关键技术要点。

6）有 25TB 的 log(query->queryinfo)，log 在不断地增长，设计一个方案，给出一个 query能快速返回 queryinfo。

以上所有问题中凡是不涉及高并发的，基本可以采用谷歌（Google）公司的三个技术解决，即 GFS、MapReduce 和 BigTable，这三个技术被称为"Google 三驾马车"，Google 公司只公开了论文而未开源代码，开源界对此非常有兴趣，仿照这三篇论文实现了一系列软件，如 Hadoop、HBase、HDFS 及 Cassandra 等。

在 Google 公司这些技术还未出现之前，企业界在设计大规模分布式系统时，采用的架构往往是 database+sharding+cache，现在很多公司（比如新浪微博和淘宝）仍采用这种架构。在这种架构中，仍有很多问题值得去探讨。如采用什么数据库，是 SQL 界的 MySQL 还是NoSQL 界的 Redis/TFS，两者有何优劣？采用什么方式数据分片（Sharding），是水平分片还是垂直分片？据网上资料显示，新浪微博和淘宝图片存储中曾采用的架构是 Redis/MySQL/TFS+sharding+cache，该架构解释如下：前端缓存（Cache）是为了提高响应速度，后端数据库则用于数据永久存储，防止数据丢失，而 sharding 是为了在多台机器间分摊负载。最前端由大块大块的 cache 组成，要保证至少 99%（该数据在新浪微博架构中的是自己猜的，而淘宝图片存储模块是真实的）的访问数据落在 cache 中，这样可以保证用户访问速度，减少后端数据库的压力。此外，为了保证前端 cache 中的数据与后端数据库中的数据一致，需要有一个中间件异步更新（为什么使用异步？理由为同步代价太高。异步有缺点，如何弥补？）

数据，这个有些人可能比较清楚，新浪有个开源软件叫 Memcachedb（整合了 Berkeley DB 和 Memcached），具备此功能。另外，为了分摊负载压力和海量数据，会将用户微博信息经过分片后存放到不同结点上（称为"sharding"）。

这种架构优点非常明显：简单，在数据量和用户量较小的时候完全可以胜任；缺点是扩展性和容错性太差，维护成本非常高，尤其是数据量和用户量暴增之后，系统不能通过简单地增加机器解决该问题。

鉴于此，"Google 三驾马车"应运而生。新的架构仍然采用 Google 公司的架构模式与设计思想，以下将分别就此内容进行分析。

GFS 是一个可扩展的分布式文件系统，用于大型的、分布式的、对大量数据进行访问的应用。它运行于廉价的普通硬件上，提供容错功能。现在开源界有 HDFS（Hadoop Distributed File System），该文件系统虽然弥补了数据库+sharding 的很多缺点，但自身仍存在一些问题，比如：由于采用 master/slave 架构，因此存在单点故障问题；元数据信息全部存放在 master 端的内存中，因而不适合存储小文件，或者说如果存储大量小文件，那么存储的总数据量不会太大。

MapReduce 是针对分布式并行计算的一套编程模型。其最大的优点是编程接口简单，自动备份（数据默认情况下会自动备份三份），自动容错和隐藏跨机器间的通信。在 Hadoop 中，MapReduce 作为分布计算框架，而 HDFS 作为底层的分布式存储系统，但 MapReduce 不是与 HDFS 耦合在一起的，完全可以使用自己的分布式文件系统替换 HDFS。当前 MapReduce 有很多开源实现，如 Java 实现 Hadoop MapReduce，C++实现 Sector/sphere 等，甚至有些数据库厂商将 MapReduce 集成到数据库中了。

BigTable 俗称"大表"，是用来存储结构化数据的，编者觉得，BigTable 在开源界比较流行，其开源实现最多，包括 HBase、Cassandra 和 levelDB 等，使用也非常广泛。

除了 Google 的这"三驾马车"以外，还有其他一些技术可供学习与使用。

Dynamo：亚马逊的 key-value 模式的存储平台，可用性和扩展性都很好，采用 DHT（Distributed Hash Table）对数据分片，解决单点故障问题，在 Cassandra 中，也借鉴了该技术，在 BT 和电驴两种下载引擎中，也采用了类似算法。

虚拟结点技术常用于分布式数据分片中。具体应用场景是：有一大块数据（可能 TB 级或者 PB 级），需按照某个字段（Key）分片存储到几十（或者更多）台机器上，同时想尽量负载均衡且容易扩展。传统的做法是：Hash(key) mod N，这种方法最大的缺点是不容易扩展，即增加或者减少机器均会导致数据全部重分布，代价太大。于是新技术诞生了，其中一种是上面提到的 DHT，现在已经被很多大型系统采用，还有一种是对"Hash(key) mod N"的改进：假设要将数据分布到 20 台机器上，传统做法是 Hash(key) mod 20，而改进后，N 取值要远大于 20，比如是 20000000，然后采用额外一张表记录每个结点存储的 key 的模值。

node1：0～1000000

node2：1000001～2000000

……

这样，当添加一个新的结点时，只需将每个结点上部分数据移动给新结点，同时修改一下该表即可。

Thrift：Thrift 是一个跨语言的 RPC 框架。RPC 是远程过程调用，其使用方式与调用一个普通函数一样，但执行体发生在远程机器上；跨语言是指不同语言之间进行通信，比如 C/S 架构中，Server 端采用 C++编写，Client 端采用 PHP 编写，怎样让两者之间通信，Thrift 是一种很好的方式。

最前面的几道题均可以映射到以上几个系统的某个模块中，具体如下。

1）关于高并发系统设计，主要有以下几个关键技术点：缓存、索引、数据分片及锁粒度尽可能小。

2）题目 2 涉及现在通用的分布式文件系统的副本存放策略。一般是将大文件切分成小的块（Block）（如 64MB）后，以 block 为单位存放三份到不同的结点上，这三份数据的位置需根据网络拓扑结构配置。一般而言，如果不考虑跨数据中心，可以这样存放：两个副本存放在同一个机架的不同结点上，而另外一个副本存放在另一个机架上，这样从效率和可靠性上，都是最优的（这个 Google 公布的文档中有专门的证明，有兴趣的可参阅一下）。如果考虑跨数据中心，可将两份存在一个数据中心的不同机架上，另一份放到另一个数据中心。

3）题目 4 涉及 BigTable 的模型。主要思想是将随机写转化为顺序写，进而大大提高写速度。具体做法是：由于磁盘物理结构的独特设计，其并发的随机写（主要是因为磁盘寻道时间长）非常慢，考虑到这一点，在 BigTable 模型中，首先会将并发写的大批数据放到一个内存表（称为"memtable"）中，当该表大到一定程度后，会顺序写到一个磁盘表（称为"SSTable"）中，这种写是顺序写，效率极高。此时可能有读者会问，随机读可不可以优化？答案是：看情况。通常而言，如果读并发度不高，则不可以这么做，因为如果将多个读重新排列组合后再执行，系统的响应时间太慢，用户可能接受不了，而如果读并发度极高，也许可以采用类似机制。

经验技巧 7 　如何应对自己不会回答的问题

在面试的过程中，求职者对面试官提出的问题并不是每个问题都能回答上来，计算机技术博大精深，很少有人能对计算机技术的各个分支学科了如指掌，而且抛开技术层面的问题，在面试那种紧张的环境中，回答不上来的情况也容易出现。面试的过程是一个和面试官"斗智斗勇"的过程，遇到自己不会回答的问题时，错误的做法是保持沉默或者支支吾吾、不懂装懂，硬着头皮胡乱说一通，这样会使面试气氛很尴尬，很难再往下继续进行。

其实面试遇到不会的问题是一件很正常的事情，没有人是万事通，即使对自己的专业有相当的研究与认识，也可能会在面试中遇到感觉没有任何印象、不知道如何回答的问题。在面试中遇到实在不懂或不会回答的问题，正确的办法是本着实事求是的原则，态度诚恳，告诉面试官不知道答案。例如，"对不起，不好意思，这个问题我回答不出来，我能向您请教吗？"

征求面试官的意见时可以说说自己的个人想法，如果面试官同意听了，就将自己的想法说出来，回答时要谦逊有礼，切不可说起没完。然后应该虚心地向面试官请教，表现出强烈的学习欲望。

所以，遇到自己不会的问题时，正确的做法是"知之为知之，不知为不知"，不懂就是不懂，不会就是不会，一定要实事求是，坦然面对。最后也能给面试官留下诚实、坦率的好印象。

11

经验技巧 8　如何处理与面试官持不同观点这个问题

在面试的过程中，求职者所持有的观点不可能与面试官一模一样，在对某个问题的看法上，很有可能两个人相去甚远。当与面试官持不同观点时，有的求职者自作聪明，立马就反驳面试官，例如，"不见得吧！""我看未必""不会""完全不是这么回事！"或"这样的说法未必全对"等，其实，虽然也许确实不像面试官所说的，但是太过直接的反驳往往会导致面试官心理的不悦，最终的结果很可能是"逞一时之快，失一份工作"。

就算与面试官持不一样的观点，也应该委婉地表达自己的真实想法。

所以回答此类问题的最好方法往往是应该先赞同面试官的观点，给对方一个台阶下，然后再说明自己的观点，用"同时""而且"过渡，千万不要说"但是"，一旦说了"但是""却"就容易把自己放在面试官的对立面去。

经验技巧 9　什么是职场暗语

随着求职大势的变迁发展，以往常规的面试套路，因为过于单调、简明，已经被众多"面试达人"们挖掘出了各种"破解秘诀"。所谓"道高一尺，魔高一丈"，面试官们也纷纷升级面试模式，为求职者们制作了更为隐蔽、间接、含混的面试题目，让那些早已流传开来的"面试攻略"毫无用武之地，一些蕴涵丰富信息但以更新面目出现的问话屡屡"秒杀"求职者。例如，"面试官从头到尾都表现出对我很感兴趣的样子，营造出马上就要录用我的氛围，为什么我最后还是未被录取？""为什么 HR 会问我一些与专业、能力根本无关的怪问题，我感觉回答得也还行，为什么最后还是被拒绝了？"其实，这都是没有听懂面试"暗语"，没有听出面试官"弦外之音"的表现。"暗语"已经成为一种测试求职者心理素质、挖掘求职者内心真实想法的有效手段。理解这些面试中的暗语，对于求职者而言，不可或缺。

以下是一些常见的面试暗语，求职者一定要弄清楚其中蕴含的深意，不然，最后只能铩羽而归。

（1）请把简历先放在这，有消息我们会通知你的

面试官说出这句话，则表明他对你已经"兴趣不大"，为什么一定要等到有消息了再通知呢？难道现在不可以吗？所以，作为求职者，此时一定不要自作聪明、一厢情愿地等待着他们有消息通知你，因为他们一般不会有消息了。

（2）我不是人力资源的，你别拘束，咱们就当是聊天，随便聊聊

一般来说，能当面试官的人都是久经沙场的老将，都不太好对付。表面上彬彬有礼、很和气的样子，但没准儿已经设好圈套，所以，作为求职者，千万不能被眼前的这种"假象"所迷惑，而应该时刻保持高度警觉，面试官不经意间问出来的问题，看似随意，很可能是他最想知道的。所以千万不要把面试过程当作聊天，也不要把面试官提出的问题当作是普通问题，而应该对每一个问题都仔细思考，认真回答，切忌不经过大脑的随意接话和回答。

（3）是否可以谈谈你的要求和打算

面试官在翻阅了求职者的简历后，说出这句话，很有可能是对求职者有兴趣，此时求职者应该尽量全方位地表现个人水平与才能，但也不能引起对方的反感。

（4）面试时只是"例行公事"式的问答

如果面试时只是"例行公事"式的问答，没有什么激情或者主观性的赞许，此时希望就很渺茫了。但如果面试官对你的专长问得很细，而且表现出一种极大的关注与热情，那么此时希望会很大，作为求职者，一定要抓住机会，将自己最好的一面展示在面试官面前。

（5）你好，请坐

简单的一句话，从面试官口中说出来其含义就大不同了。一般而言，面试官说出此话，求职者回答"你好"或"您好"不重要，重要的是求职者是否"礼貌回应"和"坐不坐"。有的求职者的回应是"你好"或"您好"后直接落座，也有求职者回答"你好，谢谢"或"您好，谢谢"后落座，还有求职者一声不吭就坐下去，极个别求职者回答"谢谢"但不坐下来。前两种方法都可接受，后两者都不可接受。通过问候语，可以体现一个人的基本修养，直接影响在面试官心目中的第一印象。

（6）面试官向求职者探过身去

在面试的过程中，面试官会有一些肢体语言，了解这些肢体语言对于了解面试官的心理情况以及面试的进展情况非常重要。例如，当面试官向求职者探过身去时，一般表明面试官对求职者很感兴趣；当面试官打呵欠或者目光呆滞、游移不定，甚至打开手机看时间或打电话、接电话时，一般表明面试官此时有了厌烦的情绪；而当面试官收拾文件或从椅子上站起来，一般表明此时面试官打算结束面试。针对面试官的肢体语言，求职者也应该迎合他们：当面试官很感兴趣时，应该继续陈述自己的观点；当面试官厌烦时，此时最好停下来，询问面试官是否愿意再继续听下去；当面试官打算结束面试，领会其用意，并准备好收场白，尽快地结束面试。

（7）你从哪里知道我们的招聘信息的

面试官提出这种问题，一方面是在评估招聘渠道的有效性，另一方面是想知道求职者是否有熟人介绍。一般而言，熟人介绍总体上会有加分，但是也不全是如此。如果是一个在单位里表现不佳或者其推荐的熟人有不良的历史记录，则会起到相反的效果。而大多数面试官主要是为了评估自己企业发布招聘广告的有效性，顺带评估 HR 敬业与否。

（8）你念书的时间还是比较富足的

表面上看，这是对他人的高学历表示赞赏，但同时也是一语双关，如果"高学历"的同时还搭配上一个"高年龄"，就一定要提防面试官的质疑：比如有些人因为上学晚或者工作了以后再回来读的研究生，毕业年龄明显高出平均年龄。此时一定要向面试官解释清楚，否则，面试官如果自己揣摩的话，往往会向不利于求职者的方向思考，例如，求职者年龄大的原因是高考复读过、考研用了两年甚至更长时间或者是先工作后读研等，如果面试官有了这种想法，最终的求职结果也就很难说了。

（9）你有男/女朋友吗？对异地恋爱怎么看待

一般而言，面试官都会询问求职者的婚恋状况，一方面是对求职者个人问题的关心，另一方面，对于女性而言，绝大多数面试官不是看中求职者的美貌性感、温柔贤惠，特意来刺探你的隐私，他提出是否有男朋友的问题，很有可能是在试探你是否近期要结婚生子，将会给企业带来什么程度的负担。"能不能接受异地恋",很有可能是考查你是否能够安心在一个地方工作,或者是暗示该岗位可能需要长期出差,试探求职者如何在感情和工作上做出抉择。与此类似的问题还有"如果求职者已婚,面试官会问是否生育,如果已育可能还会问小孩谁带?"所以,如果面试官有这一层面的意思,尽量要当场表态,避免将来的麻烦。

（10）你还应聘过其他什么企业

面试官提出这种问题是在考核你的职业生涯规划,同时顺便评估下你被其他企业录用或淘汰的可能性。当面试官对求职者提出此种问题,表明面试官对求职者是基本肯定的,只是还不能下决定是否最终录用。如果你还应聘过其他企业,请最好选择相关联的岗位或行业回答。一般而言,如果应聘过其他企业,一定要说自己拿到了其他企业的录取通道（Offer）,如果其他的行业影响力高于现在面试的企业,无疑可以加大你自身的筹码,有时甚至可以因此拿到该企业的顶级 offer,如果行业影响力低于现在面试的企业,如果回答没有拿到 offer,则会给面试官一种误导:连这家企业都没有给你 offer,我们如果给你 offer 了,岂不是说明我们不如这家企业。

（11）这是我的名片,你随时可以联系我

在面试结束,面试官起身将求职者送到门口,并主动与求职者握手,提供给求职者名片或者自己的个人电话,希望日后多加联系,此时,求职者一定要明白,面试官已经对自己非常肯定了,这是被录用的前兆,因为很少有面试官会对一个已经没有录用可能的求职者还如此"厚爱"。很多面试官在整个面试过程中会一直塑造出一种即将录用求职者的假象,表态也很暧昧,例如"你来到我们公司的话,有可能会比较忙"等模棱两可的表述,但如果面试官亲手将名片呈交,言谈中也流露出兴奋、积极的意向和表情,一般是表明了一种接纳你的态度。

（12）你担任职务很多,时间安排得过来吗?

对于有些职位,例如销售等,学校的积极分子往往更具优势,但在应聘研发类岗位时,却并不一定吃香。面试官提出此类问题,其实就是对一些在学校当"领导"的学生的一种反感,大量的社交活动很有可能占据学业时间,从而导致专业基础不牢固等。所以,针对上述问题,求职者在回答时,一定要告诉面试官,自己参与组织的"课外活动"并没有影响到自己的专业技能。

（13）面试结束后,面试官说"我们有消息会通知你的"

一般而言,面试官让求职者等通知,有多种可能性:不会录取;给你面试的人不是负责人,拿不了主意,还需要请示领导;公司对你不是特别满意,希望再多面试一些人,把你当作备选,如果有比你更好的就不用你了,没有的话会找你;公司需要对面试过并留下来的人进行重新选择,可能会安排二次面试。所以,当面试官说这话时,表明此时成功的可能性不大,至少这一次不能给予肯定的回复,相反如果对方热情地和你握手言别,再加一句"欢迎你应聘本公司"的话,此时一般十有八九能和他成为同事了。

（14）我们会在几天后联系你

一般而言,面试官说出这句话,表明了面试官对求职者还是很感兴趣的,尤其是当面试官仔细询问你所能接受的薪资情况等相关情况后,否则他们会尽快结束面谈,而不是多此一举。

（15）面试官认为该结束面试时的暗语

一般而言,求职者自我介绍之后,面试官会相应地提出各类问题,然后转向谈工作。面试官会先把工作内容和职责介绍一番，接着让求职者谈谈今后工作的打算和设想，然后，双方会谈及福利待遇问题，这些都是高潮话题，谈完之后你就应该主动做出告辞的姿态，不要盲目拖延时间。

面试官认为该结束面试时，往往会说以下暗示的话语来提醒求职者。

1）我很感激你对我们公司这项工作的关注。

2）真难为你了，跑了这么多路，多谢了。

3）谢谢你对我们招聘工作的关心，我们一旦做出决定就会立即通知你。

4）你的情况我们已经了解。你知道，在做出最后决定之前我们还要面试几位申请人。

此时，求职者应该主动站起身来，露出微笑，和面试官握手告辞，并且谢谢他，然后有礼貌地退出面试室。适时离场还包括不要在面试官结束谈话之前表现出浮躁不安、急欲离去或另去赴约的样子，过早地想离场会使面试官认为你应聘没有诚意或做事情没有耐心。

（16）如果让你调到其他岗位，你愿意吗

有些企业招收岗位和人员较多，在面试中，当听到面试官说出此话时，言外之意是该岗位也许已经"人满为患"或"名花有主"了，但企业对你兴趣不减，还是很希望你能成为企业的一员。面对这种提问，求职者应该迅速做出反应，如果认为对方是个不错的企业，你对新的岗位又有一定的把握，也可以先进单位再选岗位；如果对方情况一般，新岗位又不太适合自己，最好当面回答不行。

（17）你能来实习吗

对于实习这种敏感的问题，面试官一般是不会轻易提及的，除非是确实对求职者很感兴趣，相中求职者了。当求职者遇到这种情况时，一定要清楚面试官的意图，他希望求职者能够表态，如果确实可以去实习，一定及时地在面试官面前表达出来，这无疑可以给予自己更多的机会。

（18）你什么时候能到岗

当面试官问及到岗的时间时，表明面试官已经同意给 offer 了，此时只是为了确定求职者是否能够及时到岗并开始工作。如果确有难题千万不要遮遮掩掩，含糊其辞，一定要说清楚情况，诚实守信。

针对面试中存在的这种暗语，求职者在面试过程中，一定不要"很傻很天真"，要多留一个心眼，多推敲面试官的深意，仔细想想其中的"潜台词"，从而将面试官的那点"小伎俩"掌控。

经验技巧 10　名企 iOS 工程师行业访谈录

某知名互联网公司研发工程师访谈录

1. 当前市场对于 iOS 程序员的需求如何？待遇如何？

就笔者所在的互联网公司来说，因为现在产品基本上是移动端先行，所以对 iOS 程序员的需求量还是挺大的，而 iOS 程序员的待遇基本与同级其他岗位（除算法岗外）无差别。

2. iOS 程序员未来的发展方向如何？

对于发展方向而言，我的个人感觉还是要看 iOS 程序员个人的成长路线以及以后的发展目标，iOS 这个行业的前景和市场需求目前还是比较光明的。

对于不同层次的 iOS 程序员成长路线和发展方向，我觉得可以分为以下几个方面的内容。

1）独立 App 开发。

2）业务能手，业务逻辑抽象。

3）SDK 功能组件开发。

4）跨端技术 Weex、React—Native 等。

5）底层研究、iOS 汇编、性能、网络、安全等研究。

6）端上机器学习（Core ML）和 AR（ARKit）这些新技术也很有发展前景。

总之，iOS 程序员并非要局限于 iOS 开发本身，条条大河终入海，iOS 程序员要以 iOS 开发为入口，不断深入计算机领域，努力走在计算机科学技术发展的前端。

iOS 的行业前景主要依赖于 iOS、iPhone 本身的发展以及 App Store 的生态，目前看起来，iOS 的行业前景无须担心，它们都还处于上升期。大公司的 iOS 研发其实一直缺人，但是满足条件的开发者较少，由于现在行业新产品发布时 Web 版可以考虑不做，但是移动端是一定要有，所以，市场对 iOS 程序员的需求量还是很大的。

3．iOS 程序员有哪些可供选择的职业发展道路？

我认为可以大概划分为以下两个路线。

1）一个是 UI 线，在大业务中专门负责业务页面搭建，沉淀 UI 组件。

2）一个是基础架构线，主要实现网络、高可用、App 架构等。

4．企业在招聘时，对 iOS 程序员通常有什么要求？iOS 程序员的日常工作是什么？

企业在招聘时，主要还是考察求职者对 iOS 开发基础知识的掌握情况，例如对 Objective-C 和 Swfit 语言的了解，对 App 运行机制的了解，对基础 Framework 以及业界知名的第三方框架的了解等，还有一部分较为重要的就是求职者的软素质，例如学习能力和沟通能力等。

iOS 程序员的日常工作大概可以分为以下几类。

1）最主要的还是业务页面的搭建，已有业务页面的维护。

2）基础组件（网络、UI 等）的编写维护，第三方组件的接入和升级。

3）iPhone 机型以及 iOS 系统适配。

5．要想成为一名出色的 iOS 程序员，需要掌握哪些必备的知识？有哪些好的书籍或是网站可供推荐学习？

一名出色的 iOS 程序员的必备知识基本与招聘要求是一致的。

1）Objective-C 和 Swift 的基础知识。

2）UIKit 和 Foundation 两个库的使用。

3）iOS App 以及 iOS 的运行机制。

对于学习书籍，由于我个人看得比较少，所以这里我就不推荐了，而我主要是通过以下几种方式来学习提升的。

1）苹果（https://developer.apple.com/documentation）和第三方库的文档。

2）优秀开发者的博客，例如：喵神（https://onevcat.com/）。

3）阅读 GitHub 优秀开源项目的源码。

某知名互联网公司研发专家访谈录

1．当前市场对于 iOS 程序员的需求如何？待遇如何？

因为 iOS 开发入门的门槛相对较低，虽然当前市场上入门级的 iOS 开发已经饱和了，但是对于 iOS 的中高端人才需求缺口仍然很大。而待遇方面的情况可以参考各类招聘网站的信息，在此就不透露我个人以及我所在企业的薪酬体系了。

2．iOS 程序员未来的发展方向如何？

手机现在是人们生活中必不可少的工具之一，所以 iOS 程序员的发展前景非常乐观。现在互联网公司的主要业务都依赖于 App 进行操作和发展。此外，移动互联网已经深入到生活的方方面面，现在仍然有大量的公司业务只能在计算机端办理，非常不便利，这也是手机端业务的机遇和挑战。整体的市场需求对于移动开发是非常巨大的。

3．iOS 程序员有哪些可供选择的职业发展道路？

1）一直钻研型，成为在某一领域专精的优秀 iOS 专家。2）工作几年之后，由于经验丰富，又熟悉业务成为 iOS 项目经理，逐渐进入管理层。3）自主创业，转型去讲课或者转型去出书，成为一名自由工作者，按需求提供咨询服务等。

4．企业在招聘时，对 iOS 程序员通常有何要求？iOS 程序员的日常工作是什么？

首先，iOS 开发需要扎实的计算机基础知识，包括基础的算法和数据结构，常用设计模式、网络通信协议、数据安全等；其次，要求 iOS 基础扎实，能够熟练使用常用的 UI 组件和网络组件，具有优秀的代码设计能力，避免开发中犯一些低级错误；了解各个常用框架的实现原理、网络性能、数据库性能、h5 加载调优，精通 hybrid 开发，有 App 的架构设计能力。

程序员的日常工作主要是通过自己优秀的代码设计能力，快速高效、高质量地完成业务开发，并能够攻克遇到的一些棘手问题，提升自己的能力。

5．要想成为一名出色的 iOS 程序员，需要掌握哪些必备的知识？有哪些好的书籍或是网站可供推荐学习？

现在 iOS 开发呈现出大规模的集成化，除了 App 的整体架构设计的能力之外，网络通信、数据库、数据安全、消息同步、缓存设计、动态性 hybrid、webview 调优、日志记录、性能监控、数据埋点、crash 上报、自动化测试、视频处理、图像处理等，都是 App 非常核心的功能，专精其中两三项就已经是一名非常出色的 iOS 工程师了。

我对 iOS 的书籍关注较少，网站推荐 GitHub。

经验技巧 11 iOS 开发的前景如何

据报道，到 2016 年初世界上已有 10 亿以上的苹果设备被人们使用。随着 iOS 用户的稳步增长，iOS 开发者的前景将十分光明。最近几年，苹果公司的 iPhone 一直保持高端市场的稳固基础，加上一些新研发的创新型设备，例如 Apple TV 和 Apple Watch，都对 iPhone 方面的创新开发起到了推动作用。事实上，随着 iOS 设备慢慢普遍化，目前对质量较高的能够开发和维护 iOS 应用的开发者需求量是不断增长的，目前也是选择 iOS 开发道路的大好时机。其中一个实际情况是，由于 iOS 开发好的前景，导致大量 iOS 开发人员涌入，看上去似乎会出现僧多粥少的尴尬局面，但实际并非如此。虽然 iOS 开发人员数量增长迅速，但大多数开发人员处于初级水平，竞争能力较弱，而对于中高级水平的 iOS 开发者的需求仍然很大，因此能否有能力快速进阶是决定一个 iOS 从业者自身身价的关键因素。

在选择学习 iOS 开发之前，多数人可能或多或少都会考虑到 iOS 开发相对门槛较高、薪酬相对有优势等这些客观因素。移动应用软件开发领域主要被 iOS 开发和安卓（Android）开发占据。其中，安卓的市场占据优势，不同手机厂商（例如三星、华为、联想、索尼等）都采用安卓系统，安卓市场用户量大、应用资源丰富这一优势会长期保持。但安卓市场的应用都是免费提供下载，Apple Store 由于软件应用的收费机制，所以开发者或开发厂商可以从中获取到不菲的收入，另外苹果从以高端市场为主到现在也开始有慢慢普及的趋势，iPhone 手机客户端的火热，苹果手机用户的迅速增长，对应用开发的需求自然也会同步增加。可以说，iPhone 为 iOS 开发者提供了一个非常棒的开发平台，更高的收入潜力以及更高的开发学习门槛也明显提高了 iOS 程序员的身价。

经验技巧 12　　如何选择 iOS 开发语言

自从苹果公司推出 Swift 语言后，苹果公司就明确表态要开发者放下 Objective-C 去学 Swift，这也是不可阻挡的趋势。与此同时，Objective-C 语言的热门度随之降低，尽管如此，也不要悲观，可以预见的是，在未来很长时间内，Objective-C 仍然是难以真正被淘汰的语言，因为过去几年已经积累了大量的基于 Objective-C 的"财富"，对其更新成本太大，所以对于 iOS 开发者而言，Objective-C 目前还是必须要深入掌握的语言。所以，对于广大开发者而言，在学习 Objective-C 语言的基础上，也要尽快学习 Swift 语言。目前国内外企业都开始使用 Swift 语言作为开发语言，尤其是新的产品，基本都转向 Swift 语言了，但是对于 iOS 岗位的应聘者，依然是要求精通 Objective-C 语言。

经验技巧 13　　React Native 和 Weex 重要吗

在传统开发中，当需要开发一款 App 的时候，往往需要在各个平台上，例如安卓平台、iOS 平台和 Web 平台，都开发一款对应的 App，我们将其称为"原生开发"。"原生开发"会给开发带来许多的问题，首先是开发人员增多和开发成本增加的问题，每个平台都需要有一名开发人员，而每增加一名开发人员就提高了开发成本；其次是还要保证不同平台之间功能的一致性，这给测试人员也带来了更多工作量；而最大的问题在于"原生开发"的周期长、复杂度高，这往往会造成产品难以在预期时间内完成。为了解决这种高成本的"原生开发"问题，两种代替原生开发的新技术诞生了——React Native 和 Weex。

什么是 React Native 开发？

React Native 是 Facebook 在 2015 年 3 月开源的一个跨平台 UI 框架，其理念是既拥有"原生开发"的用户体验，又保留 React（React 是 Facebook 2013 年开源的 Web 开发框架）的开发效率，这无疑击中了业界的痛点。它的设计者 Occhino 不强求写一份 React Native 代码来同时支持多个应用平台，而是希望在不同的平台上通过编写 React Native 代码来支持各个平台，因此他提出了"Learn once, write anywhere"口号，并没有像 Java 设计的那样"wirte once, run anywhere"。React Native 底层的实现其实依赖于 JavaScript，通过 JavaScript 引擎来调用原生代码，从而实现页面的渲染和数据的绑定。React Native 不仅解决了跨平台问题，还解决了客户端动态更新困难的问题。React Native 使用热更新方式来动态更新应用，解决了客户端更新麻烦的问题，特别是 iOS 端，每次更新都需要重新发布一个版本。React Native 通过将基础模块和业务模块一起打包成一个 JS Bundle（JavaScript 资源包），然后将这个 JS Bundle 放到服务器上，客户端通过下载服务器上的 JS Bundle 来实现更新，避免了重新发布应用。在业务频繁变化的情况下，动态更新就变得非常有用。图 1 是 React Native 的设计框架。

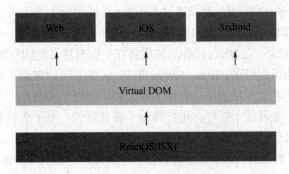

图 1　React Native 的设计框架

什么是 Weex 开发？

Weex 是阿里巴巴于 2016 年 6 月开源的一种用于构建跨平台应用的 UI 框架，其设计理念是希望客户端在具备动态发布能力的同时又不失良好的性能和用户体验。区别于 React Native，为了彻底解决平台多样性带来的问题，Weex 大胆地提出了"write once，run everywhere"的口号，即写一份 Weex 代码可以在不同的平台上运行，它比 React Native 做得更彻底，更具革命性。Weex 又被称为 Vue Native，原因在于 Weex 是基于 Vue 来编写的，Vue 是目前非常流行的前端框架，它比 React 要简单、易用。Vue 使得 Weex 的开发更加简单，让更多的人能够快速上手，这也更迎合大众的口味。Weex 也是通过 JavaScript 引擎来调用原生代码实现页面的渲染和数据的绑定。和 React Native 一样，Weex 也是将代码打包成 JS Bundle 放到服务器上，客户端从服务器上下载 JS Bundle 来实现动态更新。不同的是，Weex 只打包业务模块，基础模块则留在了客户端的 Weex SDK 中，所以打包后的 JS Bundle 体积非常小，更加便于更新。图 2 是 Weex 的设计框架。

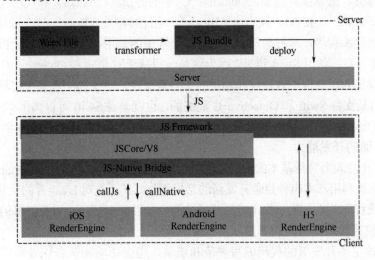

图 2　Weex 的设计框架

React Native 和 Weex 如何选择？

React Native 和 Weex 相同之处都是基于 JavaScript 渲染的，而 React Native 选择使用 React 编写前端界面，Weex 使用 Vue 编写前端界面。React Native 和 Weex 都能实现跨平台开发应用，从性能上来看，两者几乎一样，因为都是通过 JavaScript 调用原生的代码实现页面渲染，而 Weex 比 React Native 更加容易学习和使用，编写一份代码即可在多个平台上运行，还能够实现增量更新，这些是 Weex 的优势；而 React Native 的优势在于拥有更活跃的开源社区，版本换代更快，遇到的问题能够更快地得到解决。React Native 和 Weex 的共同的缺点是对原生组件的支持不够完善，许多原生组件的功能无法使用；自定义能力差，如很难实现自定义跳转效果；很难同时良好地支持各个平台，兼容性不够好；用户体验不够友好等。至于选择哪个框架或方案更好，这个很难说，因为这两个框架都还有很大的提升空间，我相信这种技术会是未来 App 开发的一个重要方向。没有最好的选择，只有更适合的选择，选择符合当前业务的方案才是最好的选择。

经验技巧 14 企业对 iOS 开发者有哪些要求

通过各知名大公司对 iOS 开发工程师的招聘要求，可以看出对于非应届生基本的要求是工作经验丰富、技能过硬、有一定工作成果等。针对应届毕业生，企业更看重学生的专业基础、知识面、工作潜力和可培养性、思维能力、编程能力以及数据结构和数学理论的理解掌握等。总结企业对应聘者的要求主要包括但不限于以下几个方面。

（1）对语言的掌握程度

iOS 开发主要还是以 Objective-C 语言为主，虽然新出的 Swift 语言很流行，但经过多年的积累，尤其是大公司已经形成了一套完备的开发体系，Objective-C 语言还是多数公司已有 iOS 项目的主要语言，对于要求使用 Swift 语言的招聘需求暂时还较少。相对来说，Objective-C 作为苹果开发最原始的语言，学习难度较大，由于它是 C 语言的一个超集，对于有 C/C++ 语言基础的开发者学起来会容易得多，但对于 Objective-C 中的一些常用的语言特性和语法以及思想仍然需要努力去体会、去掌握。例如，Objective-C 中的协议（Protocol）和代理（Delegate）、类别（Category）、KVC 与 KVO、代码块（Block）、运行时特性（Runtime）、封装简化后的内存管理机制和多线程编程等，掌握后都会成为开发过程中的常用利器。当然对于初学 iOS 开发的人来说，还是推荐直接学习 Swift 语言，因为这是一门基于 C 语言和 Objective-C 语言优化后的新型语言，同时加入了顺应语言发展和期望的一些新特性，对于初学者来说比较友好、有趣，而且 iOS 8 以后是支持 Swift 和 Objective-C 混编的，也就是说 Swift 可以调用 Objective-C 的代码、使用已有 Objective-C 的第三方框架等，Objective-C 使用者也很容易转移到 Swift 中来。

（2）UI 界面的开发能力

UI 界面的开发能力包括基本的 UI 框架的熟练使用和灵活应用，AutoLayout 可视化界面的开发，更高要求是利用基本组件封装开发新的常用组件，甚至是对 UI 组件的优化等。另外，要理解界面和主线程的关系，熟知优化界面流畅性的一些经验和技巧，以及屏幕的动态适配等。

（3）设计模式和数据结构的掌握以及经验

这些直接决定了开发者的代码编写规范和质量，也会影响团队合作效率。要习惯和理解 iOS 开发中核心的 MVC 设计模式，并了解 MVC 设计模式的局限性和因此而生的 MVVM 设计模式的结构及其优点。此外要熟知 Cocoa 框架中广泛存在的单例类及单例的实现方法，并不断实践深入理解其他在开发中经常接触的像观察者模式、代理模式、组合模式、工厂模式等设计模式的应用场景和它们的优势与作用。

（4）SDK 的接入和开发经验

iOS 开发中经常需要 SDK 的接入，如社交分享模块的接入，第三方登录验证接入等，熟悉常见的像 ShareSDK 等第三方高效接入平台的使用，熟悉第三方平台接入的一般流程和一些常见问题。自己的软件平台可能也会提供通用的 SDK 接口供其他厂家应用接入使用，这就需要懂得如何进行 SDK 库的封装和对外接口的设计开发。

（5）对网络编程的要求

网络编程的要求包括基本的 HTTP 请求、数据安全性设计、数据的加解密，以及 TCP/IP 等的理解，甚至协议的设计实现等。了解 iOS 中基本的数据请求的实现方法，熟悉像 AFNetworking 等第三方网络编程框架的使用。

（6）对应用数据库（SQLite）的开发要求

该项要求了解数据库的基本原理和基本 SQL 语句的使用，熟悉 iOS 开发中数据持久化的常用手段，包括基本的偏好数据存储、数据归档与反归档、基本数据类型的本地存储，以及 SQLite 本地数据库和 CoreData 的用法。

（7）对主流框架的熟悉程度

实际开发为了提高开发效率，会使用一些主流的第三方封装库，如 MJExtension、NFNetworking、MBPorgressHUB、MJRefresh 等，也经常会使用根据公司业务需要自行开发的框架组件。另外，要懂得如何用 CocoaPods 高效管理和使用大量的第三方库。

（8）对内存管理的理解和多线程编程的理解和使用

内存管理和多线程编程属于进阶阶段的内容，需要熟知 Objective-C 中的内存管理原则，熟悉引用计数的原理，了解如何避免内存泄露与循环引用等问题的方法，以及如何检测内存问题的出现。学习多线程编程先要理解基本的概念，然后要熟悉 iOS 中的 3 种多线程实现方法，包括 NSThread、GCD 和 NSOperation，理解它们的区别和应用场景。

（9）Apple Store 发布经验

一款软件从开发完成到发布会有更多的挑战，尤其是软件的质量优化、代码优化和 bug 清除等，如何提高软件的顽健性也是难点。另外，Apple 官方对上线软件作品的审核十分严格，审核包括代码安全、资源格式、用户隐私、伦理道德、内容健康等各个方面，解决自身作品的各种问题使得软件顺利发布也是对开发者能力很好的验证。

（10）项目经历

项目是最容易考察一个应聘者能力水平的，因此应聘者要注意积累有深度的项目经历，同时要深入理解自己在项目中参与的部分，总结思考，有自己的理解和探索创新，包括实现思路、优化方法、遇到的难点、如何解决、项目中印象最深刻的部分以及最能体现自己水平的部分等。

如果有开源的 GitHub 项目，不错的技术博客等也是很大的加分项。

经验技巧 15　iOS 开发招聘有哪些要求

这里精选了部分知名企业的招聘要求，求职者可以通过参考企业的招聘需求了解企业开发中需要的开发者的能力和素质，了解 iOS 开发技术中的重点以及个人需要掌握的技术点，从而有所侧重地去弥补或加强自身的技术盲点或薄弱点，提高自身的核心竞争力。

表 2 是某知名互联网公司 1 对 iOS 开发工程师的招聘要求。

表 2　某知名互联网公司 1 对 iOS 开发工程师的招聘要求

学历要求	本科
岗位描述	1. 独立完成 iPhone、iPad 客户端程序的开发 2. 根据产品需求开发相关的移动产品 3. 验证和修正测试中发现的问题
岗位要求	1. 熟悉 Cocoa Touch、CoreData、iOS Runtime，精通 OS X、iOS 下的并行开发、网络、内存管理、GUI 开发 2. 拥有很好的设计模式和思维，熟悉面向对象编程，图形界面开发 3. 学习能力强，强烈的责任心，具有较强的沟通能力及团队合作精神 4. 具备跨平台、多终端开发经验，encrypt/decrypt，HTTP client/server，graphics.优先 5. 具备多年 iOS 客户端开发经验，熟悉 REST Application 的开发，有成功案例 6. 对 iOS 的 UI 控件有优化经验者优先；有前端开发经验者优先 7. 已在 App Store 发布过作品者优先

表 3 是某知名互联网公司 2 对 iOS 开发工程师的招聘要求。

表 3　某知名互联网公司 2 对 iOS 开发工程师的招聘要求

学历要求	本科
工作经验	三年以上
岗位描述	1. 负责 iPhone、iPad 主客户端产品的开发 2. 各 iOS 应用框架开发和维护，SDK 开发
岗位要求	1. 两年以上客户端开发经验，精通 iOS 手机平台，有其他主流平台开发经验也可以考虑 2. 熟悉掌握 Objective-C 编程语言，有 Objective-C 相关开发经验不少于一年；有 C++经验优先 3. 开发基础良好，理解设计模式，在项目或产品中有很好的设计实践 4. 有强烈的责任心和团队精神，善于沟通和合作；能独立完成设计和编程 5. 对 iOS 的 UI 控件有优化经验者优先；有前端开发经验者优先

表 4 是某知名互联网公司 3 对 iOS 高级开发工程师/专家的招聘要求。

表 4　某知名互联网公司 3 对 iOS 高级开发工程师/专家的招聘要求

学历要求	本科
工作经验	五年以上
岗位描述	1. 根据产品需求，高质量完成 iOS 客户端开发 2. 对负责模块持续进行性能和体验优化，实现极致用户体验
岗位要求	1. 三年及以上 iOS 客户端开发经验，具备 Mac 开发经验的优先，具备前端开发经验的优先 2. 精通 iOS 平台 UI 相关开发，有 Apple Watch 开发经验的优先 3. 精通 Objective-C，熟悉 Swift 优先 4. 精通 iOS 平台下的多线程开发，熟悉常用设计模式、常用算法和数据结构、网络编程、SQLite 编程 5. 熟练使用 Instrument 工具，能独立解决性能内存问题 6. 有担当、有激情、有情怀、有梦想

表 5 是某知名互联网公司 4 对 iOS 高级开发工程师的招聘要求。

表 5 某知名互联网公司 4 对 iOS 高级开发工程师的招聘要求

学历要求	本科
工作经验	三年以上
岗位描述	1. 根据业务需求，基于 iOS 平台进行应用程序开发 2. 参与移动平台软件框架的研究，设计和实现、关键技术验证和选型等工作 3. 带领并指导开发工程师、程序员进行代码开发等工作 4. 参与移动规范制订、技术文档编写
岗位要求	1. 本科及以上学历，计算机或相关专业 2. 三年及以上手机应用实际开发经验，三年以上 iOS 开发经验，五年以上 C/C++/Java 开发经验 3. 精通 Objective-C、Mac OS X、Xcode 4. 精通 iOS SDK 中的 UI、网络、数据库、XML/JSON 解析等开发技巧 5. 有多个完整的 iOS 项目经验，至少参加过一个完整的商业级手机应用或游戏开发项目 6. 熟悉各种主流手机特性，深刻理解手机客户端软件及服务端开发特点 7. 精通常用软件架构模式，熟悉各种算法与数据结构、多线程、网络编程（Socket、HTTP、Web Service）等 8. 个性乐观开朗，逻辑思维强，善于团队合作

表 6 是某知名互联网公司 5 对 iOS 开发工程师的招聘要求。

表 6 某知名互联网公司 5 对 iOS 开发工程师的招聘要求

学历要求	本科
工作经验	三年以上
岗位描述	1. 负责视频云播放服务的 iOS SDK 研发和维护 2. 基于视频云播放服务的相关项目的研发和维护
岗位要求	1. 统招本科及以上学历，三年及以上移动端实际开发经验 2. 扎实的 Objective-C 或 Swift 基础，熟悉多线程编程，具有很强的面向对象的开发以及设计能力 3. 熟悉 Cocoa/UIKit Framework，熟悉 iOS App 运行机制以及内存模型 4. 熟悉网络编程、多线程、熟悉 TCP、HTTP/HTTPS 等协议，对 MQTT、AMQP 等协议有一定了解 5. 扎实的数据结构和算法基础，具有很强的新知识学习能力和错误调试排错能力；能独立承担产品开发和框架设计工作 6. 有 SDK 开发经验者优先；有视频开发经验者优先

表 7 是某知名互联网公司 6 对 iOS 开发工程师的招聘要求。

表 7 某知名互联网公司 6 对 iOS 开发工程师的招聘要求

学历要求	本科
工作经验	三年以上
岗位描述	1. 负责公司医疗事业部的 iOS 平台客户端产品的设计和研发 2. 负责 iOS 平台客户端软件的开发和优化 3. 研究新兴技术，满足产品需求 4. 根据研发过程中的体验对产品提出建议 5. 配合市场、运营等部门，提供产品的技术支持
岗位要求	1. 本科（含）以上 2. 三年以上 iOS 平台研发经验 3. 有扎实的 Objective-C 或 Swift 语言基础 4. 熟悉 iOS 开发技术，包括 UI、网络、安全等方面 5. 熟悉 iOS 开发工具和相关开发测试工具的使用 6. 熟悉各个不同版本 iOS 特点 7. 了解网络安全和互联网安全经验的优先 8. 对移动产品有浓厚兴趣，对移动产品有较好的个人理解，有强烈的上进心和求知欲，善于学习新事物，对技术充满激情 9. 具有良好的分析问题和解决问题的能力，勇于面对挑战性问题 10. 学习能力强，有创造性思维能力 11. 善于沟通，具备较强的团队协作意识和能力

表 8 是某知名互联网公司 7 对 iOS 开发工程师的招聘要求。

表 8　某知名互联网公司 7 对 iOS 开发工程师的招聘要求

学历要求	本科
工作经验	两年以上
岗位描述	负责公司 iOS 客户端产品的设计、开发、性能与架构优化，参与跨平台技术研究
岗位要求	1. 两年以上 iOS 平台开发经验 2. 熟悉 iOS 相关开发、调试、优化工具 3. 熟悉 iOS 系统接口，并做过控件风格的个性化自定义开发 4. 开发基础良好，对手机软件性能优化、内存优化、安全和动画框架有一定了解 5. 有多个完整 iOS 应用项目开发经验，熟练掌握常用应用架构 6. 熟悉基于 TCP、UDP、HTTP 的网络协议 7. 有较强的责任感和良好的团队合作精神 8. 熟悉跨平台和服务端架构（优先） 9. 有成熟知名 App 开发经历（优先）

表 9 是某知名互联网公司 8 对 iOS 软件开发的招聘要求。

表 9　某知名互联网公司 8 对 iOS 软件开发的招聘要求

岗位要求	1. 了解基本计算机理论，对数据结构、基本算法熟练掌握，具备基本的算法设计能力，有良好的编程习惯，代码风格和自己的技术想法，熟练掌握各种问题的搜索技巧 2. 具备扎实的 C/C++语言基础，熟练掌握 Objective-C 编程。了解 SQL，熟悉网络编程、多线程、图形界面编程，熟悉 TCP、UDP、HTTP 3. 熟悉 iOS 事件机制，自定义和扩展 iOS UI 控件、对 Cocoa/UIKit 框架及 iOS SDK 有深入理解。熟练掌握常用开发框架以及 block,GCD 等常用技术,能独立进行应用模块的设计和实现。熟悉 XMPP、CoreData、AFNetWorking 或 ASIHTTPRequest 者优先 4. 掌握 iOS, Mac 或 UNIX 系统工作机制,精通 Xcode 工具系列,包括 Interface Builder 和 Instruments。能熟练使用 Mac 上的各种工具，能够通过工具或者脚本改善工作效率和质量 5. 大专以上学历计算机相关专业，一年以上的 iOS 开发工作经验或有 App Store 上架作品优先 6. 丰富的 Apple 产品使用经验，熟悉 Apple 应用程序的设计理念 7. 具备一定的沟通能力，能够清晰地表达自己的想法

表 10 是某知名互联网公司 9 对 iOS 软件工程师的招聘要求。

表 10　某知名互联网公司 9 对 iOS 软件工程师的招聘要求

岗位描述	1. 参与公司产品开发以及加入设计团队优化 iOS 平台上软件的用户体验 2. 使用最新的 iOS 编程技术实现传统原生用户界面的开发 3. 创建可复用的和公司平台对接的 iOS 软件组件 4. 分析优化 UI 界面和后端应用代码的效率和性能
岗位要求	1. 计算机相关背景本科或研究生 2. 有出色的面向对象软件开发经验 3. 有使用 Objective-C 语言以及 Cocoa 等框架创建 iPhone 或 iPad 平台复杂应用的经验 4. 有从用户界面到系统级别的移动应用开发能力 5. 有大型复杂代码的理解和 debug 能力 6. 有设计简洁可维护的 API 的经验 7. 有多线程编程经验 8. 有写单元测试以及可测试代码的经验 9. 了解关于 iOS SDK 性能优化的工具和优化技术 10. 出色的问题解决能力、辩证思考能力和交流技能

表 11 是某知名互联网公司 10 对 iOS 开发工程师的招聘要求。

表 11　某知名互联网公司 10 对 iOS 开发工程师的招聘要求

岗位描述	1. 负责 iOS 客户端产品的开发和维护 2. 根据项目任务计划独立按时完成软件高质量编码和测试工作 3. 与团队成员进行有效沟通，进行技术风险评估，项目时间评估
岗位要求	1. 三年及以上 iOS 项目开发经验，本科及以上学历，计算机相关专业优先 2. 精通 Objective-C 语言；熟悉 C/C++语言者优先考虑 3. 熟悉 iOS 框架以及各种特性，深刻理解常用设计模式 4. 能主动研究前沿技术，将新技术转化为实际产品 5. 有较好的学习能力和沟通能力，有创新能力和责任感，对移动端产品有浓厚的兴趣 6. 熟悉团队协作模式，在项目中使用过 Git 做版本管理

经验技巧 16　iOS 技术岗位面试精选

　　技术岗位的面试根据距离因素可能是现场面试、电话或者视频面试，面试时间从半个小时到一两个小时不等，多数是半小时左右。面试开始基本都是先自我介绍，主要确认一下面试者本人基本信息和基本的表达能力，面试者要讲清楚自己的学历背景和工作技术背景，求职的来由和求职欲望等。

　　面试过程中首先是挑选简历中的内容进行深入提问，了解和核实简历信息的真实性，重点是简历上的项目经验。然后一般会问一两个简单的小算法，考验思维能力和灵活应变能力等。另外就是详细问 iOS 技术相关的问题了，侧重于基础，也就是本书中重点整理总结的内容。

　　面试最后，面试官都会问面试者有什么问题需要问的，有的话面试官会耐心给出回答，问完面试则结束。

　　以下从网上搜集了一些相对完整的面试经验，供参考体会，可以从中看出面试中的考察侧重点和考察方向等，以便读者有目的地进行准备和完善自身知识体系。

某知名互联网公司一面（电话面试）

提前一天收到面试电话通知，第二天视频面试（实际是先笔试后面试）。

笔试写两个小算法。

（1）判断 IP 地址合法性以及优化方法（正则表达式等）。

（2）单链表逆置。

iOS 面试（全是 iOS 相关）。

（1）cache 缓存机制。

（2）隐式动画和显示动画的区别。

（3）block 内部结构和原理。

（4）tableView 的高度预估机制。

（5）autorealease 的原理和应用场景。

（6）KVC 和 KVO。

（7）tableView 优化方法。

（8）property 属性。

（9）多线程 GCD 和 NSOperation 的比较。

（10）NSCopy 协议。

（11）pushviewcontroller 后 view 的释放时机（viewDidload）。

（12）weak 的应用场景，它和 assign 的区别；weak 的实现原理。

（13）如何在 block 内部修改外部变量？_block 修饰符的原理是什么？什么是闭包？

（14）有没有看过一些优秀第三方库的源码，例如 SDWebImage 中的缓存机制是如何实现的？

某知名互联网公司一面（电话面试）

（1）开始先自我介绍。

（2）根据简历了解个人研究方向的问题。

（3）说一个自己最近印象深刻的项目，然后根据做的项目说一下里面的关键技术点，最后引导问了其中的安全问题，如何加密解密、数字签名、服务器配置等。

（4）Objective-C 中的属性和实例变量的区别。

（5）UIView 和 CALayer 的区别，还用过哪些 Layer 类（CATextLayer 等）？

（6）Category 如何扩展，有什么好处？为什么不能扩展属性？

（7）tableView 的优化原理，cell 如何重用？

某知名互联网公司二面（电话面试）

（1）HTTP 原理，get 和 post 的区别。

（2）Cookie 是什么？

（3）对称加密与非对称加密的区别。

（4）关于 React Native。

（5）算法题：一个整数数组，判断是否有两个整数的和等于一个整数 m，要求一次循环实现。

（6）对公司技术和业务的认识。

某知名互联网公司 iOS 开发工程师面试

一面

1. 算法题

（1）不用临时变量怎么实现 swap(a, b)，用加法或者异或都可以。

（2）二维有序数组查找数字。

（3）亿级日志中，查找登录次数最多的 10 个用户。

（4）简述快速排序算法中 partition 函数的原理。简述堆排序（不稳定）、归并排序、基数排序算法的原理。

2. iOS 相关问题理解

（1）Objective-C 中 load 方法和 initialize 方法有什么区别？各自的执行时机和用途是什么？没实现子类的方法会不会调用父类的？

（2）对 ARC 和 MRC 的理解。

（3）UITableView 的调优方案。

（4）MVC 和 MVVM 的区别以及各自的优缺点是什么？为什么要使用 MMVM？

（5）对 Runtime 的理解，方法的查找、消息的转发、对象的内存布局等。

（6）说说对 Block 的理解，如何解决循环引用问题？

二面

自我介绍后问了几个 iOS 相关的问题。

（1）说说对属性的理解，如何用于内存管理？

（2）介绍一下 iOS 中的 Block，有哪些类型的 Block？

（3）如何优化 UITableView 防止卡顿？（高频问题）。

（4）野指针是什么？iOS 开发中什么情况下会有野指针，如何避免？

三面

开始先笔试写算法。

（1）给一个字符串，如何判断它是否是合法的 IP 地址，例如"192.168.1.1"就是合法的。方法思路不限，例如使用正则表达式等方法。

（2）说说大数相加的思路，动手写代码实现。

（3）简述 TCP 建立和关闭连接时握手的过程。前者为什么是三次，后者需要四次？

（4）问题：假设有 10 万条电话号码，如何通过输入电话号码的某一段内容，快速搜索出来？例如输入 234，以下两个号码都会显示在搜索结果中。

> 123456789000
> 188888823400

（5）向 Objective-C 的数组中添加 nil 对象会有什么问题？

某知名互联网公司校招 iOS 面试

一面（电话面试）

（1）ARC 的原理，在 MRC 和 ARC 下如何获取对象的引用计数。

（2）#include 与 #import 的区别。

（3）内存的大小端存储，int 的高位字节在哪一端？

（4）TableView 中 Cell 高度缓存方案，定高 cell 和变高 cell 如何处理？

（5）int、chat、double 类型内存大小，sizeof 的使用。

（6）二维数据、字典及缓存数据模型问题。

（7）Objective-C 的编译过程中有哪些流程要处理？

（8）iOS 中的数据持久化方式及使用。

（9）const、static 以及全局变量的区别。

（10）Block 的理解和使用。

（12）UIResponder 的事件响应流程。

（13）iOS 中实现多线程有哪些方式及使用？

（14）项目中曾遇到的困难和克服过程。

二面（现场面试）

（1）获取对象的引用计数 CFGetRetainCount 和 retainCount 的用法，在哪些情况下返回的计数是不正确的？

（2）@property 中 weak、strong、copy、assgin、retain、nonatomic 等字段的含义与用法。

（3）关联对象内部原理，主对象如何指向到它的关联对象？

（4）简述 Objecitve-C 的 Runtime 中对象模型与消息机制。

（5）Objecitve-C 与 Java 语言中的 Runtime 机制的区别是什么？

（6）weak 的内部实现原理及在 MRC 下如何实现 weak？

（7）利用后缀表达式算法来简化中序逻辑表达式。

三面（人力资源面试）。

某知名互联网公司 iOS 开发工程师面试

一面

（1）MVC 具有什么样的优势？各个模块之间怎么通信？例如单击 Button 后怎么通知 Model？

（2）如何判断两个无限长度链表有没有交点？

（3）SDWebImage 的缓存机制是怎样的？如何设计图片缓存？

（4）用 GCD 如何实现这个需求：A、B、C 3 个任务并发，完成后执行任务 D。

（5）KVO、Notification、delegate 各自的优缺点，效率还有使用场景。

（6）Objective-C 中的 copy 方法。

（7）Runtime 中，SEL 和 IMP 的区别。

（8）autoreleasepool 的使用场景和原理。

（9）RunLoop 的实现原理。

（10）Block 为什么会有循环引用，如何解决？

（11）如何手动通知 KVO？

（12）UITableView 的相关优化。

（13）NSOperation 和 GCD 的区别。

（14）CoreData 的使用，如何处理多线程问题？

二面

（1）进程和线程的区别。

（2）TCP 与 UDP 的区别。

（3）TCP 流量控制。

（4）数组和链表的区别。

（5）Autoreleasepool 什么时候释放？在什么场景下使用？

（6）怎么判断某个 cell 是否显示在屏幕上？

（7）UIView 的生命周期。

（8）如果页面 A 跳转到页面 B，A 的 viewDidDisappear 方法和 B 的 viewDidAppear 方法哪个先调用？

（9）ARC 的本质。

（10）RunLoop 的基本概念是什么？它是怎么休眠的？

（11）如何找到字符串中第一个不重复的字符？

某知名电商平台 iOS 开发面试

一面

（1）知道哪些设计模式？单例是为了处理什么问题而使用的？单例和全局变量的区别是什么？

（2）什么是元类？实际中会用元类做什么事情？

（3）TCP 和 UDP 的区别。

（4）HTTPS 的工作原理，它和 HTTP 的区别是什么？RSA 加密原理是什么？

（5）Block 的底层原理、结构、内存以及需要注意的地方。

（6）一张 png 或 jpg 格式的图片渲染到页面上显示有哪些流程？二者有什么区别？png 一定是无损的吗？

（7）Runtime 相关。

（8）RunLoop 的结构和循环流程，用 RunLoop 做过什么事情？

（9）多线程，NSOperationQueue 和 GCD 的区别。用多线程做过什么事情？线程安全的问题。加锁有几种方式？

（10）NSURLSession 和 NSURLConnection 的区别，NSURLConnection 是怎么封装的？

（11）做过什么动画效果？用什么实现的？隐式动画和显式动画的区别。

（12）SDWebImage 的框架结构，缓存机制。

（13）对组件化的了解，组件化是为了解决什么问题？

（14）JSPatch 的原理。

（15）如何分层打印二叉树？

二面

（1）MVC 和 MVVM 的区别。

（2）如何编写单元测试？例如写了一个网络库，如何测试该网络库？用例怎么写得更全面一些？

（3）代码从 Git 上拉下来到生成.ipa 都有哪些过程？期间都生成了什么文件？

（4）看过哪些框架、开源代码，有什么收获？

（5）JSPatch 是如何处理 Block 的？

（6）如果没有 Instruments，该如何检测内存泄露，僵尸对象之类的问题？

三面

（1）单例和全局变量的区别。

（2）Block 和 Protocol 的区别，Block 是为了解决什么问题而使用的？

（3）iOS 的设计模式。

（4）冒泡、插入、快速排序的平均时间复杂度和最坏时间复杂度。

（5）堆排序有时间复杂度为 O(n) 的排序吗？

（6）读过的开源框架，读过的书。（高频问题）

某知名互联网公司 iOS 开发工程师面试

一面

解释属性修饰关键词的作用（weak、strong、copy、readOnly、assgin、nonatomic 等）。

（1）线程和进程的区别，如何保证线程安全？

（2）写算法输出 2～100 的素数，如何进一步优化？

（3）了解哪些设计模式？

（4）MVC 设计模式的思想是什么？对比 MVVM 设计模式。

（5）堆和栈的区别，工程项目中的哪些数据是存储在堆中？哪些存储在栈中？

（6）iOS 中的 NSCopying 协议，copy 和 mutablecopy 的区别。

（7）最近看过哪些书和开源代码？

（8）有什么问题问面试官。

二面

（1）iOS 中的内存管理。

（2）iOS 开发中用过哪些测试性能的工具？

（3）二叉树的先序遍历、递归和非递归思路。

（4）写快速排序算法，并分析原理。

（5）HTTP 为什么底层是 TCP 不是 UDP？

（6）TCP 是基于流式传输的，怎么设计协议，进行协议的解析？

（7）TCP 为什么要进行三次握手？

（8）抓包工具的原理是什么？

（9）socket 异常断开时，设计一个合理的重连机制。

（10）在 10 亿个数中如何快速找到最大的前 100 个数？

某知名互联网公司 iOS 面试

一面

（1）解释属性修饰关键词的作用。

（2）项目中用过哪些设计模式。

（3）结合响应者链条和设计模式，解释事件怎样传递和处理。

（4）blcok、NSNotification、delegate、Observer 的比较。

（5）block 为什么会导致循环引用，如何解决？

二面

（1）个人项目提问。

（2）tableView 的性能优化。

（3）CocoaPods 的实现思路。

（4）Runtime 在特殊需求当中的运用。

（5）SDK 的接口设计过程（一般设计为进入业务线提供一个注册方法，在需要的时候使用代理回调。向 SDK 里传递数据一般用单例模式，暴露相应的接口）。

（6）AFN 实现思路，对源码的理解程度。

（7）项目中如何保证数据的安全性？

（8）快速排序的原理。

（9）C 语言中 strlen 和 sizeof 的区别。

某知名互联网公司 iOS 工程师面试

一面

（1）数组中（无序的正整数）如何找到第 n 大的数？

（2）数组中 1～100 的有序数字如何找到第 n 大的数？

（3）对 Objective-C 中的运行时和动态性特性的理解。

（4）Objective-C 中是如何找到一个方法的？

（5）Objective-C 中有没有函数重载（没有）？Swift 中有没有函数重载（有）？

（6）MRC 和 ARC 下内存管理的区别。

（7）autoreleasepool 被释放了，里面的对象都会被释放吗？过程是怎样的？

二面

（1）C++和 Objective-C 的内存管理比较以及实现方式。

（2）C ++和 Objective-C 有哪些区别？

（3）Objective-C 中的 MRC 和 ARC 的内存管理原理。

（4）两个数组，一个有 100 万的数据，另一个有 1 亿的数据，如何找出相同的数据，时间复杂度是什么？

（5）Swift 与 Objective-C 有哪些区别？

（6）冒泡排序和快速排序的时间复杂度。

真 题 篇

　　真题篇主要列举了 18 套来自于顶级 IT 企业的面试笔试真题，这些企业是行业的标杆，代表了行业的最高水准，而他们所出的面试笔试真题不仅难易适中，覆盖面广（包括语言基础、链表、算法和数据库等内容），而且具有非常好的区分度，代表性非常强，是历年来程序员面试笔试中的必考项或常考项，且越来越多的中小企业开始从中摘取部分题目或者直接全盘照搬以作为面试笔试题。

真题 1　某知名互联网公司校招网申笔试题

一、单项选择题

1. 在使用 protocol 时，声明一组可选择实现与否的函数，需要在声明的前一行加上（　　）。

　　A．@required　　　B．@optional　　　　C．@interface　　D．@protocol

2. 在 Objective-C 中，以下说法正确的是（　　）。

　　A．对象被创建出来后，它的引用计数是 1

　　B．使用 @class 加类名就可以把想要的类的接口文件中的内容包含进来

　　C．一个文件中可以声明多个类

　　D．使用便利构造器创建的对象需要通过调用 release 方法释放

3. Block 在未引用外部变量时，存储在（　　）。

　　A．代码区　　　　　B．堆区　　　　　　C．栈区　　　　　D．常量区

4. 批处理操作系统的目的是（　　）。

　　A．提高系统资源利用率　　　　　　　B．提高系统与用户的交互性能

　　C．减少用户作业的等待时间　　　　　D．减少用户作业的周转时间

5. 下列程序的时间复杂度为（其中，m>1，e>0）（　　）。

```
x = m;
y = 1;
while (x-y > e)
{
    x = (x + y) / 2;
    y = m / x;
}
print(x);
```

　　A．$\log_2 m$　　　B．m^2　　　　C．$m^{\frac{1}{2}}$　　　D．$m^{\frac{1}{3}}$

6. 如果等式 12×25=311 成立，那么使用的是（　　）进制运算。

　　A．七　　　　　　　B．八　　　　　　　C．九　　　　　　D．十一

7. 在某 32 位系统下，C++程序如下所示。

```
char str[] = "http://www.tianya.com"（长度为 21）
char *p = str;
sizeof (str) = ? ①
sizeof (p) = ? ②
void Foo(char str[100])
{
    sizeof(str) = ? ③
}
void *p = malloc(100);
sizeof (p) = ? ④
```

①、②、③、④处分别填写的值为（　　　　）。

A. 22，22，100，100 　　　　　　　B. 4，4，4，4

C. 22，4，4，4 　　　　　　　D. 22，4，100，4

8. 有字符序列（Q,H,C,Y,P,A,M,S,R,D,F,X），那么新序列（F,H,C,D,P,A,M,Q,R,S,Y,X）是（　　　）算法一趟扫描的结果。

A. 堆排序 　　　B. 快速排序 　　　C. 希尔排序 　　　D. 冒泡排序

9. 下列关于排序算法的描述中，正确的是（　　　）。

A. 快速排序的平均时间复杂度为 $O(nlog_2n)$，最坏时间复杂度为 $O(nlog_2n)$

B. 堆排序的平均时间复杂度为 $O(nlog_2n)$，最坏时间复杂度为 $O(n^2)$

C. 冒泡排序的平均时间复杂度为 $O(n^2)$，最坏时间复杂度为 $O(n^2)$

D. 归并排序的平均时间复杂度为 $O(nlog_2n)$，最坏时间复杂度为 $O(n^2)$

10. 假设要存储一个数据集，数据维持有序，对其只有插入、删除和顺序遍历操作，综合存储效率和运行速度考虑，下列数据结构中，最适合的是（　　　）。

A. 数组 　　　B. 链表 　　　C. 散列表 　　　D. 队列

二、不定项选择题

1. iOS 中的数据持久化方式有（　　　）。

A. 属性列表 　　　B. 对象归档 　　　C. SQLite 　　　D. CoreData

2. AddressBook 高级 API 是在 AddressBookUI 框架中定义的，它为访问通讯录数据提供了 UI 界面。该框架提供了哪些视图控制器和委托协议？（　　　）

A. ABPeoplePickerNavigationController

B. ABPersonViewController

C. ABUnknownPersonViewController

D. ABNewPersonViewController

3. 关于 NSOperation Queue 的说法，正确的是（　　　）。

A. 主要用于多线程并发处理

B. 它是一个队列，有严格的先进先出

C. 它不会遵守严格的先进先出

D. NSOperationQueue 可以通过调整权重来调整队列的执行顺序

三、简答题

1. 什么是编译时与运行时？

2. 在 UITableViewController 中创建 UITableViewCell 时，initWithSytle:resuseIdentifier 中的 reuseIdentifier 有什么用？UITableViewCell 的复用原理是怎么样的？

四、编程题

1. 编写一个链表反序的函数。

```
struct node
{
    struct node *next;
    int data;
}
```

函数原型如下："struct node* Reverse(struct node *p);"。

其中，p 为需要反转的链表头指针，链表以 NULL 结尾，返回值为反转后的链表头指针，请注意异常处理。

2. 有两个双向循环链表 A 和 B，知道其头结点指针为 pHeadA 和 pHeadB，请编写一个函数 int DeleteSameNodes(Node* pHeadA, Node* pHeadB)，该函数能够将链表 A 和链表 B 中 data 值相同的结点删除。每条链表中都可能存在多个相同 data 值的结点。

真题 2　某知名互联网公司 iOS 工程师笔试题

一、单项选择题

1. 下面关于 Objective-C 内存管理的描述中，错误的是（　　）。

　　A. autoreleasepool 在 drain 的时候会释放在其中分配的对象

　　B. 在使用 ARC 的项目中不能使用 NSZone

　　C. 在辅助的线程中，当使用 ARC 来管理内存时，在线程中大量分配对象而不 autoreleasepool 则可能会造成内存泄露

　　D. 当使用 ARC 来管理内存时，代码中不可以出现 autorelease

2. 关于 C 和 Objective-C 的混合使用，以下描述错误的是（　　）。

　　A. cpp 文件只能使用 C/C++代码

　　B. cpp 文件 include 的头文件中，可以出现 Objective-C 的代码

　　C. mm 文件中的混用 cpp 直接使用即可

　　D. cpp 中使用 Objective-C 的关键是使用接口，而不能直接使用代码

3. 对下述代码错误的描述中，正确的是（　　）。

```
    NSTimer *myTimer = [NSTimer timerWithTimeInterval:1.0 target:self selector:@selector(doSomeThing:)
userInfo:nil repeats:YES];
    [myTimer fire];
```

　　A. 没有将 timer 加入 runloop

　　B. doSomeThing 缺少参数

　　C. 忘记传递数据给 userInfo

　　D. myTimer 对象未通过[[myTimer alloc] init]方法初始化

4. 以下代码的输出为（　　）。

```
    NSString *str = [NSString stringWithFormat:@"%@",@"iLanou123ios"];
    NSString *str1 = [str substringToIndex:3];
    NSString *str2 = [str substringWithRange:NSMakeRange(6, 3)];
    NSString *newStr = [str1 stringByAppendingString:str2];
    NSLog(@"%@",newStr);
```

　　A. iLanou　　　　B. iL123　　　　C. iLa123　　　　D. iLaios

5. UITableView 中 cell 的复用是由几个数组实现的？（　　）

　　A. 1　　　　　　B. 2　　　　　　C. 3　　　　　　D. 3 或 4

6. 假设有 n 个关键字具有相同的散列函数值，则用线性探测法把这 n 个关键字映射到散列表中需要执行的线性探测次数为（　　　）。

　　A. n^2　　　　　　B. n×(n+1)　　　C. n×(n+1)/2　　　D. n×(n-1)/2

7. 下列不属于数据库事务正确执行的 4 个基本要素的是（　　　）。

　　A. 隔离性　　　　B. 持久性　　　　C. 强制性　　　　D. 一致性

8. 下列进程状态变化中，不可能发生的是（　　　）。

　　A. 运行→就绪　　B. 运行→等待　　C. 等待→运行　　　D. 等待→就绪

9. 下列选项中，不可以查看某 IP 是否可达的方式/命令是（　　　）。

　　A. telnet　　　　B. ping　　　　　C. tracert　　　　D. top

10. 当用一台机器作为网络客户端时，该机器最多可以保持（　　　）个到服务端的连接。

　　A. 1　　　　　　B. 少于 1024　　　C. 少于 65535　　D. 无限制

二、不定项选择题

1. 实现多线程有哪几种方法？（　　　）

　　A. 使用@synchronized(self)

　　B. 使用 GCD

　　C. 使用 NSOperationQueue

　　D. 使用@thread

2. 同步机制应该遵循的基本准则有（　　　）。

　　A. 空闲让进　　　B. 忙则等待　　　C. 有限等待　　　D. 让权等待

3. 进程进入等待状态的方式有（　　　）。

　　A. CPU 调度给优先级更高的线程

　　B. 阻塞的线程获得资源或者信号

　　C. 在时间片轮转的情况下，时间片到了

　　D. 获得 spinlock（"自旋锁"）未果

4. 下列设计模式中，属于结构型模式的是（　　　）。

　　A. 状态模式　　　B. 装饰模式　　　C. 代理模式　　　D. 观察者模式

三、简答题

1. iOS 平台做数据的持久化方式有哪些？

2. 僵尸对象、野指针、空指针分别指什么？它们有什么区别？

四、编程题

1. 单链表有环指的是单链表中某个结点的 next 指针域指向的是链表中在它之前的某一个结点，这样在链表的尾部形成一个环形结构。如何判断单链表是否有环存在？

2. 如何找出单链表中的倒数第 k 个元素？假设给定链表：1->2->3->4->5->6->7，则链表倒数第 k=3 个元素的值为 5。

3. 给定一个数组 a[N]，希望构造数组 b[N]，其中，b[i]=a[0]×a[1]×…×a[N-1]/a[i]。在构造过程中，有以下几点要求。

（1）不允许使用除法。

（2）要求空间复杂度为 O(1)和时间复杂度为 O(N)。

（3）除遍历计数器与 a[N]、b[N]外，不可以使用新的变量（包括栈临时变量、堆空间和全局静态变量等）。

（4）编程实现并给出简单描述。

真题3 某知名游戏公司 iOS 软件工程师笔试题

一、单项选择题

1．下面哪些属于 UITableViewDelegate 协议的方法？（　　　）

A．tableView:cellForRowAtIndexPath:

B．tableView:numberOfRowsInSection:

C．tableView:didSelectRowAtIndexPath:

D．numberOfSectionsInTableView:

2．下列说法中错误的是（　　　）。

A．子类可以重写父类的方法

B．子类没有重写父类的方法，用子类对象调用这个方法会报错

C．子类没有重写父类的方法但可以使用父类的方法

D．子类重写了父类方法，那么用子类对象调用这个方法，执行的是子类里面的方法

3．以下动画类型中不属于 UIView 动画的是（　　　）。

A．UIImageView

B．UIActivityIndicatorView

C．UIViewAnimation

D．UIViewMotionEffects

4．delegate 中的 property 使用以下哪个属性？（　　　）

A．assign　　　　　B．retain　　　　　C．copy　　　　D．strong

5．以下说法正确的是（　　　）。

A．Objective-C 支持多重继承

B．Objective-C 中的类可以实现多个接口

C．Objective-C 中导入头文件用的是#include

D．@class 用于注入对象

6．当用 stringWithString 来创建一个新 NSString 对象的时候，可以认为（　　　）。

A．这个新创建的字符串对象已经被 autorelease 了

B．这个新创建的字符串对象已经被 retain 了

C．全都不对

D．这个新创建的字符串对象已经被 release 了

7．一个关系模式为 Y（X1，X2，X3，X4），假定该关系存在着如下函数依赖：（X1，X2）→X3，X2→X4，则该关系属于（　　　）。

A．第一范式　　　　B．第二范式　　　　C．第三范式　　　D．第四范式

8．最佳二叉搜索树是（　　　）。

A．关键码个数最少的二叉搜索树

B．搜索时平均比较次数最少的二叉搜索树

C. 所有结点的左子树都为空的二叉搜索树

D. 所有结点的右子树都为空的二叉搜索树

9. 下列选项中，不是进程和程序的区别的是（   ）。

A. 程序是一组有序的静态指令，进程是一次程序的执行过程

B. 程序只能在前台运行，而进程可以在前台或后台运行

C. 程序可以长期保存，而进程是暂时的

D. 程序没有状态，而进程是有状态的

10. 下列关于 Cookie 的描述中，不正确的是（   ）。

A. 根域名可以访问子域的 Cookie

B. 浏览器禁用 Cookie 时可以用 URL 重写与服务端保持状态

C. Cookie 没有大小限制

D. Cookie 中保存的是字符串

二、不定项选择题

1. 已知一棵二叉树，如果先序遍历的结点顺序为 ADCEFGHB，中序遍历的结点顺序为 CDFEGHAB，那么后序遍历的结点顺序为（   ）。

A. CFHGEBDA   B. CDFEGHBA

C. FGHCDEBA   D. CFHGEDBA

2. 下列数据结构中，同时具有较高的查找和删除性能的是（   ）。

A. 有序数组   B. 有序链表   C. AVL 树   D. Hash 表

3. 下列排序算法中，时间复杂度不会超过 $O(n\log_2 n)$ 的是（   ）。

A. 快速排序   B. 堆排序   C. 归并排序   D. 冒泡排序

4. 初始序列为 {1, 8, 6, 2, 5, 4, 7, 3} 的一组数，采用堆排序的方法进行排序，当建堆（小根堆）完毕时，堆所对应的二叉树的中序遍历序列为（   ）。

A. 8,3,2,5,1,6,4,7   B. 3,2,8,5,1,4,6,7

C. 3,8,2,5,1,6,7,4   D. 8,2,3,5,1,4,7,6

5. 当 n=5 时，下列函数的返回值是（   ）。

```
int foo(int n)
{
    if (n<2)
    {
        return n;
    }
    else
        return foo(n-1) + foo(n-2);
}
```

A. 5   B. 7   C. 8   D. 10

6. S 市共有 A、B 两个区，人口比例为 3∶5，据历史统计，A 区的犯罪率为 0.01%，B 区的犯罪率为 0.015%。现有一起新案件发生在 S 市，那么案件发生在 A 区的可能性是（   ）。

A. 37.5%   B. 32.5%   C. 28.6%   D. 26.1%

三、简答题

1. isKindOfClass 和 isMemberOfClass 有什么区别与联系？

2. iOS 中有哪几种从其他线程回到主线程的方法？

3. 什么是目标-动作（Target-Action）机制？

四、程序设计题

1. 给定一个字符数组，要求写一个将其反转的函数。

2. 给定一台有 m 个存储空间的机器，有 n 个请求需要在这台机器上运行，第 i 个请求计算时需要占 R[i] 个空间，计算结果需要占 O[i] 个空间（O[i] < R[i]）。请设计一个算法，判断这 n 个请求能否全部完成。若能，则给出这 n 个请求的安排顺序。

真题4　某知名电商公司 iOS 软件开发工程师笔试题

一、单项选择题

1. 在 UIKit 中，frame 与 bounds 的区别是（　　）。

　　A．frame 是 bounds 的别名

　　B．frame 是 bounds 的继承类

　　C．frame 的参考系是父视图坐标，bounds 的参考系是自身的坐标

　　D．frame 的参考系是自身坐标，bounds 的参考系是父视图的坐标

2. NSRunLoop 的以下描述错误的是（　　）。

　　A．Runloop 并不是由系统自动控制的

　　B．有 3 类对象可以被 run loop 监控：sources、timers、observers

　　C．线程是默认启动 run loop 的

　　D．NSTimer 可手动添加到新建的 NSRunLoop 中

3. X86 体系结构在保护模式下有三种地址，下列对于这三种地址的描述中，正确的是（　　）。

　　A．虚拟地址先经过分段机制映射到线性地址，然后线性地址通过分页机制映射到物理地址

　　B．线性地址先经过分段机制映射到虚拟地址，然后虚拟地址通过分页机制映射到物理地址

　　C．虚拟地址先经过分页机制映射到线性地址，然后线性地址通过分段机制映射到物理地址

　　D．线性地址先经过分页机制映射到虚拟地址，然后线性地址通过分段机制映射到物理地址

4. 当需要对文件进行随机存取时，下列文件中，物理结构不适用于上述应用场景的是（　　）。

　　A．顺序文件　　　　B．索引文件　　　　C．链接文件　　　　D．Hash 文件

5. 有如下程序：

```
#include<iostream>
using namespace std;
```

```
class MyClass
{
public:
    MyClass(int i = 0)
    {
        cout << 1;
    }
    MyClass(const MyClass& x)
    {
        cout << 2;
    }
    MyClass& operator=(const MyClass& x)
    {
        cout << 3;
        return *this;
    }
    ~MyClass()
    {
        cout << 4;
    }
};
int main()
{
    MyClass obj1(1), obj2(2), obj3(obj1);
    return 0;
}
```

这个程序的输出结果是（   ）。

A．112444   B．11114444   C．121444   D．11314444

二、不定项选择题

1．下面与导航相关的视图控制器有（   ）。

    A．UIViewController   B．UINavigationController

    C．UITabBarController   D．UITableViewController

2．NSURL 的构造函数有（   ）。

    A．+requestWithURL: B．－initWithURL:

    C．+URLWithString: D．－initWithString:

3．表视图的组成有（   ）。

    A．Cell（单元格）   B．Section（节）

    C．Table Header View（表头）   D．Table Footer View（表脚）

4．修改联系人涉及的函数有（   ）。

    A．ABPersonCreate

    B．ABRecordSetValue

    C．ABAddressBookGetPersonWithRecordID

    D．ABAddressBookAddRecord

5．下列关于减少换页的方法描述中，错误的是（   ）。

A. 进程倾向于占用 CPU

B. 访问局部性（Locality of Reference）满足进程要求

C. 进程倾向于占用 I/O

D. 使用基于最短剩余时间（Shortest Remaining Time）的调度机制

6. 递归函数最终会结束，那么这个函数一定（　　　）。

A. 使用了局部变量

B. 有一个分支不调用自身

C. 使用了全局变量或者使用了一个或多个参数

D. 没有循环调用

7. 编译过程中，语法分析器的任务是（　　　）。

A. 分析单词是怎样构成的

B. 分析单词串是如何构成语言和说明的

C. 分析语句和说明是如何构成程序的

D. 分析程序的结构

8. 已知一段文本有 1382 个字符，使用了 1382 个字节进行存储，这段文本全部是由 a、b、c、d、e 这 5 个字符组成，其中，字符 a 出现了 354 次，字符 b 出现了 483 次，字符 c 出现了 227 次，字符 d 出现了 96 次，字符 e 出现了 232 次，如果对这 5 个字符使用哈夫曼（Huffman）算法进行编码，那么以下说法正确的是（　　　）。

A. 使用哈夫曼算法编码后，用编码值来存储这段文本将花费最少的存储空间

B. 使用哈夫曼算法进行编码，a、b、c、d、e 这 5 个字符对应的编码值是唯一确定的

C. 使用哈夫曼算法进行编码，a、b、c、d、e 这 5 个字符对应的编码值可以有多套，但每个字符编码的位（bit）数是确定的

D. 字符 b 的哈夫曼编码值位数应该最短，字符 d 的哈夫曼编码值位数应该最长

三、简答题

1. HTTPS 与 HTTP 有什么区别与联系？

2. dispatch_barrier_(a)sync 的作用是什么？

四、编程题

1. 给定一个没有排序的链表，去掉其重复项，并保留原顺序，例如链表 1->3->1->5->5->7，去掉重复项后变为 1->3->5->7。

2. 10 个房间里放着随机数量的金币。每个房间只能进入一次，并只能在一个房间中拿金币。一个人采取如下策略：前 4 个房间只看不拿，随后的房间只要看到比前 4 个房间都多的金币数就拿，否则就拿最后一个房间的金币。编程计算这种策略拿到最多金币的概率。

真题 5　某知名门户网站公司 iOS 开发校招笔试题

一、单项选择题

1. 使用 Xcode 创建工程时，支持同时创建的版本管理库是（　　　）。

A. Subversion　　　　　　　B. Concurrent Version System

C. Mercurial　　　　　　　　D. Git

2．以下关于 Objective-C 中属性的说明中，错误的是（　　　）。

    A．readwrite 是可读可写特性，需要生成 getter 方法和 setter 方法

    B．readonly 是只读特性，只有 getter 方法，没有 setter 方法

    C．assign 是赋值属性，setter 方法将传入参数赋值给实例变量

    D．retain 表示持有特性，copy 属性表示复制属性，都会建立一个相同的对象

3．UIViewController 在显示过程中，各个方法的调用顺序是（　　　）。

    A．init->viewDidLoad->viewDidAppear->viewDidUnload

    B．init->viewDidAppear->viewDidLoad->viewDidUnload

    C．init->viewDidLoad->viewDidUnload ->viewDidAppear

    D．init->viewDidAppear->viewDidUnload->viewDidLoad

4．关于支付，应用在接入 Ping++SDK 时，需要的三个参数不包括（　　　）。

    A．API Key   B．应用 ID

    C．Notify URL   D．开发者账号

5．与 alloc 相反，retain 相反，alloc 配对使用的分别是哪些方法？（　　　）

    A．dealloc，release，dealloc   B．dealloc，release，release

    C．dealloc，dealloc，dealloc   D．release，release，release

6．不能把字符串"HELLO!"赋给数组 b 的语句是（　　　）。

    A．char b[10]={'H', 'E', 'L', 'L', 'O', '!', '\0'};

    B．char b[10]; b="HELLO!";

    C．char b[10]; strcpy(b, "HELLO!");

    D．char b[10]="HELLO!";

7．下述代码定义了一个结构体。

```
struct Date
{
    char a;
    int b;
    int64_t c;
    char d;
};
Date data[2][10];
```

如果 Data 的地址是 x，那么 data[1][5].c 的地址是（　　　）。

    A．x+195   B．x+365   C．x+368   D．x+215

8．定义一个 int 类型的指针数组，数组元素个数为 10。下列定义方式中，正确的是（　　　）。

    A．int a[10];   B．int (*a)[10];

    C．int *a[10];   D．int (*a[10])(int);

9．将一棵有 100 个结点的完全二叉树从根这一层开始，进行广度遍历编号，那么编号最小的叶子结点的编号是（　　　）。

    A．49   B．50   C．51   D．52

10．当分析 XML 时，需要校验结点是否闭合，用（　　　）数据结构实现比较好。

A．链表　　　　　B．树　　　　　C．队列　　　　　D．栈

11．快速排序算法在序列已经有序的情况下的时间复杂度为（　　）。

A．O(nlog$_2$n)　　　B．O(n2)　　　C．O(n)　　　D．O(n2)

12．无向图 G=（V，E），其中 V={a,b,c,d,e,f}，E={<a,b>,<a,e>,<a,c>,<b,e>,<e,f>,<f,d>,<e,d>}，对该图进行深度优先排序，得到的顶点序列正确的是（　　）。

A．a，b，e，c，d，f　　　　　B．a，c，f，e，b，d

C．a，e，b，c，f，d　　　　　D．a，e，d，f，c，b

二、简答题

1．SDWebImage 是什么？加载图片的原理是什么？

三、编程题

1．单链表相交指的是两个链表存在完全重合的部分，如图 1 所示。

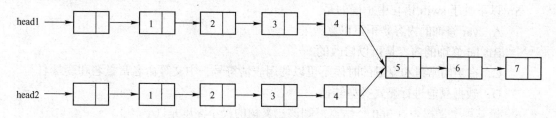

图 1　单链表相交

在图 1 中，这两个链表相交于结点 5，要求判断两个链表是否相交，如果相交，那么找出相交处的结点。

2．编辑距离又称为 Levenshtein 距离，是指两个子串之间由一个转成另一个所需的最少编辑操作次数。许可的编辑操作包括将一个字符替换成另一个字符、插入一个字符和删除一个字符。请实现一个算法来计算两个字符串的编辑距离，并计算其复杂度。在某些应用场景下，替换操作的代价比较高，假设替换操作的代价是插入和删除的两倍，该如何调整算法？

3．请用代码实现大整数相乘。

真题6　某知名互联网公司 iOS 开发实习生笔试题

一、单项选择题

1．以下哪一段代码不会抛出异常（　　）。

A．NSArray *array=@[1，2，3];NSNumber * number=array[3];

B．NSDictionary *dict=@{@"key":nil};

C．NSString *str=nil;NSString *str2=[str substringFromIndex:3];

D．NSString *str=@"hi";NSString *str2=[str substringFromIndex:3];

2．NSURLConnection 类的同步请求方法是（　　）。

A．+ sendSynchronousRequest:returningResponse:error:

B．- initWithRequest:delegate:

C．- initWithRequest:delegate:startImmediately:

3．在没有 navigationController 的情况下，要从一个 ViewController 切换到另一个 ViewController 应该（　　）。

A．[self.navigationController pushViewController:nextViewController animated:YES];

B．[self.view addSubview:nextViewController.view];

C．[self pushViewController:nextViewController animated:YES];

D．[self presentModalViewController:nextViewController animated:YES];

4．以下有关#import<>的作用和#import""的作用描述错误的是（　　）。

A．#import<>用来引入自定义文件

B．#import""用来引入自定义头文件

C．#import<>和#import""都可以用来导入文件

D．#import""避免重复导入

5．以下关于 swift 语言中正确的是（　　）。

A．var 修饰的内容是不可以修改的

B．let 修饰的内容是可以修改的

C．在声明常量和变量的时候不可以使用表情符号、中文等命名常量名和变量名

D．数据只能进行显式类型转换

6．设某棵二叉树中有 360 个结点，则该二叉树的最小高度是（　　）。

A．7 　　　　　　B．9 　　　　　　C．10 　　　　　　D．8

7．在 32 位计算环境下，定义有语句 char str[] = "abcde"，那么 sizeof(str)的值为（　　）。

A．1 　　　　　　B．4 　　　　　　C．5 　　　　　　D．6

8．对一个已经排好序的数组进行查找，时间复杂度为（　　）。

A．O(n) 　　　　B．O(log$_2$n) 　　　　C．O(nlog$_2$n) 　　　　D．O(1)

9．有以下代码：

```
A *pa = new A[10];
delete pa;
```

则类 A 的构造函数和析构函数分别执行了（　　）次。

A．1，1 　　　　B．10，10 　　　　C．1，10 　　　　D．10，1

10．以下关于头文件的描述中，正确的是（　　）

A．#include<filename.h>，编译器寻找头文件时，会从当前编译的源文件所在的目录去找

B．#include"filename.h"，编译器寻找头文件时，会从通过编译选项指定的目录去找

C．多个源文件同时用到的全局整数变量，它的声明和定义都放在头文件中，是好的编程习惯

D．在大型项目开发中，把所有自定义的数据类型、全局变量、函数声明都放在一个头文件中，各个源文件都只需要包含这个头文件即可，省去了要写很多#include 语句的麻烦，是好的编程习惯

二、判断题

1．从通讯录数据库查询联系人数据，可通过 ABAddressBookCopyArrayOfAllPeople 和

ABAddressBookCopyPeopleWithName 函数获得。（　　）

2．模态视图是在导航过程中，有的时候需要放弃主要任务转而做其他次要任务，完成次要任务之后要再回到主要任务，这个"次要任务"就是在"模态视图"中完成的。（　　）

3．NSURLConnectionDelegate 协议中的 connection:didFailWithError:是加载数据出现异常。
（　　）

三、简答题

1．对于语句 NSString* testObject = [[NSData alloc] init];，testObject 在编译时和运行时分别是什么类型的对象？

2．UIImage 的 imageNamed 和 imageWithContentsOfFile 两种加载方法的主要区别是什么？如何选择？

四、编程题

1．给定一棵二叉树，求各个路径的最大和，路径可以以任意结点作为起点和终点。
例如，给定图 2 所示的二叉树。

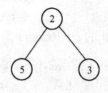

图 2　二叉树

运行结果返回 10，代码如下：

```
/**
*二叉树的定义
* struct TreeNode {
*      int val;
*      TreeNode *left;
*      TreeNode *right;
*      TreeNode(int x) : val(x), left(NULL), right(NULL) {}
* };
*/
int maxPathSum(TreeNode *root)
```

2．有一个链表（如图 3 所示），其中每个对象包含两个指针 p1、p2，其中指针 p1 指向下一个对象，指针 p2 也指向一个对象，沿 p1 可以像普通链表一样完成顺序遍历，沿 p2 则可能会有重复。一种可能的例子如下，其中实线箭头是 p1，虚线箭头是 p2。

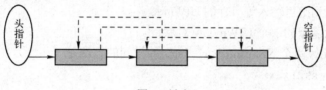

图 3　链表

请设计函数，翻转这个链表，并返回头指针。链表结点的数据结构如下。

```
struct Node{
Node * p1;
Node * p2;
int data;
};
```

函数定义如下。

```
Node * revert(Node* head);
```

真题 7 某知名科技公司 iOS 研发工程师笔试题

一、单项选择题

1. 设置代理为属性正确的是（   ）。

   A．@property(nonatomic,assign)   B．@property(atomic,copy)

   C．@property(nonatomic,copy)   D．@property(nonatomic,retain)

2. 下面的代码段，第一次打印 str 的 retainCount 是多少？第二次和第三次呢？（   ）

```
NSMutableArray* ary = [[NSMutableArray array] retain];
NSString *str = [NSString stringWithFormat:@"test"];
[str retain];
[aryaddObject:str];
NSLog(@"%@%d",str,[str retainCount]);
[str retain];
[str release];
[str release];
NSLog(@"%@%d",str,[str retainCount]);
[aryremoveAllObjects];
NSLog(@"%@%d",str,[str retainCount]);
```

   A．3，2，1   B．2，1，0   C．4，3，2   D．3，2，0

3. Objective-C 有私有方法吗？有私有变量吗？（   ）

   A．有私有方法和私有变量   B．没有私有方法也没有私有变量

   C．没有私有方法，有私有变量   D．有私有方法，没有私有变量

4. 什么是 keyWindow？（   ）。

   A．App 中唯一的那个 UIWindow 对象

   B．可以指定一个 key 的 UIWindow

   C．可接收到键盘输入等事件的 UIWindow

   D．不可以隐藏的那个 UIWindow 对象

5. 下面可以比较两个 NSString *str1, *str2 的异同的方法是（   ）。

   A．if(str1 = str2) xxx;

   B．if([str1 isEqualToString:str2]) xxx;

   C．if(str1 && str2) xxx;

   D．if([str1 length] == [str2 length]) xxx;

6. 某棵完全二叉树上有 699 个结点，则该二叉树的叶子结点数为（　　）。

   A．349   B．350   C．188   D．187

7. 在一个 64 位的操作系统中，定义如下结构体：

```c
struct st_task
{
    uint16_t id;
    uint32_t value;
    uint64_t timestamp;
}
```

同时定义 fool 函数如下：

```c
void fool()
{
    st_task task = {};
    uint64_t a = 0x00010001;
    memcpy(&task, &a, sizeof(uint64_t));
    printf(" % 11u, % 11u, % 11u", task.id, task.value, task.timestamp);
}
```

上述 fool() 函数的执行结果为（　　）。

   A．1，0，0   B．1，1，0   C．0，1，1   D．0，0，1

8. 有如下代码：

```c
int main(int argc, char **argv)
{
    int a[4] = { 1, 2, 3, 4 };
    int *ptr = (int *)(&a + 1);
    printf("%d", *(ptr-1));
}
```

程序的输出结果是（　　）。

   A．1   B．2   C．3   D．4

9. 有如下代码：

```c
int fun(int a)
{
    a = (1 << 5)-1;
    return a;
}
```

fun(21) 的结果是（　　）。

   A．10   B．8   C．5   D．31

10. 下列关于 sort 的 template 的写法中，正确的是（　　）。

   A．void sort(class A first, class A last, class B pred)

   B．void template(class A, class B) sort(A first, A last, B pred)

   C．template<class A><class B> void sort(A first, A last, B pred)

   D．template<class A, class B> void sort(A first, A last, B pred)

11．在 C++语言中，有如下代码：

```
const int i = 0;
int *j = (int *)&i;
*j = 1;
printf("%d, %d", i, *j);
```

程序的输出结果是（　　）。

A．0,1　　　　　　　B．1,1　　　　　　C．1,0　　　　　D．0,0

12．有如下代码：

```
#include<stdio.h>
char *myString()
{
        char buffer[6] = { 0 };
        char *s = "Hello World!";
        for (int i = 0; i <sizeof(buffer)-1; i++)
        {
                buffer[i] = *(s + i);
        }
        return buffer;
}
int main(int argc, char **argv)
{
        printf("%s\n", myString());
        return 0;
}
```

程序的输出结果是（　　）。

A．Hello　　　B．Hello World!　　C．Well　　　D．以上全部不正确

二、判断题

1．NSURLConnectionDelegate 协议中的 connectionDidFinishLoading：的作用是成功完成加载数据，在 connection:didReceiveData 方法之后执行。（　　）

2．单例类 NSNotificationCenter 提供信息广播通知，它采用的是观察者模式的通知机制。（　　）

3．平铺导航模式在内容组织上没有层次关系，展示的内容都放置在一个主屏幕上，采用分屏或分页控制器进行导航，可以左右或者上下滑动屏幕查看内容。（　　）

4．genstrings 命名的基本语法是：genstrings [-a] [-q] [-o] sourcefile。（　　）

三、简答题

1．什么是响应者链(Responder Chain)？

2．在 Objective-C 的数组或字典中，添加 nil 对象会有什么问题？

四、编程题

1．请设计一个排队系统，能够让每个进入队伍的用户都能看到自己在队列中所处的位置和变化，队伍可能随时有人加入和退出；当有人退出影响到用户的位置排名时，需要及时反馈到用户。

2．A，B 两个整数集合，设计一个算法求它们的交集，要求尽可能地高效。

真题 8　某知名互联网公司 iOS 高级开发工程师笔试题

一、单项选择题

1. 有如下规约：

```
digit->0|1|…|9
digits->digit digit*
optionalFraction ->.digits|ε
optionalExponent ->(E(+|-|ε)digits)|ε
number -> digits optionalFraction optionlExponent
```

对于上面给出的正则规约的描述，下列无符号数中，不符合规约要求的是（　　）。

　　A. 5280　　　　　　B. 1　　　　　　C. 2.0　　　　　　D. 336E

2. 语法分析器可以用于（　　）。

　　A. 识别语法错误　　　　　　　　B. 识别语法和语义错误

　　C. 识别语义错误　　　　　　　　D. 识别并修正语法和语义错误

3. IPv6 地址包含（　　）位。

　　A. 64　　　　　　B. 16　　　　　　C. 32　　　　　　D. 128

4. 如果在一个建立了 TCP 连接的 socket 上调用 recv 函数，返回值为 0，那么表示（　　）。

　　A. 还没有收到对端数据　　　　　B. 连接发生错误

　　C. 对端关闭了连接　　　　　　　D. 对端发送了一段长度为 0 的数据

5. 下列选项中，不是内核对象的是（　　）。

　　A. 进程　　　　　　B. 线程　　　　　　C. 互斥器　　　　　　D. 临界区

6. 同一进程下的多个线程可以共享的资源是（　　）。

　　A. 栈　　　　　　B. 数据区　　　　　　C. 寄存器　　　　　　D. 线程 ID

7. 在虚拟存储系统中，若进程在内存中占 3 块（开始时为空），采用先进先出页面淘汰算法，当执行访问页号序列为 1、2、3、4、1、2、5、1、2、3、4、5、6 时，将产生缺页中断的次数是（　　）。

　　A. 10　　　　　　B. 9　　　　　　C. 8　　　　　　D. 7

8. 下述情况中，会提出中断请求的是（　　）。

　　A. 在键盘输入过程中，每按一次键盘上的键

　　B. 计算结果溢出

　　C. 一条系统汇编指令执行完成

　　D. 两数相加的结果为零

9. 单任务系统中有两个程序 A 和 B，其中，

A 程序：CPU:10s→设备 1:5s→CPU:5s→设备 2:10s→CPU:10s；

B 程序：设备 1:10s→CPU:10s→设备:5s→CPU:5s→设备 2:10s；

执行顺序为 A→B，那么 CPU 的利用率是（　　）。

A．40% B．50% C．60% D．70%

10. 以下程序会打印出（　　）个 "–"。

```
for (int i = 0; i<2; i++)
{
    fork();
    printf(" – \n");
}
```

A．2 B．4 C．6 D．8

11. 下列关于计算机的描述中，不正确的是（　　）。

A．进程调度中 "可抢占" 和 "非抢占" 两种方式，后者引起系统的开销更大

B．每个进程都有自己的文件描述符表，所有进程共享同一打开文件表和 v-node 表

C．基本的存储技术包括 RAM、ROM、磁盘以及 SSD，其中访问速度最慢的是磁盘，CPU 的高速缓存一般是由 RAM 组成的

D．多个进程竞争资源出现了循环等待可能造成系统死锁

12. 下列关于 Linux 操作系统的描述中，正确的是（　　）。

A．线性访问内存非法时，当前线程会进入信号处理函数

B．用 mv 命令移动文件时，文件的修改时间会发生变化

C．ulimit –c 设置的是函数调用栈的大小

D．malloc 函数是应用程序向操作系统申请内存的接口

13. Block 作为属性在 ARC 下应该使用的语义设置为（　　）。

A．retain B．weak C．strong D．copy

14. 使用 imageNamed 方法创建 UIImage 对象时，与普通的 init 方法的区别是（　　）。

A．没有区别，只是为了方便

B．imageNamed 方法只是创建了一个指针，没有分配其他内存

C．imageNamed 方法将图片加载到内存中后不再释放

D．imageNamed 方法使用完图片后立即释放

15. 下面哪个方法不属于 NSObject 的内省（introspection）方法（　　）。

A．isMemberOfClass B．responsenToSelector

C．init D．isKindOfClass

二、判断题

1. 本地化目录 en-US.lproj 中 en 是语言代号，US 是国家代号。（　　）

2. NSURLConnectionDelegate 协议中的 connection:didReceiveData:方法是请求成功，开始接收数据，如果数据量很多，那么它会被多次调用。（　　）

3. 树形结构导航模式在内容上是有层次的，从上到下细分或者分类包含等关系，例如黑龙江省与哈尔滨市的关系，黑龙江省包含了哈尔滨市，哈尔滨市又包含了道里区、道外区等。（　　）

三、简答题

1. Objective-C 中类别特性的作用及其局限性是什么？

2. instancetype 和 id 有什么区别？为什么返回类的实例的类方法或实例方法使用 instancetype 而不是 id？

四、编程题

1. 设计一个函数，可以把十进制的正整数转换为四位定长的三十六进制字符串。三十六进制的规则为：0123456789ABCDEFGHIJKLMNOPQRSTUVWXYZ。举例说明如下。

```
1="0001"
10="000A"
20="000K"
35="000Z"
36="0010"
100="002S"
2000="01JK"
```

2. 求一个字符串的所有排列。给出一个函数来输出一个字符串的所有排列。例如，输入字符串 abc，要求输出由字符 a、b、c 所能排列出来的所有字符串：abc、acb、bac、bca、cab、cba。

真题 9　某知名搜索引擎公司 iOS 软件开发笔试题

一、单项选择题

1. 以下代码会输出（　　）。

```
NSString *str = @"a123";
NSLog(@"%d",[str intValue]);
```

A. 0　　　　　　　　B. 123　　　　　　　C. 123a　　　　　　D. 不确定

2. @[@"a",@"b"];的类型是（　　）。

A. 字符串对象　　　B. 字典对象　　　　C. 数组对象　　　　D. 集合对象

3. 下面代码输出的字符串的子串是（　　）。

```
NSString *aa = @"Simple Audio Engine";
NSLog(@"%@",[aa substringToIndex:8]);
```

A. Simple Au　　　B. A　　　　　　　　C. Simple A　　　　D. u

4. 在 Objective-C 语言中，当引用数组元素时，其数组元素的数据类型是（　　）。

A. 对象类型　　　　　　　　　　　B. 整型

C. 整型或者对象类型　　　　　　　D. 以上三个说法都不对

5. "id" 类型是（　　）。

A. 是一个指向任何一个继承了 Object（或者 NSObject）类的对象

B. 这是一个特定的 ID 类型对象

C. 是一种字符串类型

D. 以上三个说法都不对

6. 实验高中的小明暗恋某女生已经 3 年了，高考结束后，小明决定向她表白。这天，小明来到女同学家楼下等她出现，时间一分一秒地流逝，两个多小时过去了，他心仪的女生还没有出现，小明看了下表，时针和分针的位置正好跟开始等的时候互换，请问小明一共等了

（　　）分钟。

  A．165   B．150   C．172   D．166

 7．有 A、B、C 三个学生，他们一个出生在西安，一个出生在武汉，一个出生在深圳；一个学化学，一个学英语，一个学计算机。其中，①学生 A 不是学化学的，学生 B 不是学计算机的；②学化学的不出生在武汉；③学计算机的出生在西安；④学生 B 不出生在深圳。根据上述条件可知，学生 A 的专业是（　　）。

  A．计算机   B．英语   C．化学   D．三种专业都可能

 8．在一个不透明的箱子里，一共有红、黄、蓝、绿、白 5 种颜色的小球，每种颜色的小球大小相同、质量相等且数量充足。每个人从篮子里抽出两个小球，那么要保证有两个人抽到的小球颜色相同，至少需要抽球的人数为（　　）。

  A．11 人   B．8 人   C．16 人   D．13 人

 9．平面内一共有 11 个点，由它们连成 48 条不同的直线，由这些点可连成的三角形个数为（　　）。

  A．162   B．158   C．160   D．165

 10．存在这样一个数列："8，8，12，24，60，（）"，则括号内应填的内容是（　　）。

  A．90   B．180   C．120   D．240

 11．有如下代码：

```
int func(int x)
{
    int countx = 0;
    while (x)
    {
        countx++;
        x = x&(x-1);
    }
    return countx;
}
```

  假设 x 的值为 65530，那么 func(x)的返回值是（　　）。

  A．20   B．16   C．100   D．14

 12．用某种排序方法对关键字序列（25，84，21，47，15，27，68，35，20）进行排序，序列的变化情况如下所示：

 （1）20，15，21，25，47，27，68，35，84

 （2）15，20，21，25，35，27，47，68，84

 （3）15，20，21，25，27，35，47，68，84

 则采用的排序方法是（　　）。

  A．选择排序 B．快速排序 C．希尔排序   D．归并排序

 13．设某棵二叉树中有 360 个结点，则该二叉树的最小高度是（　　）。

  A．7   B．9   C．10   D．8

 14．下列排序算法中，对一个 list 排序的最快方法是（　　）。

  A．快速排序 B．冒泡排序 C．二分插入排序 D．线性排序

15. 应用程序 ping 发出的是（　　　）报文。

    A. ICMP 应答　　　　　　B. TCP 请求　　　　C. TCP 应答　　　　　　D. ICMP 请求

二、判断题

1. 标签导航模式是将内容分成几个功能模块，每个功能模块之间没有什么关系。通过标签管理各个功能模块，单击标签切换功能模块。（　　　）

2. 有些情况下，我们会将三种导航模式（平铺导航模式、标签导航模式、树形结构导航模式）综合到一起使用，其中还会用到模态视图。（　　　）

3. iOS 应用程序中，main 函数在最大程度上被使用，应用程序运行的一小部分工作由 AppMain 函数来处理。（　　　）

三、简答题

1. Objective-C 中的类方法和实例方法有什么本质区别和联系？

2. 什么是 strong "强引用" 和 weak "弱引用"？它们是怎样帮助控制内存管理和避免内存泄露的？

四、编程题

1. 给定字符串（ASCII 码 0～255）数组，请在不开辟额外空间的情况下删除开始和结尾处的空格，并将中间多个连续的空格合并成一个。例如，"i　　　am a little boy"，变成 "I am a little boy"，语言类型不限，但不要用伪代码作答，函数输入/输出请参考如下的函数原型。

```
void FormatString(char str[],int len){
}
```

2. 给定一棵二叉树，以及其中的两个结点（地址均非空），要求给出这两个结点的一个公共父结点，使得这个父结点与两个结点的路径之和最小。描述程序的最坏时间复杂度，并实现具体函数，函数输入/输出请参考如下的函数原型。

```
strucy TreeNode{
    TreeNode* left;        //指向左子树
    TreeNode* right;       //指向右子树
    TreeNode* father;      //指向父亲结点
};
TreeNode* LowestCommonAncestor(TreeNode* first,TreeNode* second){
}
```

真题 10　某知名游戏公司校招 iOS 工程师笔试题

一、不定项选择题

1. 在 Linux 操作系统中，下列关于硬链接的描述中，正确的是（　　　）。

    A. 跨文件系统

    B. 不可以跨文件系统

    C. 为链接文件创建新的 i 结点

    D．链接文件的 i 结点与被链接文件的 i 结点相同

2．正则表达式 A*B 可以匹配的字符串是（　　　）。

    A．A   B．ACB   C．AB   D．AAB

3．下列选项中，是行内元素的有（　　　）。

    A．span   B．input   C．ul   D．p

4．下列有关聚集索引的描述中，正确的是（　　　）。

    A．有存储实际数据   B．没有存储实际数据

    C．物理上连续   D．逻辑上连续

    E．可以用 B 树实现   F．可以用二叉排序树实现

5．下列关于 Web 站点的描述中，正确的是（　　　）。

    A．静态网站是指这个网站的内容无法更改

    B．可以使用同一个网址访问不同的 Web 服务器

    C．使用 127.0.0.1 不能访问本地站点

    D．DDoS、缓存溢出、XSS、AJAX 都属于 Web 站点的入侵方式

6．为什么说 Objective-C 是 runtime language？（　　　）

    A．将数据类型的确定由编译时推迟到了运行时

    B．运行时机制使我们直到运行时才去决定一个对象的类别，以及调用该类别对象指定方法。

    C．假使 A 继承了 B 类，那么在编译时就已经生成了 A 的实例

    D．多态是指不同对象以自己的方式响应相同消息的能力

7．模态视图专用属性有（　　　）。

    A．UIModalPresentationFullScreen，全屏状态，是默认呈现样式，iPhone 只能全屏呈现

    B．UIModalPresentationPageSheet，它的宽度是固定的 768 点，在 iPad 竖屏情况下则全屏呈现

    C．UIModalPresentationFormSheet，它的呈现尺寸是固定的 540×620 点，无论是在横屏还是竖屏情况下呈现尺寸都不会变化

    D．UIModalPresentationCurrentContext，它与父视图控制器有相同的呈现方式

8．iOS 单元测试框架有（　　　）。

    A．OCUnit   B．GHUnit   C．OCMock   D．NSXML

二、问答题

1．GCD 中有哪几种队列？

2．如何对 UITableView 的滚动加载进行优化，防止卡顿？

3．数据库以及线程发生死锁的原理及必要条件是什么？如何避免死锁？

三、程序设计题

1．有 20 个数组，每个数组有 500 个元素，并且是有序的，现在如何在这 20×500 个数中找出排名前 500 的数？

2．在原字符串中把尾部 m 个字符移动到字符串的头部，要求：长度为 n 的字符串操作时间复杂度为 O(n)，空间复杂度为 O(1)。例如，原字符串为 "abcdefgh"，m=3，输出结果为

"fghabcde"。

一、单项选择题

1. 下列代码取决于 Objective-C 的 （　　　）特性。

```
id myobj;
... · ...
[myobj draw];
```

    A. 预处理机制   B. 枚举数据类型   C. 静态类型   D. 动态类型

2. 在 Objective-C 中，与 object.toString 等效的是（　　　）。

    A. [NSObject getDescription]   B. [NSObject stringWithFormat]

    C. [NSObject getDetails]   D. NSObject description]

3. 以下程序的运行结果是（　　　）。

```
void main(){
    int n='e';
    switch(n--){
        default: NSLog(@"error ");
        case 'a':
        case 'b':
            NSLog(@"good "); break;
        case 'c':
            NSLog(@"pass ");
        case 'd':
            NSLog (@"warn ");
    }
}
```

    A. warn   B. good   C. error   D. error good

4. 下面关于线程管理的描述中，错误的是（　　　）。

    A. GCD 在后端管理着一个线程池

    B. NSOperationQueue 是对 NSthread 的更高层的封装

    C. NSThread 需要自己管理线程的生命周期

    D. GCD 可以根据不同优先级分配线程

5. 下面程序的输出结果为（　　　）。

```
void main(){
    enum Weekday{sun=7,mon=1,tue,wed,thu,fri,sat};
    enum Weekday day=sat;
    NSLog(@"%d ",day);
}
```

    A. 7   B. 5   C. 4   D. 6

6. 有图 4 所示的二叉树

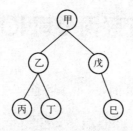

图 4 二叉树结构

对其进行后序遍历的结果是（　　）。

    A. 丙乙丁甲戊己　　　　　　　　B. 甲乙丙丁戊己

    C. 丙丁乙己戊甲　　　　　　　　D. 丙丁己乙戊甲

7. 在 C 语言中，有数组定义如下：char array[]= "China"，则数组 array 所占用的空间为（　　）。

    A. 4 个字节　　　　B. 5 个字节　　　　C. 6 个字节　　　　D. 7 个字节

8. 以下 STL 的容器存放的数据，肯定是排好序的是（　　）。

    A. vector　　　　B. deque　　　　C. list　　　　D. map

9. 静态局部变量存储在进程的（　　）。

    A. 栈区　　　　B. 寄存器区　　　　C. 代码区　　　　D. 全局区

10. 某主机的 IP 地址为 202.117.131.12/20，其子网掩码是（　　）。

    A. 255.255.248.0　　　　　　　　B. 255.255.240.0

    C. 255.255.252.0　　　　　　　　D. 255.255.255.4

二、简答题

1. Nil、nil、null、NULL、NSNull 有什么区别？

2. BOOL、int、float 和指针变量与"零值"比较的 if 语句是什么（假设变量名为 var）？

3. 存储过程（Stored Procedure）是什么？它有哪些优点？

三、编程题

1. 定义栈的数据结构，请在该类型中实现一个能够得到栈的最小元素的 min 函数。在该栈中，调用 min.push 及 pop 的时间复杂度都是 O(1)。

2. 在一个二维数组中，每一行都按照从左到右递增的顺序排序，每一列都按照从上到下递增的顺序排序。请实现一个函数，输入这样的一个二维数组和一个整数，判断数组中是否含有该整数。

例如下面的二维数组就是符合这种约束条件的。如果在这个数组中查找数字 7，那么返回 true；如果查找数字 5，由于数组中不含有该数字，那么返回 false。

1	2	8	9
2	4	9	12
4	7	10	13
6	8	11	15

真题 12　某知名硬件厂商 iOS 应用软件开发笔试题

一、单项选择题

1. 如果需要在手动管理内存分配和释放的 Xcode 项目中引入和编译用 ARC 风格编写的文件，那么需要在文件的 Compiler Flags 上添加参数（　　）。

 A. -shared　　　　B. -fno-objc-arc　　　C. -fobjc-arc　　D. -dynamic

2. CFSocket 使用的是哪种 socket？（　　）。

 A. BSD Socket　　　B. NSOperationsQueue socket　　　C. TCP/IP socket

3. 在哪个类中将允许同时使用一个或多个 Block？（　　）。

 A. NSBlock　　　　　　　　　　B. NSConcurrentBlock

 C. NSBlockOperation　　　　　　D. NSConcurrency

4. 给定 Objective-C 字符串：NSString *str = @"Testing 1 2 3";，则表达式[str substring:5]; 的结果为（　　）。

 A. Testin　　　　B. Test　　　　　C. undefined　　D. Testi

5. [Foo new]与[[Foo alloc] init]的区别是（　　）。

 A. new 比 alloc+init 更快　　　　B. new 在 Objective-C 里不存在

 C. new 不会初始化一个对象　　　　D. 没有区别，是一样的

6. float x 与"零值"比较的 if 语句为（　　）。

 A. if (x == 0)　　　　　　　　　B. if (x < 0.00001f)

 C. if (fabs(x) < 0.00001f)　　　　D. if (x > -0.00001f)

7. 函数的局部变量所需存储空间是在（　　）分配的。

 A. 进程的数据段　　　　　　　　B. 进程的栈上

 C. 进程的堆上　　　　　　　　　D. 以上都可以

二、不定项选择题

1. 在 UIViewController 类中与模态相关的方法有（　　）。

 A. presentViewController:animated:completion:

 B. dismissViewControllerAnimated:completion:

 C. addChildViewController:

 D. removeFromParentViewController

2. Objective-C 有哪几种内存管理方法？（　　）。

 A. MRR（Manual Retain Release）

 B. MRC（Manual Reference Counting）

 C. ARC（Automatic Reference Counting）

 D. GC（Garbage Collection）

3. 在使用浏览器打开一个网页的过程中，浏览器会使用的网络协议包括（　　）。

 A. DNS　　　　B. TCP　　　　　C. HTTP　　　D. Telnet

4. 下面属于构造散列函数的方法是（　　）。

 A. 直接定址法　　B. 数字分析法　　C. 除留余数法　　D. 平方取中法

三、简答题

1. NSString *obj = [[NSData alloc] init];，在编译时和运行时分别是什么类型的对象？

2. 两个 App 之间如何互调传值？

3. static 关键字的作用是什么？static 全局变量与普通全局变量的区别是什么？static 局部变量与普通变量的区别是什么？static 函数与普通函数的区别是什么？

四、编程题

1. 给定一个字符串，判断其是否是一个 IP 地址，例如"192.168.0.1"是一个 IP 地址。

2. 实现内存复制函数 memcpy。

真题13 某大数据服务商 iOS 应用开发工程师笔试题

一、单项选择题

1. 下拉 tableview 过程中，逐渐改变导航栏颜色，需要在下列哪个代理里获取到偏移量？（   ）。

A. −(void)scrollViewWillBeginDecelerating:(UIScrollView *)scrollView;

B. −(void)scrollViewDidScroll:(UIScrollView *)scrollView;

C. −(void)scrollViewDidZoom:(UIScrollView *)scrollView;

D. −(void)tableView:(UITableView *)tableView
moveRowAtIndexPath:(NSIndexPath *)sourceIndexPath
toIndexPath:(NSIndexPath *)destinationIndexPath;

2. 要实现不停下雨的功能，用下面哪个功能比较好？（   ）。

A. NSTimer   B. GCD   C. CADisplayLink   D. RunLoop

3. 下面关于线程和进程关系的描述中，不正确的是（   ）。

A. 线程是进程的一个实体，可作为系统独立调度和分派的基本单位

B. 一个进程中多个线程可以并发执行

C. 线程可以通过相互之间协同来完成进程所要完成的任务

D. 线程之间不共享进程中的共享变量和部分环境

4. 以下对下述错误代码的描述中，正确的是（   ）。

```
    NSTimer *myTimer = [NSTimer timerWithTimeInterval:1.0 target:self selector:@selector
(doSomeThing:) userInfo:nil repeats:YES];
    [myTimer fire]
```

A. 没有将 timer 加入 runloop

B. doSomeThing 缺少参数

C. 忘记传递数据给 userInfo

D. myTimer 对象未通过[[myTimer alloc] init]方法初始化

5. 下面对 Category 的描述中，不正确的是（   ）。

A. Category 可以添加新的方法

B. Category 可以删除修改之前的方法

C．将类的实现分散到多个不同文件或多个不同框架中

D．创建对私有方法的前向引用

6．代码生成阶段的主要任务是（　　　）。

    A．把高级语言翻译成机器语言

    B．把高级语言翻译成汇编语言

    C．把中间代码变换成依赖具体机器的目标代码

    D．把汇编语言翻译成机器语言

7．将一个整数序列整理为升序，两趟处理后数列变为 10，12，21，9，7，3，4，25，则采用的排序算法可能是（　　　）。

    A．插入排序　　　　　　B．选择排序　　　　　　C．快速排序　　　　D．堆排序

8．一个栈的入栈序列是 1.2.3.4.5，则栈的不可能输出序列是（　　　）。

    A．12345　　　　　　　B．43512　　　　　　　C．54321　　　　　　D．45321

9．当宏定义需要定义多行代码时，会使用符号（　　　）。

    A．|　　　　　　　　　　B．/　　　　　　　　　　C．\　　　　　　　　D．-

10．在 32 位计算环境下，如果定义有语句 int *p=new int[10];，那么 sizeof(p) 的值为（　　　）。

    A．4　　　　　　　　　　B．10　　　　　　　　　C．40　　　　　　　　D．8

11．用某种排序方法对关键字序列 25，84，21，47，15，27，68，35，20 进行排序，序列的变化情况如下所示：

（1）20，15，21，25，47，27，68，35，84

（2）15，20，21，25，35，27，47，68，84

（3）15，20，21，25，27，35，47，68，84

则采用的排序方法是（　　　）。

    A．选择排序　　　　　　B．快速排序　　　　　　C．希尔排序　　　　D．归并排序

二、简答题

1．sprintf、strcpy、memcpy 的功能分别是什么？

2．NSTimer 创建后，会在哪个线程运行？

3．load 和 initialize 的区别是什么？

三、编程题

1．在写一个函数，根据两文件的绝对路径算出相对路径。例如 a="/qihoo/app/a/b/c/d/new.c"，b="/qihoo/app/1/2/test.c'，那么 b 相对于 a 的相对路径是"../../../../1/2/test.c"。

2．反向 DNS 查找指的是使用 Internet IP 地址查找域名。例如，如果你在浏览器中输入 74.125.200.106，那么它会自动重定向到 google.in。如何实现反向 DNS 查找缓存？

真题 14　某知名社交平台 iOS 开发工程师笔试题

一、问答题

1．什么是"懒加载"(Lazy Loading)？

2．Objective-C 中 @class 代表什么？

3．如何理解消息转发机制？

4．面向对象方法的三个基本元素与五个基本原则是什么？

5．什么是虚拟内存？

二、程序设计题

1．公司里面有 1001 个员工，现在要从中找到最好的羽毛球选手，也就是第一名，要求每个人都必须参赛，那么至少要比赛多少次才能够找到最好的羽毛球员工？

2．现在有 100 个灯泡，每个灯泡都是关着的，第一趟把所有灯泡打开，第二趟把偶数位的灯泡置反（也就是开了的关掉，关了的打开），第三趟让第 3、6、9……位置的灯泡置反……第 100 趟让第 100 个灯泡置反，那么经过 100 趟以后有多少灯泡亮着？

真题 15　某互联网金融企业 iOS 高级工程师笔试题

一、问答题

1．当使用 block 时，什么情况会发生引用循环？如何解决？

2．什么时候会报 unrecognized selector 错误？

3．MVC 设计模式有哪些优缺点？

4．一个人存在于社区中，会有各种各样的身份，和不同的人相处会有不同的关系。请自行设计数据库（表结构、个数不限），保存一个人的名字及关系（包括父亲、朋友们），并用尽可能少的时间、空间开销组织好每个人和其他人的关系，组织好后尝试取出一个人的关系结构。其中涉及的 SQL 语句请详细写出。涉及的数据结构、数据组织形成也请描述清楚，代码可以用伪代码或任何你熟悉的代码给出。

二、程序设计题

1．手机上通常采用九键键盘输入，即 1～9 个数字分别对应一定的英文字母（例如，2 对应 ABC，3 对应 DEF……），因此，用户可以方便地输入中文内容。例如，用户输入"926"，可以对应"WXYZ""ABC"和"MNO"的一系列组合"WAN""YAN""ZAO"等，这些对应"万""严""早"等汉字的中文拼音。

现要求把这样的输入方式应用在手机联系人的查找功能上。有一个联系人列表 UserList，记录了（姓名，手机号）这样的组合，通过输入的数字字符串 numStr，按照下面的规则把对应的联系人查找出来，返回一个 ReaultList。

规则：

（1）手机号能连续部分匹配输入的数字字符串 numStr。例如，输入 numStr=926，则手机号 13926811111 会被查找出来。

（2）联系人姓名中的汉字转化成拼音后，能够连续匹配输入数字字符串 numStr 对应的英文字母组合，例如，输入 numStr=926，则联系人"王二""万事通"会被查找出来。因为"王二"中的"王"的拼音"WANG"中含有"WAN"，和"926"能匹配。

输入：联系人列表 UserList<UserName, PhoneNo>，汉字拼音映射表 Dict，数字拼音字符串 numStr。

输出：符合规则的联系人列表 ResultList<UserName, PhoneNo>。

真题16　某知名银行iOS高级工程师笔试题

一、单选题

1. 下列命令中，可以用来查看当前系统启动时间的是（　　）。
 A．w   B．top   C．ps   D．uptime

2. Linux系统下的进程有三种状态，分别是（　　）。
 A．精确态、模糊态和随机态   B．运行态、就绪态和等待态
 C．准备态、执行态和退出态   D．手动态、自动态和自由态

3. 如果系统的umask设置为244，那么创建一个新文件后，它的权限是（　　）。
 A．--w-r--r--   B．-r-xr--r--   C．-r--w--w-   D．-r-x-wx-wx

4. 下列关于地址转换的描述中，错误的是（　　）。
 A．地址转换解决了因特网地址短缺所面临的问题
 B．地址转换实现了对用户透明的网络外部地址的分配
 C．使用地址转换后，对IP包加长，快速转发不会造成太大影响
 D．地址转换内部主机提供一定的"隐私"

5. 下列给定地址中，与192.168.1.110/27不属于同一个子网的主机地址是（　　）。
 A．192.168.1.94   B．192.168.1.96
 C．192.168.1.124   D．192.168.1.126

6. ping命令使用ICMP的（　　）代码类型。
 A．重定向   B．echo响应   C．源抑制   D．目标不可达

7. 下列关于传输层协议UDP的描述中，正确的是（　　）。
 A．比较合适传输小的数据文件   B．提高了传输的可靠性
 C．提供了高的传输效率   D．使用窗口机制来实现流量控制

8. 下列功能中，能使TCP准确、可靠地从源设备到目的设备传输数据的是（　　）。
 A．封装   B．流量控制   C．无连接服务   D．编号和定序

9. 在bash中，下列说法正确的是（　　）。
 A．$#表示参数的数量   B．$$表示当前进程的名字
 C．$@表示当前进程的pid   D．$?表示前一个命令的返回值

10. 在bash中，需要将脚本demo.sh的标准输出和标准错误输出重定向至文件demo.log，则下列用法中，正确的是（　　）。
 A．bash demo.sh &>demo.log   B．bash demo.sh>&demo.log
 C．bash demo.sh >demo.log 2>&1   D．bash demo.sh 2>demo.log 1>demo.log

11. 在bash中，下列语句中是赋值语句的是（　　）。
 A．a= "test"   B．$a= "test"   C．a="test"   D．$a="test"

12. 下列命令中，可以打印文件（demo.log）中包含"ERP"的行到标准输出的是（　　）。
 A．sed '/ERR/a\' demo.log   B．sed '/ERP/p' demo.log
 C．sed '/ERP/d' demo.log   D．sed -n '/ERP/p' demo.log

13. 使用dkpg命令安装的软件为（　　）。

A．.rpm   B．.tar.gz   C．.tar.bz2   D．.deb

14．链表要求元素的存储地址（   ）。

A．必须连续   B．部分连续   C．必须不连续   D．连续与否均可

15．如果采用散列表组织 100 万条记录，以支持字段 A 快速查找，那么以下描述中，正确的是（   ）。

A．理论上可以在常数时间内找到特定记录

B．所有记录必须存在内存中

C．拉链式散列法的最坏查找时间复杂度是 O(n)

D．散列函数的选择与字段 A 无关

16．当执行 MySQL 查询时，只有满足连接条件的记录才包含在查询结果中，这种连接是（   ）。

A．左连接   B．右连接   C．内连接   D．全连接

17．对于一棵排序二叉树，可以得到有序序列的遍历方式是（   ）遍历。

A．前序   B．中序

C．后序   D．A、B、C 都可以

18．JavaScript 中定义 var="40"，var b=7，则执行语句 a%b 会得到（   ）。

A．"5"   B．5   C．undefined   D．null

19．下面有关 CSS Sprites 的描述中，错误的是（   ）。

A．允许将一个页面涉及的所有零星图片都包含到一张大图中

B．利用 CSS 的"background-image""background- repeat""background-position"的组合进行背景定位

C．CSS Sprites 虽然增加了图片的字节，但是很好地减少了网页的 HTTP 请求，从而大大地提高了页面的性能

D．CSS Sprites 整理起来更为方便，同一个按钮不同状态的图片也不需要一个个地切割出来并逐个命名

20．下列关于视图与基本表的对比描述中，正确的是（   ）。

A．视图的定义功能强于基本表   B．视图的操作功能强于基本表

C．视图的数据控制功能弱于基本表   D．上面提到的三种功能二者均相当

21．下列哪种类型的属性对象可以使用 weak 修饰？（   ）

A．BOOL   B．NSInteger *   C．float *   D．NSString *

22．沙盒中哪个文件内容可以通过 iTunes/iCloud 同步？（   ）

A．Documents   B．tmp   C．Library/Caches   D．Library

二、多选题

1．在 Linux 操作系统中，下列关于硬链接的描述中，正确的是（   ）。

A．跨文件系统

B．不可以跨文件系统

C．为链接文件创建新的 i 结点

D. 链接文件的 i 结点与被链接文件的 i 结点相同

2. 正则表达式 A*B 可以匹配的字符串是（　　　）。

　　A. A　　　　　　　B. ACB　　　　　　　C. AB　　　　　　　D. AAB

3. 下列选项中，是行内元素的有（　　　）。

　　A. span　　　　　　B. input　　　　　　　C. ul　　　　　　　D. p

4. 下列有关聚集索引的描述中，正确的是（　　　）。

　　A. 有存储实际数据　　　　B. 没有存储实际数据　　　C. 物理上连续

　　D. 逻辑上连续　　　　　　E. 可以用 B 树实现　　　　F. 可以用二叉排序树实现

5. 下列关于 Web 站点的描述中，正确的是（　　　）。

　　A. 静态网站是指这个网站的内容无法更改

　　B. 可以使用同一个网址访问不同的 Web 服务器

　　C. 使用 127.0.0.1 不能访问本地站点

　　D. DDoS、缓存溢出、XSS、AJAX 都属于 Web 站点的入侵方式

6. 关于 Objective-C 中的类及 isa，下列说法正确的有（　　　）。

　　A. 每个实例对象都有个 isa 的指针，它指向该对象的类

　　B. 每个类也有个 isa 指针，它指向该类的父类

　　C. 每个类本质上都是一个对象，是其元类（Meteclass）的实例

　　D. 元类也有个 isa 指针，它指向的是根元类（Root Metaclass），根元类也有 isa 指针，
　　　指向的是 NSObject

三、填空题

1. 一个具有三个结点的二叉树可以有（　　　）种形态。

2. 把 4000 个结点组成一棵二叉树，最小高度是（　　　）。

3. 表达式((A+B)*C-(D-E)*(F+G))的前缀表达式是（　　　）。

四、简答题

1. Objective-C 中类别特性的作用及其局限性是什么？

2. NSNotification 是同步还是异步？

3. 什么是隐式动画和显式动画？

4. 怎么防止 iOS 中的反编译？

真题 17　某知名电脑厂商校招 iOS 笔试题

一、不定项选择题

1. 下列关于浅复制和深复制的说法中，正确的是（　　　）。

　　A. 浅复制：只复制指向对象的指针，而不复制引用对象本身

　　B. 深复制：复制引用对象本身

　　C. 如果是浅复制，那么修改一个对象可能会影响另外一个对象

　　D. 如果是深复制，那么修改一个对象不会影响到另外一个对象

2．以下适合在客户端做数据持久化存储的数据的有（　　　）。

    A．redis   B．localStorage   C．sessionStorage   D．userData

3．iOS 应用导航模式有（　　　）。

    A．平铺导航模式   B．标签导航模式

    C．树形结构导航模式   D．模态视图

4．在 Unix 操作系统中，可以用于进程间通信的是（　　　）。

    A．socket   B．共享内存   C．消息队列   D．信号量

5．静态变量通常存储在进程的（　　　）。

    A．栈区   B．堆区   C．全局区   D．代码区

6．下列方法中，可有效提高查询效率的是（　　　）。

    A．在 Name 字段上添加主键   B．在 Name 字段上添加索引

    C．在 Age 字段上添加主键   D．在 Age 字段上添加索引

7．131.153.12.71 是一个（　　　）IP 地址。

    A．A 类   B．B 类   C．C 类   D．D 类

8．下推自动机的语言是（　　　）。

    A．0 型语言   B．1 型语言   C．2 型语言   D．3 型语言

9．有如下代码：

```
#define add(a,b) a+b
int main()
{
        printf("%d\n", 5 * add(3, 4));
        return 0;
}
```

其输出结果是（　　　）。

    A．23   B．35   C．16   D．19

10．浏览器访问某页面，当 HTTP 返回状态码为 403 时，其表示的意思是（　　　）。

    A．找不到该页面   B．禁止访问

    C．内部服务器访问   D．服务器繁忙

11．如果在某系统中，等式 15×4=112 成立，那么系统采用的是（　　　）进制。

    A．六   B．七   C．八   D．九

12．某段文本中各个字母出现的频率分别是{a:4，b:3，o:12，h:7，i:10}，使用赫夫曼编码，则可能的编码是（　　　）。

    A．a(000) b(001) h(01) i(10) o(11)

    B．a(0000) b(0001) h(001) o(01) i(1)

    C．a(000) b(001) h(01) i(10) o(00)

    D．a(0000) b(0001) h(001) o(000) i(1)

13．TCP 和 IP 分别对应了 OSI 中的（　　　）层。

    A．Application layer   B．Presentation layer

    C．Transport layer   D．Network layer

14. 一个栈的入栈序列是 ABCDE，则该栈的出栈序列不可能是（　　　）。

    A．EDCBA　　　　B．DECBA　　　　C．DCEAB　　　　D．ABCDE

15. 同一进程下的线程可以共享（　　　）。

    A．stack　　　　　　　　　　　　B．data section

    C．register set　　　　　　　　　　D．file fd

16. 对于派生类的构造函数，在定义对象时，构造函数的执行顺序为（　　　）。

    ① 对象成员的构造函数

    ② 基类的构造函数

    ③ 派生类本身的构造函数

    A．①→②→③　　B．②→③→①　　　C．③→②→①　　D．②→①→③

二、问答题

1. UIView 和 CALayer 的区别与联系是什么？

2. 什么是沙盒？

3. Cache 替换算法有哪些？

三、算法设计与实现

1. 给定 N 是一个正整数，求比 N 大的最小"不重复数"，这里的"不重复"是指没有两个相等的相邻位，如 1102 中的 11 是相等的两个相邻位，故不是不重复数，而 12301 是不重复数。

2. 假设 N 是一个大整数，求长度为 N 的字符串的最长回文字符串。

3. 坐标轴上从左到右的点依次为 a[0]、a[1]、a[2]…a[n-1]，设一根木棒的长度为 L，求 L 最多能覆盖坐标轴上的几个点？

真题 18　某知名 IT 外企校招 iOS 开发笔试题

一、单选题

1. 下面代码打印出来的值是多少 C．。

```
NSString *str = @"lanou";
[str retain];
NSLog(@"%lu",str.retainCount);
```

    A．1　　　　　　B．2　　　　　　C．-1　　　　　　D．ULONG_MAX

2. 以下关于 tableView 编辑的方法中哪个不属于代理方法？（　　　）

    A．-(void)setEditing:(BOOL)editing animated:(BOOL)animated

    B．-(BOOL)tableView:(UITableView *)tableView canEditRowAtIndexPath:(NSIndexPath*) indexPath

    C．-(UITableViewCellEditingStyle)tableView:(UITableView *)tableView editingStyleFor RowAtIndexPath:(NSIndexPath *)indexPath

    D．-(void)tableView:(UITableView*)tableView commitEditingStyle:(UITableView CellEditingStyle)editingStyle forRowAtIndexPath:(NSIndexPath *)indexPath

3．下列代码的运行结果为（　　　）。

```
#include<stdio.h>
int main()
{
    int a = 100;
    while (a > 0)
    {
        --a;
    }
    printf("%d", a);
    return 0;
}
```

　　A．−1　　　　　　　　B．100　　　　　　　C．0　　　　　　　　D．死循环

4．下列排序算法中，需要开辟额外的存储空间的是（　　　）。

　　A．选择排序　　　　B．归并排序　　　C．快速排序　　　D．堆排序

5．如果将固定块大小的文件系统中块的大小设置得更大一些，那么会有（　　　）。

　　A．更好的磁盘吞吐量和更差的磁盘空间利用率

　　B．更好的磁盘吞吐量和更好的磁盘空间利用率

　　C．更差的磁盘吞吐量和更好的磁盘空间利用率

　　D．更差的磁盘吞吐量和更差的磁盘空间利用率

6．若一棵二叉树的前序遍历序列为 aebdc，后序遍历序列为 bcdea，则根结点的孩子结点（　　　）。

　　A．只有 e　　　　　B．有 e，b　　　C．有 e，c　　　D．不确定

7．在非洲一个原始部落里，男性承担了狩猎、农耕等任务，女性则负责日常生活琐事。为了防止其他部落侵袭，村落里需要更多的男性劳动力，为此，首领决定颁布一条法律："村子里没有生育出儿子的夫妻可以一直生育直到生出儿子为止"。假设现在部落里的男女比例是1∶1，则这条法律颁布之后的若干年，村里的男女比例将会（　　　）。

　　A．男的多　　　　　B．女的多　　　C．一样多　　　D．不能确定

8．设有一个关系：DEPT(DNO,DNAME)，如果要找出倒数第三个字母为 W 且至少包含4个字母的 DNAME，那么查询条件子句应写成 WHERE DNAME LIKE（　　　）。

　　A．'__W_%'　　　　B．'_%W__'　　　C．'_W__'　　　D．'_W_%'

9．已知一个无向图（边为正数）中顶点 A、B 的一条最短路 P，如果把各个边的权重（即相邻两个顶点的距离）变为原来的两倍，那么在新图中，P 仍然是 A、B 之间的最短路。以上说法（　　　）。

　　A．不确定　　　　　B．正确　　　　C．错误

10．有如下代码，那么函数 fun(484) 的返回值为（　　　）。

```
bool fun(int n)
{
    int sum = 0;
    for (int i = 1; n>sum; i = i + 2)
        sum = sum + i;
```

```
        return (n == sum);
    }
```

    A．true   B．false   C．不确定

11．关于主对角线（从左上角到右下角）对称的矩阵为对称矩阵；如果一个矩阵中的各个元素取值为 0 或 1，那么该矩阵为 01 矩阵，大小为 N×N 的 01 对称矩阵的个数为（   ）。

    A．power(2, n)   B．power(2, n×n/2)

    C．power(2, n(n+1)/2)   D．power(2, (n×n−n)/2)

12．现代语言（如 Java 语言）的编译器的词法分析主要依靠（   ）。

    A．有限状态自动机   B．确定下推自动机

    C．非确定下推自动机   D．图灵机

13．有如下代码，那么函数 f(1)的返回值为（   ）。

```
int f(int n)
{
    static int i = 1;
    if (n >= 5)
            return n;
    n = n + i;
    i++;
    return f(n);
}
```

    A．5   B．6   C．7   D．8

二、多选题

1．下列说法正确的是（   ）。

    A．Category 可以在不获悉，不改变原来代码的情况下往里面添加新的方法，只能添加，不能删除修改

    B．implement 可以增加、修改或者删除方法，并且可以增加属性

    C．Extensions 可以添加属性

    D．Extensions 可以添加方法而不用实现

2．下面属于表视图内置的扩展视图常量的有（   ）。

    A．UITableViewCellAccessoryNone

    B．UITableViewCellAccessoryDisclosureIndicator

    C．UITableViewCellAccessoryDetailDisclosureButton

    D．UITableViewCellAccessoryCheckmark

3．下列关于 HTTP 的描述中，不正确的是（   ）。

    A．有状态，前后请求有关联关系

    B．FTP 也可以使用 HTTP

    C．HTTP 响应包括数字状态码，300 代表此次请求有正确的返回值

    D．HTTP 和 TCP、UDP 在网络分层里是同一层次的协议

三、填空题

1. 123456789101112…2014 除以 9 的余数是 （   ）。

2. 根据访问根结点的次序，二叉树的遍历可以分为三种：前序遍历、（   ）遍历和后序遍历。

3. 由权值分别为 3、8、6、2、5 的叶子结点生成一棵赫夫曼树，它的带权路径长度为（   ）。

四、简答题

1. Category 类别与其他特性（扩展和继承）有什么区别？

2. Objective-C 对象可以被 copy 的条件是什么？

3. BAD_ACCESS 在什么情况下出现？如何调试 BAD_ACCESS 错误？

真题详解篇

真题详解篇主要针对 18 套真题进行深度剖析，在写法上，庖丁解牛，针对每一道题目都有非常详细的解答。授之以鱼的同时还授之以渔，不仅告诉答案，还告诉读者以后再遇到同类型题目时该如何解答。读者学完基础知识后，可以抽出一两个小时的时间来完成本书中的习题，找出自己的知识盲区，查漏补缺，为自己加油、补课。

真题详解 1　某知名互联网公司校招网申笔试题详解

一、单项选择题

1. 答案：B。

分析：Objective-C 中的协议接口是可以选择性实现的，默认是@required，是声明的必须实现的协议方法，而@optional 部分声明的协议方法是可以选择性去实现的。

在选项 A 中，关键词@required 用来声明必须实现的协议函数。

在选项 B 中，关键词@optional 用来声明可选择实现与否的协议函数。

在选项 C 中，关键词@interface 在 Objective-C 中用来声明一个类。

在选项 D 中，关键词@protocol 用来声明一个协议。

所以，本题的答案为 B。

2. 答案：C。

分析：选项 A 说法错误，对象被创建出来并被引用后计数才为 1（创建并持有），否则为 0。

选项 B 说法错误，@class 加类名只是在头文件中前向声明一个类，告诉编译器有这样一个类，但并没有将类文件中的内容包含进来，在实现文件中具体用到引用类的实现时必须再次 import 进来。

选项 C 说法是正确的，同一个文件可以声明一个或多个类。

选项 D 说法错误，使用构造器创建的对象会自动添加 autorelease，不需要再次发送 release 消息手动释放。

所以，本题的答案为 C。

3. 答案：A。

分析：本题考查 Blcok 的内存位置管理。

无论在 ARC 还是 MRC 下，Block 内部如果没有引用外部变量（堆变量或者栈变量），那么该 Block 的类型就是 NSGlobalBlock；它跟普通函数类似，存储在内存代码区。

如果 Block 内部引用了外部变量（堆变量或者栈变量），那么这时候要分 MRC 和 ARC 两种情况：在 MRC 下，Block 的类型为 NSStackBlock，它存储在内存的栈区，如果同时手动 copy 一下则会被复制到堆上，类型就会变为 NSMallocBlock；在 ARC 下，Block 的类型为 NSMallocBlock，它存储在内存堆区，因为在 ARC 下，默认会对 Block 做一次 copy 操作。

所以，本题的答案为 A。

4. 答案：A。

分析：本题考查的是操作系统的知识。

批处理是指计算机系统对一批作业自动进行处理的技术。由于系统资源为多个作业所共享，其工作方式是作业之间自动调度执行，并在运行过程中用户不干预自己的作业，因此大大提高了系统资源的利用率和作业吞吐量。采用批量处理作业技术的操作系统称为"批处理操作系统"。批处理操作系统不具有交互性，它是为了提高 CPU 的利用率而提出的一种操作系统。

批处理操作系统分为单道批处理系统和多道批处理系统。在单道批处理系统中，内存中仅有一道作业，它无法充分利用系统中的所有资源，致使系统性能较差。在多道批处理系统中，用户提交的作业都存放在外存中，并形成队列，这个队列称为"后备队列"，然后作业调度程序按照作业调度算法将若干作业调入内存，多个作业同时执行，以达到 CPU 和资源的共享、提高资源的利用率和系统的吞吐量的目的。

通过上面的分析可知，批处理操作系统的目的是为了提高系统资源利用率。

所以，本题的答案为 A。

5．答案：A。

分析：本题考查的是时间复杂度的知识。

时间复杂度通常考查的是代码的执行次数。本题中，可以采用一种简单的方法进行求解，取 m=4、8、16、32，e=1，对应的执行次数分别为 1、2、3、4，正好满足 $\log_2 m$ 的规则。

所以，本题的答案为 A。

6．答案：C。

分析：本题考查的是进制转换的知识。

当进行乘法运算时，无论是什么进制的数进行运算，其基本方法都是相同的，以十进制数的计算为例：2×5=10。如果是七进制，那么运算结果最后一位一定是 10%7=3，相乘后进位值为 10/7=1。同理，如果是八进制，那么相乘结果最后一位一定等于 10%8=2。如果是九进制，那么最后一位一定是 10%9=1。如果是十一进制，那么最后一位一定是 10%11=A（类似于十六进制中，使用 A 表示数字 10）。

本题中，计算结果为 311，最后一位为 1，所以，可以排除选项 A、选项 B、选项 D，只有选项 C 满足题意。

所以，本题的答案为 C。

7．答案：C。

分析：本题考查的是 C/C++语言中 sizeof 的用法。

本题中，str 是字符数组类型，数组的长度为 22（包括 21 个字符和字符串结束符'\0'），sizeof(str)表示的是这个数组类型占用的空间，所以，值是 22。而 p 是一个指向字符的指针，在 32 位的系统下，指针变量占用的存储空间为 4 个字节，因此，sizeof(p)的值为 4；在 C/C++语言中，当数组类型作为参数传递时，都会被转变为指针类型，因此，Foo 函数中的 str 实际上是一个指向字符的指针，因此，第二个 str 的 sizeof 的值为 4。对于 void* p 而言，p 还是一个指针类型，在 32 位的系统下，任何指针类型的数据都会占用 4 个字节，因此，sizeof(p)=4。

所以，本题的答案为 C。

8．答案：B。

分析：本题考查的是排序算法的知识。

对于选项 A，堆排序的思想是对于给定的 n 个记录，初始时把这些记录看作一棵顺序存储的二叉树，然后将其调整为一个大顶堆，然后将堆的最后一个元素与堆顶元素（即二叉树的根结点）进行交换后，交换后堆的最后一个元素就是最大的记录；接着将前 n-1 个元素（即不包括最大记录）重新调整为一个大顶堆，再将堆顶元素与当前堆的最后一个元素进行交换后得到第二大的记录，重复该过程，直到调整的堆中只剩一个元素时为止，该元素即为最小记录，此时可得到一个有序序列。

对于选项 B，快速排序的原理为：对于一组给定的记录，先通过一趟排序后，将原序列分为两部分，其中前半部分的所有记录均比后半部分的所有记录小，然后再依次对前后两部分的记录进行快速排序，递归该过程，直到序列中的所有记录均有序为止。

对于选项 C，希尔排序的实质是分组插入排序，该方法又称"缩小增量排序"，基本原理为：先将整个待排元素序列分割成若干个子序列（由相隔某个"增量"的元素组成的），分别进行直接插入排序，然后依次缩减增量再进行排序，待整个序列中的元素基本有序（增量足够小）时，再对全体元素进行一次直接插入排序。因此，直接插入排序在元素基本有序的情况下（接近最好情况），效率是很高的。

对于选项 D，冒泡排序的原理是：将邻近的数字两两进行比较，按照从小到大或者从大到小的顺序进行交换，这样一趟过去后，最大或最小的数字被交换到了最后一位，然后再从第二个开始进行两两比较交换，直到倒数第二位时结束，其余类似。

所以，本题的答案为 B。

9．答案：C。

分析：本题考查的是排序算法的知识。

各种算法的性能如表 1 所示。

表 1　各种算法及其性能

排序方法	最好时间复杂度	平均时间复杂度	最坏时间复杂度	辅助存储	稳定性	备注
简单选择排序	$O(n^2)$	$O(n^2)$	$O(n^2)$	$O(1)$	不稳定	n 小时较好
直接插入排序	$O(n)$	$O(n^2)$	$O(n^2)$	$O(1)$	稳定	大部分已有序时较好
冒泡排序	$O(n)$	$O(n^2)$	$O(n^2)$	$O(1)$	稳定	n 小时较好
希尔排序	$O(n)$	$O(n\log_2 n)$	$O(ns)(1<s<2)$	$O(1)$	不稳定	s 是所选分组
快速排序	$O(n\log_2 n)$	$O(n\log_2 n)$	$O(n^2)$	$O(\log_2 n)$	不稳定	n 大时较好
堆排序	$O(n\log_2 n)$	$O(n\log_2 n)$	$O(n\log_2 n)$	$O(1)$	不稳定	n 大时较好
归并排序	$O(n\log_2 n)$	$O(n\log_2 n)$	$O(n\log_2 n)$	$O(n)$	稳定	n 大时较好

所以，本题的答案为 C。

10．答案：B。

分析：本题考查的是数据结构的知识。

本题中，数组和链表顺序遍历的时间复杂度都为 O(n)。具体而言，有序链表顺序遍历的时间复杂度为 O(n)，对于删除和插入操作，虽然删除和插入操作的时间复杂度都为 O(1)（因为不需要结点的移动操作），但是在删除结点前，先得找到待删除结点的地址，这个操作的时间复杂度为 O(n)；在插入结点前，先得找到结点应该被插入的地方，这个操作的时间复杂度也为 O(n)，因此，插入与删除的时间复杂度都为 O(n)。

对于有序数组而言，顺序遍历的时间复杂度也为 O(n)。插入元素时只需要找到待插入的位置，然后把其余的元素依次向后移动一个位置；同理，当删除一个元素时，需要把这个元素后面的所有元素依次向前移动一个位置。

通过以上分析可知，与数组相比，链表在删除与插入操作时，没有额外的元素移动的操作，因此，具有更高的效率。所以，选项 A 错误，选项 B 正确。

对于选项 C，散列表是通过计算待添加元素的散列值来决定存储位置的，也无法维持数据的有序，因此，选项 C 错误。

本题中，对于选项 D，由于队列是"先进先出"的数据结构，且只能在队列尾添加元素，队列无法维持数据有序，因此，选项 D 错误。

所以，本题的答案为 B。

二、不定项选择题

1. 答案：A、B、C、D。

分析：本题考查的是 iOS 中的数据持久化方式，iOS 中数据持久化的方案主要有：使用 NSUserDefault 实现简单的数据快速读写、使用属性列表 Property list 文件存储、使用 Archive 对象归档、使用 SQLite 本地数据库和 CoreData。显然，本题中四个选项列举的数据持久化方式都正确。

所以，本题的答案为 A、B、C、D。

2. 答案：A、B、C、D。

分析：选项 A 中的 ABPeoplePickerNavigationController 是选择联系人的控制器，主要用来跳转到选择联系人界面。

选项 B 中的 ABPersonViewController 是联系人详细信息的控制器，主要用来显示联系人的详细信息以及对联系人进行编辑。

选项 C 中的 ABUnknownPersonViewController 是未知联系人的控制器，这个控制器不仅能够新增联系人，还可以补充现有的联系人信息。

选项 D 中的 ABNewPersonViewController 是添加联系人的控制器，用来新增加联系人信息。

所以，本题的答案为 A、B、C、D。

3. 答案：A、C、D。

分析：选项 B 的说法错误，NSOperation Queue 是用来管理 NSOperation 的多线程操作队列，可以设置线程操作优先级，并不是严格遵守先进先出的顺序的。

所以，本题的答案为 A、C、D。

三、简答题

1. 答案：

编译时是指编译器对语言进行编译的阶段，编译时只是对语言进行最基本的检查，包括词法分析、语法分析等，并将程序代码翻译成计算机能够识别的语言（例如汇编等），编译通过并不意味着程序就可以成功运行。

运行时是指程序通过了编译这一关之后，编译好的代码被装载到内存中运行起来的阶段，这个时候会对类型进行检查，而不仅仅是对代码的简单扫描分析，此时若出错可能会导致程序崩溃。

可以说编译时是一个静态的阶段，这个阶段可以检查语法错误；而运行时则是动态的阶段，运行时会把代码加载到内存中做一些操作与判断，而不是简单的扫描代码。

2. 答案：

reuseIdentifier 顾名思义是一个复用标识符，是一个自定义的独一无二的字符串，用来唯一地标记某种重复样式的 UITableViewCell，系统通过 reuseIdentifier 来复用已经创建了的指定样式的 cell，iOS 中表格的 cell 通过复用机制来提高加载效率，因为多数情况下表格中的 cell 样式都是重复的，只是数据模型不同而已，因此系统可以在保证创建一定数量的 cell 的前提下（覆盖整个 tableView），通过保存并重复使用已经创建的 cell 来提高加载效率和优化内存，避免不停地创建和销毁 cell 元素。

UITableViewCell 的复用原理其实很简单，可以通过下面一个简单的例子来理解。

开发中在 UITableViewController 类中编写 cell 复用代码的基本模板如下。

```
/* 可复用 cell 制作 */
- (UITableViewCell *)tableView:(UITableView *)tableView cellForRowAtIndexPath:(NSIndexPath *)indexPath {
    /* 定义 cell 重用的静态标志符 */
    static NSString *cell_id = @"cell_id_demo";
    /* 优先使用可复用的 cell */
    UITableViewCell *cell =
     [tableView dequeueReusableCellWithIdentifier:cell_id];
    /* 如果要复用的 cell 还没有创建，那么创建一个供之后复用 */
    if (cell == nil) {
        /* 新创建 cell 并使用 cell_id 复用符标记 */
        cell = [[UITableViewCell alloc] initWithStyle:UITableViewCellStyleDefault reuseIdentifier:cell_id];
    }
    /* 配置 cell 数据 */
    cell.textLabel.text = [NSString stringWithFormat:@"Cell%i", countNumber];
    /* 其他 cell 设置... */
    return cell;
}
```

代码这样写的原因是通过调用当前 tableView 的 dequeueReusableCellWithIdentifier 方法判断指定的 reuseIdentifier 是否有可以重复使用的 cell，如果有，那么会返回可复用的 cell，cell 就绪之后便可以开始更新 cell 的数据；如果没有可以复用的 cell，那么返回 nil，然后会进入后面的 if 语句，此时创建新的 cell 并给它标记一个标识符 reuseIdentifier。注意上面的 if 语句，并不是只创建一次新的 cell 之后就开始重复利用新创建的这个 cell，这是对 cell 复用机制的误解。事实是要创建足够数量的可覆盖整个 tableView 的 cell 之后才会开始复用之前的 cell（UITableView 中有一个 visiableCells 数组保存当前屏幕可见的 cell，还有一个 reusableTableCells 数组用来保存那些可复用的 cell）。下面通过一段代码来验证。

如何简洁清楚地展示 UITableViewCell 的复用机制呢？下面的例子是创建最基本的文本 cell，并创建一个 cell 计数器，每次新创建 cell 后，计数器会加 1 并把这个计数器显示在 cell 上，如果是复用的 cell，那么会显示复用的是哪一个 cell，测试代码如下。

```
/* 分区个数设置为 1 */
- (NSInteger)numberOfSectionsInTableView:(UITableView *)tableView {
    return 1;
}
/* 创建 20 个 cell，保证覆盖并超出整个 tableView */
- (NSInteger)tableView:(UITableView *)tableView numberOfRowsInSection:(NSInteger)section {
    return 20;
}
```

```
/* cell 复用机制测试 */
- (UITableViewCell *)tableView:(UITableView *)tableView cellForRowAtIndexPath:(NSIndexPath *)indexPath {
    /* 定义 cell 重用的静态标志符 */
    static NSString *cell_id = @"cell_id_demo";
    /* 计数用 */
    static int countNumber = 1;
    /* 优先使用可复用的 cell */
    UITableViewCell *cell = [tableView
    dequeueReusableCellWithIdentifier:cell_id];
    /* 如果要复用的 cell 还没有创建，那么创建一个供之后复用 */
    if (cell == nil) {
        /* 新创建 cell 并使用 cell_id 复用符标记 */
        cell = [[UITableViewCell alloc]
initWithStyle:UITableViewCellStyleDefault reuseIdentifier:cell_id];
        /* 计数器标记新创建的 cell */
        cell.textLabel.text =
[NSString stringWithFormat:@"Cell%i", countNumber];
        /* 计数器递增 */
        countNumber++;
    }
    return cell;
}
```

运行在 iPhone5S 设备上（UITableViewController 作为跟控制器，tableView 覆盖整个屏幕），20 个 cell 显示结果（如图 5 所示）依次为：

Cell1、Cell2、Cell3、Cell4、Cell5、Cell6、Cell7、Cell8、Cell9、Cell10、Cell11、Cell12、Cell13、Cell14、Cell1、Cell2、Cell3、Cell4、Cell5、Cell6。

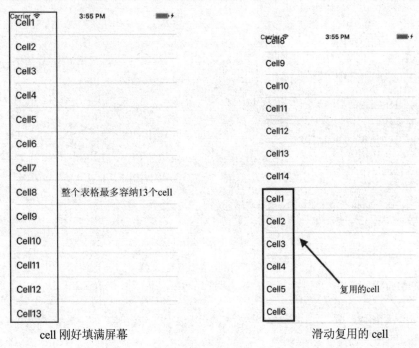

图 5   显示结果

从图 5 可以看出，总共创建了 14 个 cell，其中整个屏幕可显示 13 个 cell，系统多创建一个的原因是保证在表格滑动显示半个 cell 时仍然能覆盖整个 tableView。之后的 6 个 cell 就是复用了开始创建的那 6 个 cell 了。这样 UITableViewCell 复用的基本机制就很清楚了，另外还会有 reloadData 或者 reloadRowsAtIndex 等刷新表格数据的情况，可能会伴随新的 cell 创建和可复用 cell 的更新，但也是建立在基本复用机制的基础之上的。

四、编程题

1. 答案：示例代码如下。

```cpp
#include<iostream>
using namespace std;
struct node
{
    struct node *next;
    int data;
};
//链表反序
struct node* Reverse(struct node *p)
{
    node *p1, *p2;
    if (!p) return 0;
    p1 = p->next;
    if (!p1) return p;
    p2 = p1->next;
    p->next = 0;
    while (true)
    {
        p1->next = p;
        p = p1;
        p1 = p2;
        if (!p2) break;
        p2 = p2->next;
    }
    return p;
}
void output(struct node *p)
{
    while (p)
    {
        cout <<p->data <<" ";
        p = p->next;
    }
    cout << endl;
}
int main()
{
    //添加链表
    node *head, *p;
    head = new node();
```

```
        head->data = 0;
        p = head;
        for (int i = 1; i < 5; ++i)
        {
                p->next = new node();
                p = p->next;
                p->data = i;
        }
        p->next = 0;
        output(head);
        head = Reverse(head);
        output(head);
        return 0;
}
```

2. 答案：示例代码如下。

```
#include<iostream>
using namespace std;
//删除两个链表中的重复数据
typedef struct node
{
    int data;
    struct node *front, *next;
}Node;
void output(Node *head)
{
    Node *p = head;
    while (p->next != head)
    {
        p = p->next;
        cout << p->data <<" ";
    }
    cout << endl;
}
//构造一个双链表
Node* createLink(int* a, int len)
{
    Node *pHeadA = new Node;
    Node *p;
    pHeadA->data = 0xffffffff;
    pHeadA->next = pHeadA;
    pHeadA->front = pHeadA;
    p = pHeadA;
    for (int i = 0; i <len; ++i)
    {
        Node *p1 = new Node;
        p1->data = a[i];
        p->next = p1;
        p1->front = p;
```

```
                    pHeadA->front = p1;
                    p1->next = pHeadA;
                    p = p1;
            }
            return pHeadA;
    }
//删除指定的结点
Node* removeNode(Node* p)
{
        Node *pPrevious = p->front;
        Node *pNext = p->next;
        pPrevious->next = pNext;
        pNext->front = pPrevious;
        delete p;
        return pPrevious;
}
//找到要删除的结点
bool findRemoveNode(Node* head, int data)
{
        Node *p = head;
        bool flag = false;
        while (p->next != head)
        {
                p = p->next;
                if (p->data == data)
                {
                        p = removeNode(p);
                        flag = true;
                }
        }
        return flag;
}
//删除重复结点
void DeleteSameNodes(Node* pHeadA, node* pHeadB)
{
        Node *pA = pHeadA;
        Node *pAPre;
        while (pA->next != pHeadA)
        {
                pAPre = pA;
                pA = pA->next;
                int Adata = pA->data;
                int flag = findRemoveNode(pHeadB, Adata);
                if (flag)
                {
                        //在 B 中重复的结点，在 A 中也要删去
                        findRemoveNode(pHeadA, Adata);//注意会引起 A 中 pA 失效
                        pA = pAPre;//重定位指针
                }
        }
```

```
    }
    int main()
    {
         cout <<"删除前: "<< endl;
         //创建 A 链表
         int a[6] = { 1, 2, 3, 2, 4, 3 };
         Node* pHeadA = createLink(a, 6);
         cout <<"A 链表中的元素为: ";
         output(pHeadA);
         //创建 B 链表
         int b[4] = { 0, 2, 4, 2 };
         Node* pHeadB = createLink(b, 4);
         cout <<"B 链表中的元素为: ";
         output(pHeadB);
         /*删除两个链表中重复的值, 题意不是很清楚, 这里理解为:
    **如果 B 中与 A 有相同的元素 data, 那么 A 与 B 中所有含 data
    **的结点都要删去, 如果 B 中没有相同的 data, 那么即使 A 内部
    **有多个 data, 也不删除
    */
         cout << endl <<"删除后: "<< endl;
         DeleteSameNodes(pHeadA, pHeadB);
         cout <<"A 链表中的元素为: ";
         output(pHeadA);
         cout <<"B 链表中的元素为: ";
         output(pHeadB);
         return 0;

    }
```

真题详解2　某知名互联网公司 iOS 工程师笔试题详解

一、单项选择题

1. 答案: D。

分析: 选项 A 说法正确, drain 的时候, 会对 pool 中的每个对象发送一条 release 消息, 让系统尽快释放这些对象。

选项 B 中 NSZone 是为了防止内存碎片而导入的, 而现在的运行时系统并不支持 Zone, 所以, 选项 B 的说法正确。

选项 C 是正确的, 若不使用 autoreleasepool, 会造成大量的 autoreleased 的对象在内存中堆积从而导致内存告急, 容易导致内存泄露。

选项 D 的说法略有歧义。虽然在 ARC 下开发者是被禁止向对象发送 autorelease 消息的, 在编译阶段就会报错, 因为系统会自动向对象发送 autorelease 消息来延迟释放对象, 但另有一种情况, 开发者是可以写 @autoreleasepool{} 来避免内存峰值的, 所以, 选项 D 说代码中不

可以出现 autorelease 是错误的。

所以，本题的答案为 D。

2．答案：B。

分析：本题考查的是 iOS 中的跨语言混编技术。

Objective-C 的编译器主要可以识别以下几种后缀的文件。

（1）.m 文件：可以编写 Objective-C 代码或者 C 语言代码。

（2）.cpp 文件：C++文件，只能识别 C++或者 C 语言代码（C++兼容 C）。

（3）.mm 文件：主要用于编写 C++和 Objective-C 混编的代码，可以同时识别 Objective-C、C 和 C++代码。

选项 A 中说法正确，C++文件只能识别 C++或者 C 语言代码。

选项 B 中说法错误，cpp 中只能识别 C++或者 C 语言代码，不可以出现 Objective-C 的代码。

选项 C 中说法正确，mm 文件中可以直接混编 C++代码。

选项 D 中说法正确，意思是 C++文件中不可以直接使用 Objective-C 的代码，但可以通过 bridge 接口实现 Objective-C 对象和 C++对象的转换。

所以，本题的答案为 B。

3．答案：A。

分析：对于选项 A，NSTimer 只有被添加到启动起来的 RunLoop 中才会正常工作，这里没有将 timer 加入 RunLoop 中是无法正常工作的，A 的说法正确。

选项 B 说法错误，doSomeThing 函数可以没有参数。

选项 C 说法错误，接口定义中 userInfo 是 nullable 的，可以为空。

选项 D 显然不正确，NSTimer 主要有两种类方法的构建方法：timerWithTimeInterval 和 scheduledTimerWithTimeInterval，自然会返回一个初始化好的 timer。

所以，本题的答案为 A。

4．答案：C。

分析：本题考查 NSString 的基础用法。

其中 substringToIndex 函数表示截取从字符串开始到指定索引处字符为止的子字符串，str1 截取到 str 的索引为 3 的字符 'n' 处，但不包含字符 'n'，所以 str1 的值为 "iLa"，或者直接理解为截取字符串的前几位，这里是前 3 位字符。

substringWithRange 函数用于截取指定范围的子字符串，NSMakeRange(6,3)指的是从索引值为 6 的字符开始截取长度为 3 的子字符串，所以 str2 的值应为 "123"。最后 newStr 的值是将 str1 和 str2 拼接起来，值为 "iLa123"。

所以，本题的答案为 C。

5．答案：B。

分析：UITableView 中 cell 的复用是通过 2 个数组来实现的，一个是 visiableCells 数组，保存当前屏幕可见的 cell，另外一个 reusableTableCells 数组，用来保存那些可复用的 cell。

所以，本题的答案为 B。

6. 答案：D。

分析：本题考查的是散列（Hash）的知识。

开放定址法就是从发生冲突的那个单元开始，按照一定的次序，从散列表中找出一个空闲的存储单元，把发生冲突的待插入关键字存储到该单元中，从而解决冲突。在散列表未填满时，处理冲突需要的"下一个"空地址在散列表中解决。开放定址法利用下列公式求"下一个"空地址：

$$Hi = (H(key)+di) \bmod m \qquad di =1,2, \cdots, m-1$$

式中，$H(key)$ 为散列函数，m 为散列表长度，di 为增量序列。

由于 n 个关键字的散列值是相同的，因此，第一个关键字需要探测的次数为 0，第二个关键字需要探测的次数为 1，以此类推，第 n 个关键字需要探测的次数为 $n-1$。所以，总探测次数为 $1+2+3+\cdots+(n-1)=n(n-1)/2$。

所以，本题的答案为 D。

7. 答案：C。

分析：本题考查的是数据库的知识。

数据库事务正确执行的 4 个基本要素为原子性（Atomicity）、一致性（Consistency）、隔离性（Isolation）、持久性（Durability）。一个支持事务（Transaction）的数据库系统必须要具有这 4 种特性，否则，在事务过程（Transaction Processing）中就无法保证数据的正确性，交易过程极有可能失败，最终达不成交易。

下面将分别对这 4 种特性进行介绍。

（1）原子性　一个事务（Transaction）中的所有操作，要么全部完成，要么全部不完成，不会结束在中间某个环节。事务在执行过程中发生错误，会被回滚（Rollback）到事务开始前的状态，就像这个事务从来没有执行过一样。

（2）一致性　在事务开始之前和事务结束以后，数据库的完整性没有被破坏。这表示写入的资料必须完全符合所有的默认规则，这包含资料的精确度、串联性以及后续数据库可以自发性地完成预定的工作。例如，在转账的操作过程中，不管操作中出现任何错误，转账要么成功，要么失败，无论结果如何，都要保证两个账号里钱的总数是不变的。

（3）隔离性　当两个或者多个事务并发访问（此处访问指查询和修改的操作）数据库的同一数据时所表现出的相互关系。事务隔离分为不同级别，包括未提交读（Read Uncommitted）、提交读（Read Committed）、可重复读（Repeatable Read）和串行化（Serializable）。

（4）持久性　在事务完成以后，该事务对数据库所做的更改便持久地保存在数据库之中，并且是完全的。

本题中，强制性不属于这 4 种特性，所以，选项 C 错误。

所以，本题的答案为 C。

8. 答案：C。

分析：本题考查的是进程状态之间的转换关系。

进程常见的状态以及它们之间的转换关系如图 6 所示。

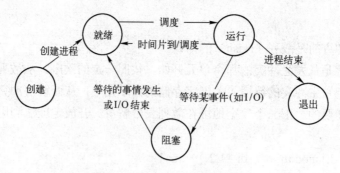

图 6　常见的进程及其转换关系

等待状态通常指的是阻塞态，因为一般阻塞态是在某一触发事件发生后，才能进入就绪状态。状态不能直接从等待状态跳转到运行状态，只能跳转到就绪状态，所以，选项 C 不可能发生。

所以，本题的答案为 C。

9．答案：D。

分析：本题考查的是计算机网络与通信的知识。

对于选项 A，telnet 协议是 TCP/IP 簇中的一员，是 Internet 远程登录服务的标准协议和主要方式。它为用户提供了在本地计算机上完成远程主机工作的能力。在终端使用者的计算机上使用 telnet 程序，用它连接到服务器。终端使用者可以在 telnet 程序中输入命令，这些命令会在服务器上运行，就像直接在服务器的控制台上输入一样，因此，选项 A 正确。

对于选项 B，ping 命令可以检查网络是否连通，可以很好地帮助进行分析和判定网络故障。应用格式：ping 空格 IP 地址。该命令还可以添加许多参数使用，具体是输入 ping 命令，然后按〈Enter〉键即可查看到详细说明，因此，选项 B 正确。

对于选项 C，tracert（跟踪路由）是路由跟踪实用程序，用于确定 IP 数据包访问目标所采取的路径。tracert 命令用 IP 生存时间（TTL）字段和 ICMP 错误消息来确定从一个主机到网络上其他主机的路由，因此，选项 C 正确。

对于选项 D，top 命令是 Linux 系统下常用的性能分析工具，能够实时显示系统中各个进程的资源占用状况，因此，选项 D 错误。

所以，本题的答案为 D。

10．答案：C。

分析：本题考查的是端口的知识。

在一台机器上，到服务器端的连接数由端口的个数来决定，由于端口号的长度为 16 位，因此，最多可以使用的端口数为 $2^{16}-1=65535$，因此，最多可以保持 65535 个连接，所以，选项 C 正确。

所以，本题的答案为 C。

二、不定项选择题

1．答案：B、C。

分析：本题考查的是 iOS 中多线程的实现方法，iOS 中的多线程编程主要可以分为三个层次：NSThread、GCD 和 NSOperation，另外由于 Objective-C 兼容 C 语言，因此仍然可以使用 C 语言的 POSIX 接口来实现多线程，但需要引入相应的头文件：#include <pthread.h>。

选项 A 中的语句是用来同步数据保证线程安全的。

选项 B 和选项 C 都是 iOS 中实现多线程最常用的方法。

选项 D 中应该是 NSThread。

所以，本题的答案为 B、C。

2. 答案：A、B、C、D。

分析：本题考查的是操作系统中同步机制的知识。

在多线程的环境中，经常会碰到数据的共享问题，即当多个线程需要访问同一个资源时，它们需要以某种顺序来确保该资源在某一时刻只能被一个线程使用，否则，程序的运行结果将是不可预料的，在这种情况下，就必须对数据进行同步。例如，多个线程同时对同一数据进行写操作，即当线程 A 需要使用某个资源时，如果这个资源正在被线程 B 使用，那么同步机制就会使线程 A 一直等待下去（在很多情况下，都会设置等待的超时时间，而不会让其无限等待），直到线程 B 结束对该资源的使用后，线程 A 才能使用这个资源。由此可见，同步机制能够保证资源的安全。

具体而言，同步机制应该遵循以下基本准则。

（1）空闲让进　空闲说明临界资源没有被其他线程访问，因此，可以允许进入。

（2）忙则等待　忙则说明临界资源正在被访问，因此，必须等待。

（3）有限等待　在等待临界资源时，必须能保证在有限的时间能访问到临界资源，否则，将会陷入死等的状态。

（4）让权等待　当线程或进程不能进入临界区时，应当释放处理机，防止进程忙等待。即进程状态由运行状态转换为阻塞状态，进程进入阻塞队列中等待。

所以，本题的答案为 A、B、C、D。

3. 答案：D。

分析：本题考查的是操作系统中进程状态转换的知识。

进程常见的状态以及它们之间的转换关系如图 6 所示。

等待状态即通常所说的阻塞态，因为一般阻塞态是在等待某一触发事件的发生，才能进入就绪状态。

对于选项 A，进程是从运行状态进入就绪状态，所以，选项 A 错误。

对于选项 B，进程是从阻塞状态进入就绪状态，所以，选项 B 错误。

对于选项 C，进程是从运行状态进入就绪状态，所以，选项 C 错误。

对于选项 D，获取锁失败后进入阻塞状态，所以，选项 D 正确。

所以，本题的答案为 D。

4. 答案：B、C。

分析：本题考查的是设计模式的知识。

设计模式（Design Pattern）是一套被反复使用、多数人知晓的、经过分类编目的代码设计经验的总结。使用设计模式的目的是为了代码重用，避免程序大量修改，同时使代码更容易被他人理解，并且保证代码的可靠性。显然，设计模式不管是对自己还是对他人或是对系统都是有益的，设计模式使得代码编制真正工程化，设计模式可以说是软件工程的基石。

四人组（Gang of Four，GoF）中的 24 种经典设计模式如表 2 所示。

表 2　经典设计模式

项目	创建型	结构型	行为型
类	FactoryMethod（工厂方法）	Adapter_Class（适配器类）	Interpreter（解释器） TemplateMethod（模板方法）
对象	AbstractFactory（抽象工厂） Builder（生成器） Prototype（原型） Singleton（单例）	Adapter_Object（适配器对象） Bridge（桥接） Composite（组合） Decorator（装饰） Façade（外观） Flyweight（享元） Proxy（代理）	ChainofResponsibility（职责链） Command（命令） Iterator（迭代器） Mediator（中介者） Memento（备忘录） Observer（观察者） State（状态） Strategy（策略） Visitor（访问者模式）

三、简答题

1．答案：iOS 中主要有 5 种常用的持久化数据的方式：NSUserDefault、属性列表、对象归档、SQLite 和 CoreData；

SQLite 是一个轻量级功能强大的关系数据引擎，可以很容易嵌入到应用程序中，可以在多个平台使用。SQLite 是一个轻量级的嵌入式 SQL 数据库编程。与 CoreData 框架不同的是，SQLite 是使用程序式的，可以使用 API 直接操作数据表。

CoreData 不是一个关系型数据库，也不是关系型数据库管理系统（RDBMS）。虽然 CoreData 支持将数据存储为 SQLite 文件，但它不能使用任意的 SQLite 数据库。CoreData 在使用的过程中自己创建这个数据库。CoreData 支持一对一、一对多的关系。

2．答案：

（1）僵尸对象

一个引用计数为 0 的 Objective-C 对象被释放后就变成僵尸对象了，僵尸对象占用的内存已经被系统回收，虽然可能该对象还存在，数据依然在内存中，但僵尸对象已经是不稳定对象了，不可以被访问或者使用，它的内存是随时可能被别的对象申请而占用的。需要注意的是，僵尸对象所占的内存是正常的，不会造成内存泄露。

（2）野指针

野指针又叫"悬挂指针"，野指针出现的原因是没有对指针赋值，或者指针指向的对象已经被释放掉了，野指针指向一块随机的垃圾内存，向它们发送消息会报 EXC_BAD_ACCESS 错误导致程序崩溃。

（3）空指针

空指针不同于野指针，它是一个没有指向任何内容的指针，空指针是有效指针，值为 nil、NULL、Nil 或 0 等，给空指针发送消息不会报错，只是不响应消息而已。在使用时，应该给野指针及时赋予零值使其变成有效的空指针，从而避免程序崩溃。

四、编程题

1．答案：

方法一：蛮力法

定义一个 hash_set 用来存放结点指针，并将其初始化为空指针，从链表的头指针开始向后遍历，每次遇到一个指针就判断 hash_set 中是否有这个结点的指针，如果没有，那么说明这个结点是第一次访问，还没有形成环，那么将这个结点指针添加到指针 hash_set 中去。如果在 hash_set 中找到了同样的指针，那么说明这个结点已经被访问过了，于是就形成了环。这个方法的时间复杂度为 O(n)，空间复杂度也为 O(n)。

方法二：快慢指针遍历法

定义两个指针 fast（快）与 slow（慢），二者的初始值都指向链表头，指针 slow 每次前进一步，指针 fast 每次前进两步，两个指针同时向前移动，快指针每移动一次都要跟慢指针比较，如果快指针等于慢指针，那么就证明这个链表是带环的单向链表，否则，证明这个链表是不带环的循环链表。实现代码见后面引申部分。

引申：如果链表存在环，那么如何找出环的入口点？

分析与解答：

当链表有环的时候，如果知道环的入口点，那么在需要遍历链表或释放链表所占的空间的时候方法将会非常简单，下面主要介绍查找链表环入口点的思路。

如果单链表有环，那么按照上述方法二的思路，当走得快的指针 fast 与走得慢的指针 slow 相遇时，slow 指针肯定没有遍历完链表，而 fast 指针已经在环内循环了 n 圈（$1 \leqslant n$）。如果 slow 指针走了 s 步，那么 fast 指针走了 2s 步（fast 步数还等于 s 加上在环上多转的 n 圈），假设环长为 r，则满足如下关系表达式：

$$2s = s + nr$$

由此可以得到：$s = nr$

设整个链表长为 L，入口环与相遇点距离为 x，起点到环入口点的距离为 a。则满足如下关系表达式：

$$a + x = nr$$
$$a + x = (n-1)r + r = (n-1)r + L - a$$
$$a = (n-1)r + (L-a-x)$$

(L-a-x) 为相遇点到环入口点的距离，从链表头到环入口点的距离=(n-1)×环长+相遇点到环入口点的长度，于是从链表头与相遇点分别设一个指针，每次各走一步，两个指针必定相遇，且相遇第一点为环入口点。实现代码如下：

```c
#include <stdio.h>
#include <stdlib.h>
/* 单链表数据结构 */
typedef struct LNode{
    int  data;  /* 数据域，本章的算法假设 ElemType 为 int */
    struct  LNode  *next;/* 指针域 */
} LNode, *LinkList;


/*
** 函数功能：构造链表
** 输入参数：head：链表头结点
*/
LinkList ConstructList(){
    int i=1;
    LinkList head=(LinkList)malloc(sizeof(LNode));
    head->next=NULL;
    LinkList tmp=NULL;
```

```
        LinkList cur=head;
        //构造第一个链表
        for(;i<8;i++){
            tmp=(LinkList)malloc(sizeof(LNode));
            tmp->data=i;
            tmp->next=NULL;
            cur->next=tmp;
            cur=tmp;
        }
        cur->next=head->next->next->next;
        return head;
    }


/*
** 函数功能：释放链表所占的内存空间
** 输入参数：head：链表头结点，如果链表有环，那么 loopNode 为环的入口点
*/
void FreeList(LinkList head,LNode* loopNode){
    LNode* tmp=NULL;
    LNode* cur=NULL;
    for(cur=head->next;cur!=NULL;){
        tmp=cur;
        cur=cur->next;
        if(tmp==loopNode)
            return;
        free(tmp);
    }
}
/*
** 函数功能：判断单链表是否有环
** 输入参数：head:链表头结点
** 返回值：  NULL:无环，否则返回 slow 与 fast 指针相遇点的指针
*/
LNode* IsLoop(LinkList head){
    if(head==NULL || head->next==NULL)
        return NULL;
    //初始两个指针都指向链表第一个结点
    LNode *slow=head->next;
    LNode *fast=head->next;
    while(fast && fast->next){
        slow=slow->next;
        fast=fast->next->next;
        if(slow==fast)
            return slow;
    }
    return NULL;
}


/*
** 函数功能：找出环的入口点
```

```
** 输入参数：head：链表头结点，如果链表有环，那么 loopNode 为环的入口点
** 返回值：  NULL:无环，否则返回 slow 与 fast 指针相遇点的指针
*/
LNode* FindLoopNode(LinkList head,LNode* meetNode){
    LNode* first=head->next;
    LNode* second=meetNode;
    while(first!=second){
        first=first->next;
        second=second->next;
    }
    return first;
}

int main(){
    //结点头指针
    LinkList head=ConstructList();
    LNode* meetNode=IsLoop(head);
    LNode* loopNode=NULL;
    if(meetNode!=NULL){
        printf("%s\n","有环");
        loopNode=FindLoopNode(head,meetNode);
        printf("环的入口点为：%d\n",loopNode->data);
    }
    else
        printf("%s\n","无环");
    FreeList(head,loopNode);
    return 0;
}
```

程序的运行结果为：

```
有环
环的入口点为：3
```

运行结果分析：

示例代码中给出的链表为：1->2->3->4->5->6->7->3（3 实际代表链表第三个结点）。因此，IsLoop 函数返回的结果为两个指针相遇的结点，所以，链表有环，通过函数 FindLoopNode 可以获取到环的入口点为 3。

算法性能分析：

这种方法只需要对链表进行一次遍历，因此，时间复杂度为 O(n)。另外由于只需要几个指针变量来保存结点的地址信息，因此，空间复杂度为 O(1)。

2. 答案：

方法一：顺序遍历两遍

先遍历一遍单链表，求出整个单链表的长度 n，然后把求倒数第 k 个元素转换为求正数第 n-k 个元素，再去遍历一次就可以得到结果。但是该算法需要对链表进行两次遍历。

方法二：快慢指针法

由于单链表只能从头到尾依次访问链表的各个结点，因此如果要找链表的倒数第 k 个元

素，那么也只能从头到尾进行遍历查找，在查找过程中，设置两个指针，让其中一个指针比另一个指针先移 k 步，然后两个指针同时往前移动。循环到先行的指针指向链表最后一个结点时，另一个指针所指的位置就是所要找的位置。代码如下：

```c
#include <stdio.h>
#include <stdlib.h>
typedef struct LNode
{
    int    data;  //数据域
    struct  LNode   *next;//指针域
} LNode, *LinkList;

/*函数功能：构造一个单链表*/
LinkList ConstructList()
{
    int i = 1;
    LinkList head = (LinkList)malloc(sizeof(LNode));
    head->next = NULL;
    LinkList tmp = NULL;
    LinkList cur = head;
    //构造第一个链表
    for (; i<8; i++)
    {
        tmp = (LinkList)malloc(sizeof(LNode));
        tmp->data = i;
        tmp->next = NULL;
        cur->next = tmp;
        cur = tmp;
    }
    return head;
}
/*函数功能：顺序打印单链表结点的数据*/
void PrintList(LinkList head)
{
    for (LNode* cur = head->next; cur != NULL; cur = cur->next)
        printf("%d   ", cur->data);
}

/*
*函数功能：释放链表所占的内存空间
*输入参数：head（链表的头结点）
*/
void FreeList(LinkList head)
{
    LNode* tmp = NULL;
    LNode* cur = NULL;
    for (cur = head->next; cur != NULL;)
    {
        tmp = cur;
        cur = cur->next;
```

```
            free(tmp);
        }
    }
    /*
    *函数功能：找出链表倒数第 k 个结点
    *输入参数：head（链表的头结点）
    *返回值：指向倒数第 k 个结点的指针
    */
    LinkList FindLastK(LinkList head, int k)
    {
        if (head == NULL || head->next == NULL)
            return head;
        LNode *slow, *fast;
        slow = fast = head->next;
        int i;
        for (i = 0; i<k && fast; ++i)
        { //前移 k 步
            fast = fast->next;
        }
        //判断 k 是否已超出链表长度
        if (i<k)
            return NULL;
        while (fast != NULL)
        {
            slow = slow->next;
            fast = fast->next;
        }
        return slow;
    }
    int main()
    {
        //链表头指针
        LinkList head = ConstructList();
        printf("链表：");
        PrintList(head);
        LinkList result = FindLastK(head, 3);
        if (result)
            printf("\n 链表倒数第 3 个元素为：%d ", result->data);
        FreeList(head);
        return 0;
    }
```

程序的运行结果为：

```
链表：  1  2  3  4  5  6  7
链表倒数第 3 个元素为：5
```

算法性能分析：

这种方法只需要对列表进行一次遍历，因此，算法的时间复杂度为 O(n)。另外，由于只需要常量个指针变量来保存结点的地址信息，因此，算法的空间复杂度为 O(1)。

3．答案：如果没有时间与空间复杂度的要求，那么算法将非常简单，先遍历一遍数组 a，计算数组 a 中所有元素的乘积，并保存到一个临时变量 tmp 中，然后再遍历一遍数组 a 并给数组赋值：b[i]=tmp/a[i]，但是这种方法使用了一个临时变量，因此，不满足题目的要求，下面介绍另外一种方法。

在计算 b[i] 时，只要将数组 a 中除了 a[i] 以外的所有值相乘即可。这种方法的主要思路为：先遍历一遍数组 a[i]，在遍历的过程中对数组 b 进行赋值：b[i]= a[i-1]×b[i-1]，这样经过一次遍历后，数组 b 的值为 b[i]=a[0]*a[1]*…*a[i-1]。此时只需要将数组中的值 b[i] 再乘以 a[i+1]*a[i+2]*…*a[N-1]，实现方法为逆向遍历数组 a，把数组后半段值的乘积记录到数组 b[0] 中，通过 b[i] 与 b[0] 的乘积就可以得到满足题目要求的 b[i]。具体而言，执行 b[i] = b[i] *b[0]（先执行为了保证在执行下面一个计算的时候，b[0]中不包含与 b[i] 的乘积），接着记录数组后半段的乘积到 b[0] 中：b[0] *= b[0] * a[i]。

实现代码如下：

```cpp
#include<iostream>
using namespace std;
void calculate(int* a, long * b, int N)
{
    b[0] = 1;
    int i;
    for (i = 1; i <N; ++i)
    {
        b[i] = b[i - 1]×a[i - 1]; //正向计算乘积
    }
    b[0] = a[N - 1];
    for (i = N - 2; i >= 1; --i)
    {
        b[i] *= b[0];
        b[0] *= a[i];        //逆向计算乘积
    }
}
int main()
{
    const int N = 10;
    int i;
    int a[N] = { 1, 2, 3, 4, 5, 6, 7, 8, 9, 10 };
    long b[N];
    calculate(a, b, N);
    for (i = 0; i <N; i++)
    {
        cout << b[i] << " ";
    }
    cout << endl;
    return 0;
}
```

程序的运行结果为：

3628800 1814400 1209600 907200 725760 604800 518400 453600 403200 362880

真题详解3 某知名游戏公司iOS软件工程师笔试题详解

一、单项选择题

1. 答案：C。

分析：本题考查的是tableview的DataSource数据源和Delegate代理方法的区别。

代理方法用来完成目标动作，例如：单击了cell单元格、开始显示表头或表尾视图等；数据源用于编辑和返回表格视图需要的一些数据，例如：有多少section分区、每个分区有多少个cell、cell是否可以编辑、section和cell的标题、cell的高度等。题目中选项A、B、D中的都是返回表格数据，只有C中是代理事件。

所以，本题的答案为C。

2. 答案：B。

分析：本题考察的是基本的面向对象思想中继承的多态性，选项B的说法是错误的，子类如果没有重写父类的方法，那么子类对象自然就会调用父类对应方法的实现，不会报错。其他三种方法都是符合继承多态性的特点的。

所以，本题答案为B。

3. 答案：D。

分析：选项A中的UIImageView是自带动画参数的，可以实现一些简单的UIView动画。

选项B中的UIActivityIndicatorView类用于实现进度指示动画。

选项C的UIViewAnimation类是实现各种UIView动画的常用类。

选项D中的类并不存在。

所以，本题的答案为D。

4. 答案：A。

分析：为了避免循环引用，对代理的引用一般使用弱引用，所以这里应该选用assign。ARC之后一般改用weak来修饰，优点是weak具有自动置nil的功能。

所以，本题的答案为A。

5. 答案：B。

分析：对于选项A，Objective-C语言是不支持类的多重继承的，只支持类的单继承（C++支持多重继承）。

选项B中的说法正确，Objective-C中可以通过Protocal协议来实现接口的多重继承。

选项C错误，Objective-C中导入头文件使用@import（同时有避免交叉编译的作用），C/C++才中使用#include。

选项D说法错误，@class只是声明类的前向声明，告诉编译器有这个类，而不是用于注入对象。

所以，本题的答案为B。

6. 答案：A。

分析：用stringWithString方法创建的NSString对象，是一个放在常量区的字符串常量，由系统管理并优化其内存，创建后可以认为已经被autorelease了。不过最新的编译器已经弃用了 stringWithString 这个方法，现在使用这个方法创建字符串对象会报警告，提示这样创建是多余的，因为实际效果和直接用字面量创建相同，所以推荐直接使用更简单的字面量方法创建。

所以，本题的答案为 A。

7. 答案：A。

分析：本题考查的是数据库的知识。

范化是在识别数据库中的数据元素、关系，以及定义所需的表和各表中的项目这些初始工作之后的一个细化过程。常见的范式有 1NF、2NF、3NF、BCNF 以及 4NF。下面将分别对这几种范式进行介绍。

（1）1NF，即第一范式，是指数据库表的每一列都是不可分割的基本数据项，同一列中不能有多个值，即实体中的某个属性不能有多个值或者不能有重复的属性。如果出现重复的属性，那么就可能需要定义一个新的实体，新的实体由重复的属性构成，新实体与原实体之间为一对多关系。第一范式的模式要求属性值不可再分裂成更小部分，即属性项不能是属性组合或由组属性组成。简而言之，第一范式就是无重复的列。例如，由"职工号""姓名""电话号码"组成的表（一个人可能有一个办公电话和一个移动电话），这时将其规范化为 1NF，可以将电话号码分为"办公电话"和"移动电话"两个属性，即职工（职工号、姓名、办公电话、移动电话）。

（2）2NF，即第二范式，是在第一范式（1NF）的基础上建立起来的，即满足第二范式（2NF）必须先满足第一范式（1NF）。第二范式（2NF）要求数据库表中的每个实例或行必须可以被唯一地区分。为实现区分通常需要为表加上一个列，以存储各个实例的唯一标识。如果关系模式 R 为第一范式，并且 R 中每一个非主属性完全函数依赖于 R 的某个候选键，那么称 R 为第二范式模式（如果 A 是关系模式 R 的候选键的一个属性，那么称 A 是 R 的主属性，否则称 A 是 R 的非主属性）。例如，在选课关系表（学号，课程号，成绩，学分）中，关键字为组合关键字（学号，课程号），但由于非主属性学分仅依赖于课程号，对关键字（学号，课程号）只是部分依赖，而不是完全依赖，因此此种方式会导致数据冗余以及更新异常等问题，解决办法是将其分为两个关系模式：学生表（学号，课程号，分数）和课程表（课程号，学分），新关系通过学生表中的外键课程号联系，在需要时通过两个表的连接来取出数据。

（3）3NF，即第三范式，如果关系模式 R 是第二范式，且每个非主属性都不传递依赖于 R 的候选键，那么称 R 是第三范式的模式。例如，学生表（学号，姓名，课程号，成绩），其中学生姓名无重名，所以，该表有两个候选码（学号，课程号）和（姓名，课程号），则存在函数依赖：学号→姓名，（学号，课程号）→成绩，（姓名，课程号）→成绩，唯一的非主属性成绩对码不存在部分依赖，也不存在传递依赖，所以，属于第三范式。

（4）BCNF 构建在第三范式的基础上，如果关系模式 R 是第一范式，且每个属性都不传递依赖于 R 的候选键，那么称 R 为 BCNF 的模式。假设仓库管理关系表（仓库号，存储物品号，管理员号，数量）满足一个管理员只在一个仓库工作；一个仓库可以存储多种物品。则存在如下关系：

（仓库号，存储物品号）→（管理员号，数量）

（管理员号，存储物品号）→（仓库号，数量）

所以，（仓库号，存储物品号）和（管理员号，存储物品号)都是仓库管理关系表的候选码，表中的唯一非关键字段为数量，它是符合第三范式的。但是，由于存在如下决定关系：

（仓库号）→（管理员号）

（管理员号)→（仓库号）

即存在关键字段决定关键字段的情况，所以，其不符合 BCNF 范式。把仓库管理关系表分解为两个关系表：仓库管理表（仓库号，管理员号）和仓库表（仓库号，存储物品号，数量），这样的数据库表是符合 BCNF 范式的，消除了删除异常、插入异常和更新异常。

（5）4NF，即第四范式，设 R 是一个关系模式，D 是 R 上的多值依赖集合。如果 D 中成立非平凡多值依赖 X→Y，那么 X 必是 R 的超键，那么称 R 是第四范式的模式。例如，职工表（职工编号，职工孩子姓名，职工选修课程），在这个表中，同一个职工也可能会有多个职工孩子姓名，同样，同一个职工也可能会有多个职工选修课程，即这里存在着多值事实，不符合第四范式。如果要符合第四范式，那么只需要将上表分为两个表，使它们只有一个多值事实，例如，职工表一（职工编号，职工孩子姓名），职工表二（职工编号，职工选修课程），两个表都只有一个多值事实，所以，符合第四范式。

对于本题而言，这个关系模式的候选键为{X1,X2}，因为 X2→X4，说明有非主属性 X4 部分依赖于候选键{X1,X2}，所以，这个关系模式不为第二范式。

所以，本题的答案为 A。

8．答案：B。

分析：本题考查的是二叉搜索树的知识。

二叉查找树（Binary Search Tree）又称为"二叉搜索树"或"二叉排序树"，它或者是一棵空树，或者是具有下列性质的二叉树：若它的左子树不空，则左子树上所有结点的值均小于它的根结点的值；若它的右子树不空，则右子树上所有结点的值均大于它的根结点的值；它的左、右子树也分别为二叉搜索树。

二叉搜索树的优点是：树中的元素是有序的，对二叉搜索树的查找类似于二分查找，显然，查找过程中比较的次数越少效率就越高，显然，选项 B 正确。

对于选项 A，二叉搜索树的好坏与关键码的个数没有直接关系，所以，选项 A 错误。

对于选项 C 与选项 D，如果所有结点的左孩子（右孩子）都为空，那么查找效率与线性查找相同，都为 O(n)，所以，选项 C 与选项 D 错误。

所以，本题的答案为 B。

9．答案：B。

分析：本题考查的是对进程和程序的理解。

表 3 是程序、进程、线程的定义与关联关系。

表 3　程序、进程、线程的定义

术语	定义与描述
程序	一组指令的有序结合，是一个静态没状态的文本
进程	具有一定独立功能的程序关于某个数据集合上的一次运行活动，是系统进行资源分配和调度的一个独立单元
线程	进程的一个实体，是 CPU 调度和分派的基本单元，是比进程更小的能独立运行的基本单元。其本身基本上不拥有系统资源，只拥有一点在运行中必不可少的资源（如程序计数器，一组寄存器和栈），一个线程可以创建和撤销另一个线程，同一个进程中的多个线程之间可以并发执行

所以，本题的答案为 B。

10．答案：C。

分析：本题考查的是对 cookie 的理解。

会话（Session）跟踪是 Web 应用程序中常用的技术，用来跟踪用户的整个会话。常用的会话跟踪技术是 cookie 与 session。cookie 指某些网站为了辨别用户身份、进行 session 跟踪而存储在用户本地终端上的数据（通常经过加密），通过在客户端记录信息确定用户身份，session 通过在服务器端记录信息确定用户身份。cookie 大小是有限制的，不同浏览器的限制是不一样的，例如，Firefox 每个域名 cookie 限制为 50 个。

本题中，选项 A、选项 B、选项 D 中描述内容都正确，只有选项 C 中的描述有误。

所以，本题的答案为 C。

二、不定项选择题

1．答案：D。

分析：本题考查的是二叉树的知识。

要解答出本题，首先需要对各种遍历方式有一个清晰的认识。下面以图 7 为例，介绍二叉树的三种遍历方式。

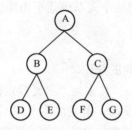

图 7 二叉树结构

（1）先序遍历 先遍历根结点，再遍历左子树，最后遍历右子树。所以，图 7 的先序遍历序列是：ABDECFG。

（2）中序遍历 先遍历左子树，再遍历根结点，最后遍历右子树。所以，图 7 的中序遍历序列是：DBEAFCG。

（3）后序遍历 先遍历左子树，再遍历右子树，最后遍历根结点。所以，图 7 的后序遍历序列是：DEBFGCA。

从上面的介绍中可以看出，先序遍历序列的第一个结点一定是根结点，因此，本题中可以确定这个二叉树的根结点为 A。由中序遍历的特点可以把树分为三部分：根结点 A、A 的左子树及 A 的右子树。在中序遍历的序列中，在 A 结点前面的序列一定是在 A 的左子树上，在结点 A 后面的序列一定在 A 的右子树上。由此可以确定：A 的左子树包含的结点为 CDFEGH，右子树包含的结点为 B（如图 8a 所示）。接下来对 A 的左子树上的结点采用同样的方法进行分析：对于序列 CDFEGH，先序遍历时先遍历到结点 D，因此，结点 D 是这个子树的根结点；通过对中序遍历进行分析可以把 CDFEGH 分为三部分：根结点 D、D 的左子树包含的结点为 C、D 的右子树上包含的结点为 FEGH（如图 8b 所示）；接下来对 FEGH 用同样的方法进行分析：在先序遍历的序列中先遍历到的结点为 E，因此，根结点为 E，通过分析中序遍历的序列，可以把这个序列分成三部分：根结点 E、E 的左子树上的结点 F、E 的右子树上的结点 G 和 H（如图 8c 所示）。最后分析结点 GH，在先序遍历序列中先遍历到 G，则说明 G 为根结点，在中序遍历序列中先遍历到结点 G，说明 H 是 G 右子树上的结点（如图 8d 所示）。由此可以发现，通过先序遍历和中序遍历完全确定了二叉树的结构，可以非常容易地得出树的后续遍历序列为：CFHGEDBA。

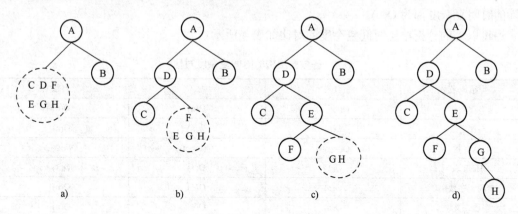

图 8 结点分析

所以，本题的答案为 D。

2．答案：C、D。

分析：本题考查的是数据结构的知识。

下面介绍常见数据结构的操作性能。

（1）有序数组　查找的时候可以采用二分查找法，因此，查找的时间复杂度为 $O(\log n)$，其中，n 表示的是数组序列的长度。由于数组中的元素在内存中是顺序存放的，因此，删除数组中的一个元素后，数组中后面的元素就需要向前移动。在最坏的情况下，如果删除数组中的第一个元素，那么数组中后面的 n-1 个元素都需要向前移动，移动操作的次数为 n-1，因此，此时的时间复杂度为 $O(n)$。插入操作与删除操作类似，都需要移动数组中的元素，因此，其时间复杂度也为 $O(n)$。

（2）有序链表　链表（以单链表为例）的存储特点为：每个结点的地址存储在它的前驱结点的指针域中，对链表的遍历只能从链表的首结点开始遍历，因此，此时查找的时间复杂度为 $O(n)$，其中，n 表示的是链表的长度。对于删除和插入操作，虽然删除和插入操作的时间复杂度都为 $O(1)$（因为不需要结点的移动操作），但是在删除前首先得找到待删除结点的地址，这个操作的时间复杂度为 $O(n)$，在插入结点前，首先得找到结点应该被插入的地方，这个操作的时间复杂度也为 $O(n)$，因此，插入与删除的时间复杂度都为 $O(n)$。

（3）AVL 树（平衡二叉树）　AVL 树是一棵空树或其左右两个子树的高度差的绝对值不超过 1，并且左右两个子树都是一棵平衡二叉树。由于树的高度为 $\log_2 n$，其中，n 表示的是树中结点的个数，因此，查找的时间复杂度为 $O(\log_2 n)$，显然，删除与插入的时间复杂度也为 $O(\log_2 n)$。

（4）Hash 表　Hash 表通过 Hash 值就可以定位到元素的位置，因此，查找、插入与删除的时间复杂度都为 $O(1)$。

（5）普通数组　查找的时候只能顺序地遍历数组，在最坏的情况下需要对数组中的所有元素遍历一遍，因此，此时的时间复杂度为 O(n)，其中，n 表示的是数组序列的长度。插入时，只需要把元素插入数组的最后一个元素的后面即可，因此，时间复杂度为 O(1)。删除操作也需要移动这个元素后面的所有元素，因此，此时的时间复杂度也为 O(n)。

（6）普通二叉树 在最坏的情况下，有 n 个结点的树的高度为 n，因此，查找、插入与删除的时间复杂度都为 O(n)。

通过以上的分析给出时间复杂度的对比如表 4 所示。

表 4 各数据结构的时间复杂度对比

数据结构\操作	查找	插入	删除
有序数组	$O(\log_2 n)$	O(n)	O(n)
有序链表	O(n)	O(n)	O(n)
AVL 树	$O(\log_2 n)$	$O(\log_2 n)$	$O(\log_2 n)$
Hash 表	O(1)	O(1)	O(1)
普通无序数组	O(n)	O(1)	O(n)
普通二叉树	O(n)	O(n)	O(n)

从上面的分析可以发现，平衡二叉树的查找和删除的时间复杂度都是 O(logn)，Hash 表的查找、插入的时间复杂度都是 O(1)。因此，这两个数据结构有较好的查找和删除的性能，所以，选项 C 和选项 D 正确。

所以，本题的答案为 C、D。

3. 答案：B、C。

分析：本题考查的是排序算法的知识。

各种算法的性能如表 5 所示。

表 5 各排序算法及其算法

排序方法	最好时间	平均时间	最坏时间	辅助存储	稳定性	备注
简单选择排序	$O(n^2)$	$O(n^2)$	$O(n^2)$	O(1)	不稳定	n 小时较好
直接插入排序	O(n)	$O(n^2)$	$O(n^2)$	O(1)	稳定	大部分已有序时较好
冒泡排序	O(n)	$O(n^2)$	$O(n^2)$	O(1)	稳定	n 小时较好
希尔排序	O(n)	$O(n\log_2 n)$	$O(ns)(1<s<2)$	O(1)	不稳定	s 是所选分组
快速排序	$O(n\log_2 n)$	$O(n\log_2 n)$	$O(n^2)$	$O(\log_2 n)$	不稳定	n 大时较好
堆排序	$O(n\log_2 n)$	$O(n\log_2 n)$	$O(n\log_2 n)$	O(1)	不稳定	n 大时较好
归并排序	$O(n\log_2 n)$	$O(n\log_2 n)$	$O(n\log_2 n)$	O(n)	稳定	n 大时较好

由上述分析可以发现，快速排序算法和冒泡排序算法在最坏的情况下时间复杂度为 $O(n^2)$。堆排序和归并排序在各种情况下的时间复杂度为 $O(n\log_2 n)$，所以，选项 B 与选项 C 正确。

所以，本题的答案为 B、C。

4. 答案：A。

分析：本题考查的是堆排序的知识。

堆是一种特殊的树形数据结构，其每个结点都有一个值，通常提到的堆都是指一棵完全二叉树。

堆排序是树形选择排序，在排序过程中，将 R[1…N]看作一棵完全二叉树的顺序存储结构，利用完全二叉树中双亲结点和孩子结点之间的内在关系来选择最小的元素。

堆一般分为大顶堆和小顶堆两种不同的类型。对于给定 n 个记录的序列(r(1),r(2),…,r(n))，当且仅当满足条件(r(i)≥r(2i)且 r(i)≥r(2i+1))时称之为大顶堆，此时，堆顶元素为最大值。对于给定 n 个记录的序列(r(1),r(2),…,r(n))，当且仅当满足条件(r(i)≤r(2i)且 r(i)≤r(2i+1))时称之为小顶堆，此时，堆顶元素必为最小值。

以小顶堆为例，堆排序的思想是对于给定的 n 个记录，初始时把这些记录看作一棵顺序存储的二叉树，然后将其调整为一个小顶堆，再将堆的最后一个元素与堆顶元素（即二叉树的根结点）进行交换后，堆的最后一个元素即为最小记录；接着将前(n-1)个元素（即不包括最小记录）重新调整为一个小顶堆，再将堆顶元素与当前堆的最后一个元素进行交换后得到第二小的记录，重复该过程，直到调整的堆中只剩一个元素时为止，该元素即为最大记录，此时可得到一个有序序列。

堆排序主要包括两个过程：一是构建堆；二是交换堆顶元素与最后一个元素的位置。

建立小顶堆的方法为：从最后一个非叶子结点开始，找出这个结点、左孩子结点、右孩子结点的最小值与这个结点的值交换，由于交换可能会引起孩子结点不满足小顶堆的性质，因此，每次交换后需要重新对被交换的孩子结点进行调整。对于题目所给的数组构建小顶堆的过程如图 9 所示。

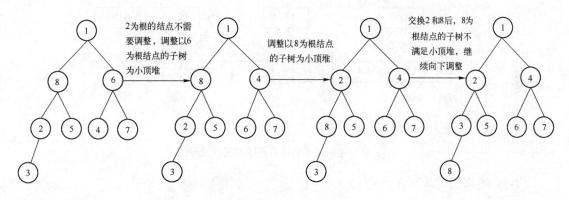

图 9　构建小顶堆的过程

由此可以得出，树的中序遍历序列为：8 3 2 5 1 6 4 7，所以，选项 A 正确。

所以，本题的答案为 A。

5．答案：A。

分析：本题考查的是递归的知识。

对于递归调用而言，最重要的就是要找到递归调用结束的条件。以本题为例，递归调用的过程如图 10 所示。

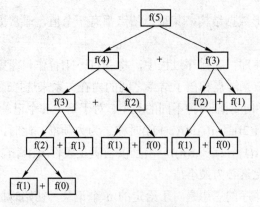

图 10　递归调用的过程

按照上述调用过程执行，当调用到 f 函数的参数满足递归的结束条件 n<2 时，递归结束，此时会返回函数调用的结果。对于本题而言，最后递归调用的结果就是所有叶子结点的和。由于 f(1)=1，f(0)=0，叶子结点总共有 5 个 f(1)，因此，这个函数调用的结果为 5。图 11 给出递归调用结束后程序的运行过程。

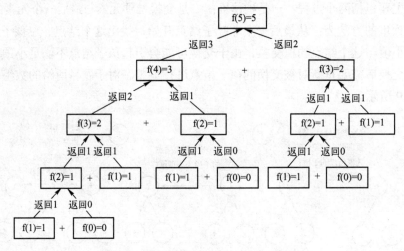

图 11　递归调用结束后程序的运行过程

所以，本题的答案为 A。

6．答案：C。

分析：本题考查的是概率的知识。

根据题目意思可知，假设 A 区的人数为 3X，那么，B 区人口数为 5X，因此，A 区犯罪的人数为 3X×0.01%，B 区犯罪人数为 5X×0.015%。因此，A 区犯罪的可能性=（A 区犯罪人数）/（A 区犯罪人数+B 区犯罪人数）=（3X×0.01%）/（3X×0.01%+5X×0.015%）=28.6%，所以，选项 C 正确。

所以，本题的答案为 C。

三、简答题

1．答案：

isKindOfClass 和 isMemberOfClass 都是 Objective-C 语言的内省 Introspection 特性方法，

用于实现动态类型识别（判断某个对象是否属于某个动态类型）。但二者的类型判定深度不同。

isKindOfClass 的判"真"要求相对宽松，它是判断某个对象是否是类型 class 的实例或其子类的实例。

isMemberOfClass 的判"真"要求相对严格，isMemberOfClass 只判断某个对象是否是 class 类型的实例，不放宽到其子类。

例如：Dog 类继承自 Animal 类，对于一个 Dog 类型的实例对象 dog，[dog isKindOfClass:[Animal class]]为真，而[dog isMemberOfClass:[Animal class]]为假。

```
/* Dog 类继承自父类 Animal */
Dog *dog = [[Dog alloc] init];
[dog isKindOfClass:[Dog class]];        // true
[dog isKindOfClass:[Animal class]];     // true

[dog isMemberOfClass:[Dog class]];// true
[dog isMemberOfClass:[Animal class]];// false
```

2. 答案：

iOS中只有主线程才能立即刷新 UI。如果是通过侦听异步消息，触发回调函数，或者调用异步方法，请求刷新 UI，那么都会产生线程阻塞和延迟的问题。如果要在其他线程中执行刷新 UI 的操作，那么就必须切换回主线程。切换的实现方式主要由以下几种。

（1）NSThreadPerformAdditions 协议

这个协议提供了两个切换到主线程的 API。

```
-(void)performSelectorOnMainThread:(SEL)aSelector withObject:
    (nullable id)arg waitUntilDone:(BOOL)wait modes:(nullable NSArray<NSString *> *)array;
- (void)performSelectorOnMainThread:(SEL)aSelector withObject:
    (nullable id)arg waitUntilDone:(BOOL)wait;
```

（2）GCD

使用 GCD 的 dispatch_get_main_queue()方法可以获取主队列，主队列中的任务必定是在主线程中执行的。

```
dispatch_async(dispatch_get_main_queue(), ^{
});
```

（3）NSOperationQueue

与 GCD 一样，使用 NSOperationQueue 提供的+mainQueue 方法可以获取主队列，再将刷新 UI 的任务添加到主队列中。

```
[[NSOperationQueue mainQueue] addOperationWithBlock:^{
}];
```

示例代码如下所示。

```
- (void)goToMainThread {
 /* 开启子线程下载图片 */
 dispatch_async(dispatch_get_global_queue(0, 0), ^{
```

```
    NSData  *imageData  =  [[NSData  alloc]initWithContentsOfURL:[NSURL  URLWithString:@"
http://jxh1992.com/ pe0060886.jpg"]];
    _image = [UIImage imageWithData:imageData];
    /*  切换到主线程显示  */
    //1.NSThread
    //[self performSelectorOnMainThread:@selector(changeBg) withObject:nil waitUntilDone:NO];
    //2.GCD
    //dispatch_async(dispatch_get_main_queue(), ^{
    //      [self changeBg];
    //});
    //3.NSOperationQueue
      [[NSOperationQueue mainQueue] addOperationWithBlock:^{
          [self changeBg];
    }];
      });
    }
```

3．答案：

目标-动作机制是一种设计模式，用于一个对象在某个事件发生时向另一个对象发送消息。消息中要包含一个 selector，用于确定要触发的方法，该方法即该机制中的动作。还要包含一个 target（例如某些控件），表示消息的接收者。

目标-动作机制符合软件开发中"高内聚，低耦合"的设计目标，降低模块间的耦合度，同时增强了模块内部的聚合度。目标-动作主要用于 MVC 设计模式中 V 到 C 的通信，通过该机制，充当 V 的组件只要在 UI 事件发生时通知 C 即可，之后的逻辑处理全交由 C 去进一步处理。

典型的例子是 UIButton 的点击事件和方法的绑定，当按钮事件发生时，会触发接收者对于该事件所绑定的方法。这里的 UIButton 按钮即 MVC 中的 V 组件，通过目标-动作机制绑定的 selector 方法即属于 C 中的后续逻辑处理部分。

```
    [button addTarget:self action:@selector(click:)
    forControlEvents:UIControlEventTouchUpInside];
```

四、程序设计题

1．答案：本题有如下两种解决方法。

方法一：临时变量法

最常用的交换两个变量的方法为：定义一个中间变量来交换两个值，即临时变量法。这种方法的主要思路为：假如要交换 a 与 b，通过定义一个中间变量 temp 来实现变量的交换，即"temp=a; a=b; b=a"。实现代码如下。

```
    #include <iostream>
    using namespace std;
    /*
    *函数功能：实现字符串反转
    *输入参数：字符指针
    */
    void reverse_str(char *ch)
```

```
    {
        char* p = ch;
        int len = 0;
        //计算字符串的长度
        for (char* c = ch; *c != '\0'; c++)
            len++;
        char* q = p + len - 1;
        char* tmp = new char;
        for (; q>p; p++, q--)
        {
            *tmp = *p;
            *p = *q;
            *q = *tmp;
        }
        delete tmp;
    }
    int main()
    {
        char str1[] = "abcdefg";
        cout << "字符串" << str1 << "反转后为：";
        reverse_str(str1);
        cout << str1 << endl;
        return 0;
    }
```

程序的运行结果为：

字符串 abcdefg 反转后为：gfedcba

算法性能分析：

临时变量法只需要对字符数组变量一次，因此，它的时间复杂度为 O(n)（n 为字符串的长度），此外，在实现变量交换时需要一个额外的变量，因此，它的空间复杂度为 O(1)。

方法二：异或法

在交换两个变量时，另外一种常用的方法为异或法，这种方法主要基于 $a \wedge a = 0$ 和 $a \wedge 0 = a$ 的特性，而异或操作通常满足交换律与结合律。假设要交换两个变量 a 与 b，则可以采用如下方法实现。

```
a=a^b;
b=a^b;    //b=a^b=(a^b)^b =a^(b^b)=a^0=a
a=a^b;    // a=a^b=(a^b)^a=(b^a)^a=b^(a^a)=b^0=b
```

实现代码如下：

```
#include <iostream>
#include <cstring>
using namespace std;
/*
*函数功能：实现字符串反转
*输入参数：字符指针
```

```
                */
                void reverse_str(char *ch)
                {
                    char* p = ch;
                    char* q = p + strlen(ch) - 1;
                    for (; q>p; p++, q--)
                    {
                        *p = *p^*q;
                        *q = *p^*q;
                        *p = *p^*q;
                    }
                }
                int main()
                {
                    char str1[] = "abcdefg";
                    cout << "字符串" << str1 << "反转后为: ";
                    reverse_str(str1);
                    cout << str1 << endl;
                    return 0;
                }
```

程序的运行结果如下。

字符串 abcdefg 反转后为: gfedcba

算法性能分析:

这种方法只需要对字符数组变量一次, 因此, 它的时间复杂度为 O(n) (n 为字符串的长度), 与临时变量法相比, 这个算法在实现字符交换时不需要额外的变量。

2. 答案: 首先对请求按照 R[i]~O[i] 由大到小进行排序, 然后按照由大到小的顺序进行处理, 如果按照这个顺序能处理完, 那么这 n 个请求能被处理完; 否则处理不完。那么, 请求 i 能完成的条件是什么呢? 在处理请求 i 时, 前面所有请求都已经处理完成, 那么它们所占的存储空间为 O(0)+O(1)+…+O(i-1), 那么剩余的存储空间 left 为 left=m-(O(0)+O(1)+…+O(i-1)), 要使请求 i 能被处理, 则必须满足 left≥R[i], 只要剩余的存储空间能存放得下 R[i], 那么在请求处理完成后就可以删除请求, 从而把处理的结果放到存储空间中, 由于 O[i] < R[i], 因此此时必定有空间存放 O[i]。

至于为什么用 R[i]~O[i] 由大到小的顺序来处理, 请看下面的分析。

假设第一步处理 R[i]~O[i] 最大的值。使用归纳法(假设每一步都取剩余请求中 R[i]~O[i] 最大的值进行处理), 假设 n=k 时能处理完成, 那么当 n=k+1 时, 由于前 k 个请求是按照 R[i]~O[i] 从大到小排序的, 在处理第 k+1 个请求时, 此时需要的空间为 A=O[1]+…+O[i]+…+O[k]+R[k+1], 只有 A≤m 时才能处理第 k+1 个请求。假设把第 k+1 个请求和前面的某个请求 i 换换位置, 即不按照 R[i]~O[i] 由大到小的顺序来处理, 则在这种情况下, 第 k+1 个请求已经被处理完成, 接着要处理第 i 的请求, 此时需要的空间为 B=O[1]+…+O[i-1]+O[k+1]+O[i+1]+…+R[i], 如果 B>A, 那么说明按顺序处理成功的可能性更大(越往后处理剩余的空间越小, 请求需要的空间越小越好); 如果 B<A, 那么说明不按顺序更好。根据 R[i]~O[i] 有序的特点可知: R[i]~O[i]≥R[k+1]-O[k+1], 即 O[k+1]+R[i]≥O[i]+R[k+1], 所以,

B≥A，因此，可以得出结论：方案 B 不会比方案 A 更好，即方案 A 是最好的方案，也就是说，按照 R[i]～O[i]从大到小排序处理请求，成功的可能性最大。如果按照这个序列都无法完成请求序列，那么任何顺序都无法实现全部完成。具体代码如下：

```cpp
#include <iostream>
using namespace std;

void swap(int& a, int& b)
{
        int temp;
        temp = a;
        a = b;
        b = temp;
}

//按照 R[i]～O[i]由大到小进行排序
void bubbleSort(int* R, int* O, int len)
{
        int i, j;
        for (i = 0; i < len - 1; ++i)
        {
                for (j = len - 1; j > i; --j)
                {
                        if (R[j] - O[j] > R[j - 1] - O[j - 1])
                        {
                                swap(R[j], R[j - 1]);
                                swap(O[j], O[j - 1]);
                        }
                }
        }
}

bool schedule(int* R, int* O, int len, int M)
{
        int left = M; //剩余可用的空间数
        for (int i = 0; i<len; i++)
        {
                //剩余的空间无法继续处理第 i 个请求
                if (left<R[i])
                        return false;
                //剩余的空间能继续处理第 i 个请求，处理完成后将占用 O[i]个空间
                else
                        left -= O[i];
        }
        return true;
}

int main()
{
        int R[] = { 10, 15, 23, 20, 6, 9, 7, 16 };
```

```
        int O[] = { 2, 7, 8, 4, 5, 8, 6, 8 };
        int N = 8;
        int M = 50;
        bubbleSort(R, O, N);
        bool schedueResult = schedule(R, O, N, M);
        if (schedueResult)
        {
            cout << "按照如下请求序列可以完成：" << endl;
            for (int i = 0; i<N; i++)
                cout << R[i] << "," << O[i] << endl;
        }
        else
        {
            cout << "无法完成调度" << endl;
        }
        return 0;
    }
```

程序的运行结果如下。

```
按照如下请求序列可以完成:
20,4
23,8
10,2
15,7
16,8
6,5
9,8
7,6
```

真题详解 4　某知名电商公司 iOS 软件开发工程师笔试题详解

一、单项选择题

1. 答案：C。

分析：frame 是在父视图坐标系中 view 自身的位置和尺寸（参照点是父亲的坐标系统）；bounds 是在自身坐标系中 view 自身的位置和尺寸（参照点是本身坐标系统）。选项 C 的说法正确。

所以，本题的答案为 C。

2. 答案：C。

分析：选项 A 说法正确，Runloop 的作用在于：当有任务要执行时它使当前的线程工作，没有任务执行时会让当前线程休眠。Runloop 并不是由系统自动控制的，例如，新建的 RunLoop 需要手动启动，设置其模式，以及另外一些其他的手动控制。

选项 B 的说法正确，sources、timers 和 observers 这三类对象需要处理的时候，必须先通过 CFRunLoopAddSource、CFRunLoopAddTimer 或 CFRunLoopAddObserver 将这些对象放入 RunLoop 才可以接收回调，另外可以通过 CFRunLoopRemoveSource 将对象从 RunLoop 中移除，从而停止接收回调。

选项 C 说法错误，除了主线程，其他子线程的 RunLoop 默认都是关闭的，需要手动启动。

选项 D 说法正确。

所以，本题的答案为 C。

3．答案：A。

分析：本题考查的是操作系统中各类地址的关系。

要想弄明白各类地址的映射，首先需要清楚各地址的概念。

虚拟地址指的是由程序产生的由段选择符和段内偏移地址两个部分组成的地址。这两部分组成的地址并没有直接访问物理内存，而是要通过分段地址的变换机构处理或映射后才会对应到相应的物理内存地址。

逻辑地址指的是用户程序经编译之后的每个目标模块都以 0 为基地址顺序编址，在程序中使用的地址都是逻辑地址。

线性地址指的是虚拟地址到物理地址变换之间的中间层，是处理器可寻址的内存空间（称为线性地址空间）中的地址。程序代码会产生逻辑地址，或者说是段中的偏移地址，加上相应段的基地址就生成了一个线性地址。如果启用了分页机制，那么线性地址可以再经过变换产生物理地址。如果没有采用分页机制，那么线性地址就是物理地址。

物理地址指的是现在 CPU 外部地址总线上的寻址物理内存的地址信号，是地址变换的最终结果，是实际数据存放的地址。

虚拟地址到物理地址的转化方法是与体系结构相关的。一般来说，有分段和分页两种方式。以 X86 CPU 为例，分段、分页两种方式都是支持的。内存管理单元（Memory Management Unit，MMU）负责从虚拟地址到物理地址的转化。逻辑地址是"段标识+段内偏移量"的形式，MMU 通过查询段表可以把逻辑地址转化为线性地址。如果 CPU 没有开启分页功能，那么线性地址就是物理地址；如果 CPU 开启了分页功能，那么 MMU 还需要查询页表来将线性地址转化为物理地址：逻辑地址→（段表）→线性地址→（页表）→物理地址。

不同的逻辑地址可以映射到同一个线性地址上，不同的线性地址也可以映射到同一个物理地址上，所以，这是一种多对一的关系。另外，同一个线性地址在发生换页以后也可能被重新装载到另外一个物理地址上，所以，这种多对一的映射关系也会随时间发生变化。

分段机制就是把虚拟地址空间中的虚拟内存组织成一些长度可变的称为"段"的内存块单元。分页机制把线性地址空间和物理地址空间分别划分为大小相同的块，这样的块称为"页"。通过在线性地址空间的页与物理地址空间的页之间建立的映射，分页机制实现线性地址到物理地址的转换。

通过以上分析可知，选项 A 是正确的。

所以，本题的答案为 A。

4．答案：A。

分析：本题考查的是文件的各类组织形式。

只要弄懂了文件的各类组织形式，问题也就迎刃而解了。

本题中，对于选项 A，顺序文件由一系列记录按照某种顺序排列形成。在顺序文件中，记录按其在文件中的逻辑顺序依次进入存储介质而建立，即顺序文件中物理记录的顺序和逻辑记录的顺序是一致的。它是最常用的文件组织形式。记录通常是定长的，因而能用较快的速度查找文件中的记录。在顺序文件中，如果次序相继的两个物理记录在存储介质上的存储位置是相邻的，那么它们又称为"连续文件"。顺序文件组织是唯一可以很容易地存储在磁盘和磁带上的文件组织。顺序文件中的记录是一个接着一个的顺序存放，只知道第一个记录的存储位置，其他记录的位置无从知道。例如，当建立顺序文件时，数据是一个接着一个的顺序写到文件中的，在读取或查找文件中的某一数据时，也是从文件头开始，一个记录一个记录地顺序读取或查找，直至找到要读取或查找的记录为止。由于顺序文件不能直接读取某条记录的信息，因此，在对文件的随机访问中，性能不太理想，所以，选项 A 不正确。

对于选项 B，在文件中随机存取记录，需要知道记录的地址。例如，一个客户想要查询银行账户，客户和出纳员都不知道客户记录的地址，此时客户只能向出纳员提供自己的个人账号。这里，索引文件可以把账号和记录地址关联起来。索引文件由数据文件组成，它是带索引的顺序文件。索引本身非常小，只占两个字段，分别为顺序文件的键和在磁盘上相应记录的地址。存取文件中的记录需按以下步骤进行。

（1）整个索引文件都载入到内存中（文件很小，只占用很小的内存空间）。

（2）搜索项目，用高效的算法（如折半查询法）查找目标键。

（3）检索记录的地址。

（4）按照地址，检索数据记录并返回给用户。

索引文件由索引表和主文件两部分构成。其中，索引表是一张指示逻辑记录和物理记录之间对应关系的表。索引表中的内容称作"索引项"。索引项是按键（或逻辑记录号）进行顺序排列。若文件本身也是按关键字顺序排列，则称为"索引顺序文件"；否则，称为"索引非顺序文件"。很显然，索引文件适合随机存储，所以，选项 B 正确。

对于选项 C，链接文件是对系统中已有的某个文件指定另外一个可用于访问它的名称。链接文件能否随机访问取决于它指向的文件能否适用于随机的访问，因此，链接文件有可能支持也有可能不支持随机访问，所以，选项 C 正确。

对于选项 D，Hash 文件也称为散列文件，是利用散列存储方式组织的文件，亦称为"直接存取文件"。它类似于散列表，即根据文件中关键字的特点，设计一个散列函数和处理冲突的方法，将记录散列到存储设备上。在散列文件中，使用一个函数（算法）来完成一种将关键字映射到存储器地址的映射，根据用户给出的关键字，经函数计算得到目标地址，再进行目标的检索。通过上面分析可知，选项 D 正确。

所以，本题的答案为 A。

5．答案：A。

分析：本题考查的是 C++语言中构造函数、析构函数、操作符重载的相关知识。

```
class MyClass
{
public:
    MyClass(int i=0){cout<<1;}              //定义带一个默认参数的构造函数

    /*
    *这是复制构造函数，当使用复制初始化对象时，
```

```
*会调用这个构造函数来初始化对象
*/
        MyClass(const MyClass&x){cout<<2;}
    //这是重载的赋值操作符，当程序中出现对象赋值(就是使用=)时，会调用这个函数
        MyClass& operator=(const MyClass&x){cout<<3;return*this;}
        ~MyClass(){cout<<4;}        //这是析构函数，当对象消失时会调用这个函数
};
int main()
{
//把下面的三条语句分开写，方便解释
/*
*调用构造函数 MyClass(int i=0)初始化对象 obj1,
*这个函数输出的是 1，因此，程序输出 1
*/
MyClass obj1(1);
MyClass obj2(2);        //同上，调用 MyClass(int i=0)初始化对象，输出 1
/*
* 使用 obj1 对象来初始化 obj3 对象，这里是属于复制初始化的情形，
* 会调用复制构造函数 MyClass(const MyClass&x)，因此，在这里会输出 2
*/
MyClass obj3(obj1);
return 0;
}
    //因为创建了三个对象：obj1、obj2、obj3，在这里三个对象都会消失，因此，会调用三次析构函
数，故会输出三次"4"。
```

程序最后输出"112444"，所以，选项 A 正确。

所以，本题的答案为 A。

二、不定项选择题

1. 答案：B、C。

分析：本题考查的是 iOS 中常见的导航视图控制器。

选项 A 是 iOS 中基本的视图控制器，并不带有导航功能。

选项 B 和 C 分别用于实现树形多级跳转导航和标签导航，是最常用的两种导航控制器；

选项 D 中的表格控制器主要是用来罗列布局数据内容的，虽然常说它和 UINavigationController 组合实现树形导航，但毕竟其本身并不是用于导航功能的，这里还是不要选此项。

所以，本题的答案为 B、C。

2. 答案：C、D。

分析：选项 A 和 B 中的方法是 NSURLRequest 的构造方法，选项 C 和 D 中的方法才是 NSURL 的构造方法，显然 url 是通过 url 字符串来构建，而不是使用 url 构建。

所以，本题的答案为 C、D。

3. 答案：A、B、C、D。

分析：本题考查的是 iOS 中表格视图的基本结构。

选项 A 中的 cell 单元格是表格视图展示数据项的基本单元。

选项 B 中的 section 是将 cell 分组的小节，每个小节可以设置小节头。

选项 C 和 D 是整个表格视图的头部视图和尾部视图。

所以，本题的答案为 A、B、C、D。

4．答案：B、C。

分析：本题考查 iOS 中系统通讯录 AddressBook 框架的用法。

修改联系人需要经过：查找联系人、修改联系人信息和保存联系人信息三个步骤，这三个步骤分别需要用到 ABAdressBookGetPersonWithRecordID、ABRecordSetValue 和 ABAdressBookSave 三个函数，选项 B 和 C 是涉及的其中两个函数。

所以，本题的答案为 B、C。

5．答案：A、C。

分析：本题考查的是操作系统中内存管理的知识。

换页错误又称为"缺页中断"。在操作系统上的每个进程都有一段自己独立的虚拟内存空间，但这些虚拟内存并不是完全映射到物理内存上的。当一个程序试图访问没有映射到物理内存的地方时，就会出现缺页中断，这时操作系统要做的是将这段虚拟内存映射到物理内存上，使其真正"可用"。

要减少换页错误（即降低缺页中断率），通常可以在以下几个方面做工作。

1）内存页框数：增加作业分得的内存块数。

2）页面大小：页面划分越大，中断率越低。

3）替换算法的优劣影响缺页中断次数。

4）程序局部性。

本题强调的是减少换页错误，而非消除换页错误，所以，选项 A 与选项 C 的描述不正确，选项 B 与选项 D 描述正确。

所以，本题的答案为 A、C。

6．答案：B。

分析：本题考查的是递归的知识。

所谓递归（Recursion），指的是程序直接或间接调用自身的一种方法，它通常把一个大型的、复杂的问题不直接解决，而是转化为一个与原问题相似的、规模较小的问题来解决。简单点说，递归就是把问题层层分解，直到程序的出口处。可见，通过递归，可以极大地减少代码量，提高程序的可读性。任何递归调用都必须有递归调用的结束条件，否则，将会陷入无限递归而无法结束。而这个结束条件满足时一定不会调用自身，否则，递归调用将无法结束。从上面分析可知，选项 B 的描述是正确的。

所以，本题的答案为 B。

7．答案：B。

分析：本题考查的是编译原理的知识。

编译器的工作可以划分为以下几个阶段，如图 12 所示。

（1）词法分析：主要用来识别单词。

（2）语法分析：在词法分析的基础上将单词序列组合成各类语法短语，得到语言结构并以树的形式表示。

（3）语义分析：检查语法正确的句子语义是否正确。

（4）中间代码生成（可选）：生成一种既接近目标语言，又与具体机器无关的表示，便于优化与代码生成。

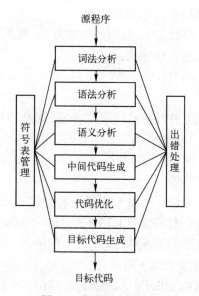

图 12　编译器工作过程

（5）中间代码优化（可选）：优化实际上是一个等价变换，变换前后的指令序列完成同样的功能，但在占用的空间上和程序执行的时间上都更节省、更有效。

（6）目标代码生成：把中间代码变换成特定机器上的绝对指令代码或可重定位的指令代码或汇编指令代码。

（7）符号表管理：合理组织符号，便于各阶段的查找和填写等。

（8）出错处理：错误的种类包括词法错误、语法错误、静态语义错误、动态语义错误等。所以，本题的答案为 B。

8．答案：A、C、D。

分析：本题考查的是哈夫曼编码的知识。

图 13 给出其中的一种哈夫曼树。

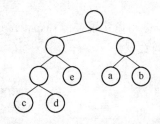

图 13　哈夫曼树

从图 13 的二叉树可以得到字母的哈夫曼编码为：a:10，b:11，c:000，d:001，e:01。在求解哈夫曼编码的时候，由于同一个结点的左右两个孩子的顺序是任意的，因此，哈夫曼编码不是固定的，例如把结点 a 和结点 b 的位置交换后，a:11，b:10，但是在任何情况下编码的长度（位数）是固定的。

对于选项 A，一个字符的编码最多只占用了 3 位，而且出现次数越多，编码的长度越短。

因此，用编码值来存储可以花费最少的存储空间。所以，选项 A 正确。

从上面分析可知，选项 B 错误，选项 C 正确。

对于选项 D，编码最长的位数为 3，最短的位数为 2，显然，字符 b 的编码是最短的，字符 d 的编码是最长的。所以，选项 D 正确。

所以，本题的答案为 A、C、D。

三、简答题

1. 答案：超文本传输协议 HTTP 被用于在 Web 浏览器和网站服务器之间传递信息。HTTP 以明文方式发送内容，不提供任何方式的数据加密，如果攻击者截取了 Web 浏览器和网站服务器之间的传输报文，那么就可以直接读懂其中的信息，因此 HTTP 不适合传输一些敏感信息，例如信用卡号、密码等。

为了解决 HTTP 的这一缺陷，需要使用另一种协议：安全套接字层超文本传输协议 HTTPS。为了数据传输的安全，HTTPS 在 HTTP 的基础上加入了 SSL 协议，SSL 依靠证书来验证服务器的身份，并为浏览器和服务器之间的通信加密。

HTTPS 和 HTTP 的区别主要为以下四点。

（1）HTTPS 需要从 CA（Certificate Authority）申请一个用于证明服务器用途类型的证书，一般免费证书很少，需要交费。

（2）HTTP 是超文本传输协议，信息是明文传输，HTTPS 则是具有安全性的 SSL 加密传输协议。

（3）HHTP 和 HTTPS 使用的是完全不同的连接方式，用的端口也不一样，前者是 80，后者是 443。

（4）HTTP 的连接很简单，是无状态的；HTTPS 是由 SSL+HTTP 协议构建的可进行加密传输、身份认证的网络协议，比 HTTP 安全。

2. 答案：通过 dispatch_barrier_async 添加的操作会暂时阻塞当前队列，即等待前面的并发操作都完成后执行该阻塞操作，待其完成后，后面的并发操作才可继续（见图 14）。可以将其比喻为一根霸道的独木桥，是并发队列中的一个并发障碍点，或者说中间瓶颈，临时阻塞并独占。注意 dispatch_barrier_async 只有在并发队列中才能起作用，在串行队列中队列本身就是独木桥，将失去其意义。

可见使用 dispatch_barrier_async 可以实现类似 dispatch_group_t 组调度的效果，同时主要的作用是避免数据竞争，高效访问数据。

图 14   dispatch_barrier_async 阻塞队列示意图

dispatch_barrier_async 阻塞队列如下。

```
/* 创建并发队列 */
dispatch_queue_t concurrentQueue = dispatch_queue_create("test.concurrent.queue", DISPATCH_QUEUE_CONCURRENT);
/* 添加两个并发操作 A 和 B，即 A 和 B 会并发执行 */
dispatch_async(concurrentQueue, ^(){
    NSLog(@"OperationA");
});
dispatch_async(concurrentQueue, ^(){
    NSLog(@"OperationB");
});
/* 添加 barrier 障碍操作，会等待前面的并发操作结束，并暂时阻塞后面的并发操作直到其完成 */
dispatch_barrier_async(concurrentQueue, ^(){
    NSLog(@"OperationBarrier!");
});
/* 继续添加并发操作 C 和 D，要等待 barrier 障碍操作结束才能开始 */
dispatch_async(concurrentQueue, ^(){
    NSLog(@"OperationC");
});
dispatch_async(concurrentQueue, ^(){
    NSLog(@"OperationD");
});
```

程序的输出结果为：

```
2017-04-04 12:25:02.344 SingleView[12818:3694480] OperationB
2017-04-04 12:25:02.344 SingleView[12818:3694482] OperationA
2017-04-04 12:25:02.345 SingleView[12818:3694482] OperationBarrier!
2017-04-04 12:25:02.345 SingleView[12818:3694482] OperationD
2017-04-04 12:25:02.345 SingleView[12818:3694480] OperationC
```

四、编程题

1. 答案:

方法一：顺序删除

主要思路：通过双重循环直接在链表上进行删除操作。外层循环用一个指针从第一个结点开始遍历整个链表，然后内层循环用另外一个指针遍历其余结点，将与外层循环遍历到的指针所指结点的数据域相同的结点删除，如图 15 所示。

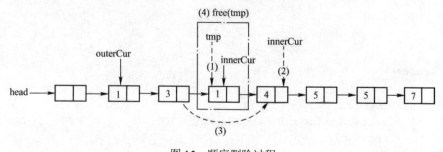

图 15　顺序删除过程

假设外层循环从 outerCur 开始遍历，当内层循环指针 innerCur 遍历到图 15 实线所示的位置（outerCur->data==innerCur->data）时，需要把 innerCur 指向的结点删除，具体步骤如下。

（1）用 tmp 记录待删除的结点的地址。

（2）为了能够在删除 tmp 结点后继续遍历链表中其余的结点，使 innerCur 指向它的后继结点：innerCur=innerCur->next。

（3）从链表中删除 tmp 结点。

（4）释放 tmp 结点所占的内存空间。

实现代码如下：

```c
#include <stdio.h>
#include <stdlib.h>
#include "Node.h"

/*
** 函数功能：对带头结点的无序单链表删除重复的结点
** 输入参数：head:指向链表头结点
*/
void removeDup(LinkList head){
    if(head==NULL || head->next==NULL)
        return;
    LNode* outerCur=head->next;          //外层循环指针，指向链表第一个结点
    LNode* innerCur=NULL;                 //内层循环用来遍历 outerCur 后面的结点
    LNode* innerPre=NULL;                 //innerCur 的前驱结点
    LNode* tmp=NULL;                      //用来指向被删除结点的指针
    for(; outerCur!=NULL; outerCur=outerCur->next){
        for(innerCur=outerCur->next, innerPre=outerCur; innerCur!=NULL;){
            //找到重复的结点并删除
            if(outerCur->data==innerCur->data){
                tmp=innerCur;
                innerPre->next=innerCur->next;
                innerCur=innerCur->next;
                free(tmp);
            }else{
                innerPre=innerCur;
                innerCur=innerCur->next;
            }
        }
    }
}

int main(){
    int i=1;
    //链表头指针
    LinkList head=(LinkList)malloc(sizeof(LNode));
    head->next=NULL;
    LinkList tmp=NULL;
    LinkList cur=head;
```

```
            for(;i<7;i++){
                tmp=(LinkList)malloc(sizeof(LNode));
                if(i%2==0)
                    tmp->data=i+1;
                else if(i%3==0)
                    tmp->data=i-2;
                else
                    tmp->data=i;
                tmp->next=NULL;
                cur->next=tmp;
                cur=tmp;
            }
            printf("删除重复结点前：");
            for(cur=head->next;cur!=NULL;cur=cur->next)
                printf("%d    ",cur->data);
            removeDup(head);
            printf("\n 删除重复结点后：");
            for(cur=head->next;cur!=NULL;cur=cur->next)
                printf("%d    ",cur->data);
            for(cur=head->next;cur!=NULL;){
                tmp=cur;
                cur=cur->next;
                free(tmp);
            }
            return 0;
        }
```

程序的运行结果如下。

```
删除重复结点前：1   3   1   5   5   7
删除重复结点后：1   3   5   7
```

算法性能分析：

由于这个算法采用双重循环对链表进行遍历，因此时间复杂度为 $O(N^2)$，其中，N 为链表的长度。在遍历链表的过程中，使用了常量个额外的指针变量来保存当前遍历的结点、前驱结点和被删除的结点，因此空间复杂度为 $O(1)$。

方法二：递归法

主要思路为：对于结点 cur，首先递归地删除以 cur->next 为首的子链表中重复的结点，接着从以 cur->next 为首的子链表中找出与 cur 有着相同数据域的结点并删除。实现代码如下：

```
    /*
    ** 函数功能：对不带头结点的单链表删除重复结点
    **输入参数：head:指向链表第一个结点
    */
    LinkList removeDupRecursion(LinkList head){
        if (head->next == NULL)
            return head;
```

```
        LNode* pointer=NULL;
        LNode* cur = head;
        //对以 head->next 为首的子链表删除重复的结点
        head->next = removeDupRecursion(head->next);
        pointer = head->next;
        //找出以 head->next 为首的子链表中与 head 结点相同的结点并删除
        while (pointer != NULL){
            if (head->data == pointer->data)    {
                cur->next = pointer->next;
                free(pointer);
                pointer = cur->next;
            }
            else {
                pointer = pointer->next;
                cur = cur->next;
            }
        }
        return head;
}
/*
**  函数功能：对带头结点的单链表删除重复结点
**  输入参数：head:指向链表头结点
*/
void removeDup(LinkList head){
        if(head==NULL)
            return ;
        head->next=removeDupRecursion(head->next);
}
```

用方法一中的 main 函数运行这个方法可以得到相同的运行结果。

算法性能分析：

这个方法与方法一类似，从本质上而言，由于这个方法需要对链表进行双重遍历，因此时间复杂度为 $O(N^2)$，其中，N 为链表的长度。由于递归法会增加许多额外的函数调用，因此从理论上讲该方法的效率比方法一低。

方法三：空间换时间

通常情况下，为了降低时间复杂度，往往在条件允许的情况下，通过使用辅助空间实现。具体而言，主要思路如下。

（1）建立一个 hash_set，hash_set 用来存储已经遍历过的结点，并将其初始化为空。

（2）从头开始遍历链表中的所有结点，存在以下两种可能性：

1）如果结点内容已经在 hash_set 中，那么删除此结点，继续向后遍历；

2）如果结点内容不在 hash_set 中，那么保留此结点，将此结点内容添加到 hash_set 中，继续向后遍历。

由于 C 语言类库中没有 hash_set 这个数据结构，如果要用 C 语言实现这种方式，那么只能自己实现 hash_set。但是如果用 C++语言实现，那么就非常简单了，因为 C++语言的类库提供了 hash_set。

引申：如何从有序链表中移除重复项？

分析与解答：

上述介绍的方法也适用于链表有序的情况，但是由于以上方法没有充分利用链表有序这个条件，因此算法的性能肯定不是最优的。本题中，由于链表具有有序性，因此不需要对链表进行两次遍历。所以，有如下思路：用 cur 指向链表第一个结点，此时需要分为以下两种情况讨论。

（1）如果 cur->data==cur->next->data，那么删除 cur->next 结点。

（2）如果 cur->data!= cur->next->data，那么 cur=cur->next，继续遍历其余结点。

示例代码如下所示。

```
LinkList removeDupRecursion(LinkList head){
    if (head->next == NULL)
        return head;
    LNode* cur=head;
    while (cur-> next){
        if (cur->data == cur->next->data) {
            LNode *tmp = cur->next;
            cur->next = cur->next->next;
            free(tmp);
        }
        else {
            cur = cur->next;
        }
    }
    return head;
}
```

2. 答案：本题其实是一个概率问题，由于 10 个房间里放的金币的数量是随机的，因此，在编程实现时，先需要生成 10 个随机数来模拟 10 个房间里金币的数量，然后判断通过这种策略是否能拿到最多的金币。如果仅仅通过一次模拟来求拿到最多金币的概率显然是不准确的，那么就需要进行多次模拟，通过记录模拟的次数 m，拿到最多金币的次数 n，从而可以计算出拿到最多金币的概率 n/m。显然这个概率与金币的数量以及模拟的次数有关，模拟的次数越多越能接近真实值。下面以金币数为 1～10 的随机数，模拟次数为 1000 次为例，给出实现代码。

```
#include <iostream>
#include <stdlib.h>
#include <time.h>
using namespace std;
/*
*函数功能：把数组 a 看作房间，总共 n 个房间，判断用指定的策略是否能拿到最多的金币
*返回值：如果能拿到，那么返回 1，否则返回 0
**/
int getMaxNum(int *a, int n)
```

```
{
        //随机生成 10 个房间里金币的个数
        int i;
        for (i = 0; i<n; i++)
        {
                a[i] = rand() % 10 + 1;    //生成 1～10 的随机数
        }
        //找出前 4 个房间中最多的金币个数
        int max4 = 0;
        for (i = 0; i<4; i++)
        {
                if (a[i]>max4) max4 = a[i];
        }
        for (i = 4; i<n - 1; i++)
        {
                if (a[i]>max4) //能拿到最多的金币
                        return 1;
        }
        return 0; //不能拿到最多的金币
}
int main()
{
        srand(time(0));
        int a[10];
        int monitorCount = 1000;
        int success = 0;
        for (int i = 0; i<monitorCount; i++)
        {
                if (getMaxNum(a, 10)) success++;
        }
        cout << (double)success / (double)monitorCount << endl;
        return 0;
}
```

程序的运行结果为：

0.421

本题中，运行结果与金币个数的选择以及模拟的次数都有关系，而且由于是个随机问题，因此，即便是同样的程序，每次的运行结果也会不同。

真题详解5 某知名门户网站公司 iOS 开发校招笔试题详解

一、单项选择题

1. 答案：D。

2．答案：D。

分析：本题考查的是对属性修饰词的理解。

选项 A 和 B 说法正确，读写语义的属性修饰词是用来控制编译器根据需要生成 setter 和 getter 方法的，读操作对应 getter 方法，写操作对应 setter 方法。

选项 C 说法正确，assign 常用来修饰基础数据类型，赋值时是简单值传递给变量。

选项 D 说法错误，copy 会创建一个相同的对象，而 retain 只是将引用对象的引用计数加 1。

所以，本题的答案为 D。

3．答案：A。

4．答案：D。

5．答案：B。

分析：alloc 与 dealloc 语义相反，alloc 是创建变量，dealloc 是释放变量。retain 与 release 语义相反，retain 保留一个对象，调用后使变量的引用计数加 1，而 release 释放一个对象，调用后使变量的引用计数减 1。虽然 alloc 对应 dealloc，retain 对应 release，但是与 alloc 配对使用的方法是 release，而不是 dealloc。为什么呢？这要从它们的实际效果来看。

事实上 alloc 和 release 配对使用只是表象，本质上其实还是 retain 和 release 的配对使用。alloc 用来创建对象，刚创建的对象默认引用计数为 1，相当于调用 alloc 创建对象过程中同时会调用一次 retain 使对象引用计数加 1，自然要有对应的 release 的一次调用，使对象不再被用时能够被释放掉防止内存泄露。此外，dealloc 是在对象引用计数为 0 以后系统自动调用的，dealloc 没有使对象引用计数减 1 的作用，只是在对象引用计数为 0 后被系统调用进行内存回收的收尾工作。

所以，本题的答案为 B。

6．答案：B。

分析：本题考查的是 C/C++中字符串的知识。

字符数组初始化通常有两种方法：第一种是逐个字符赋给数组中各个元素，如选项 A 中所描述的情况；第二种是用字符串常量对整个数组进行赋值，如选项 D 中所描述的情况。显然，第一种初始化方式比第二种方式烦琐。

选项 C 采用的是字符串复制函数的方法。strcpy 函数的格式为 char *strcpy (char *s1, const char *s2)，它的作用是将字符串 s2 所指的字符串复制到 s1 所指的字符串中。需要注意的是，参数 s1 与参数 s2 都是指向字符串的指针，s1 可以是字符数组名或字符指针，但不能是字符型常量，s2 可以是字符串常量、字符数组或字符指针，而且要保证 s1 的长度足够大，以便能容纳下 s2 所指的字符串，否则会引起错误。很多读者可能会问，当需要将 s2 所指的字符串复制到 s1 所指的字符串中时，为什么不能直接使用赋值语句 s1=s2 呢？那样不是更为直接吗？其实，s1 与 s2 都是指向字符数组的指针，s1=s2 会把 s2 的地址赋值给 s1，这样 s1 与 s2 就指向同一块内存空间，对字符串 s2 的任何修改都会影响字符串 s1 的值。

对于选项 B，试图将一个字符串常量赋值给数组 b，这是不被允许的，因为 b 是一个地址常量，只能指向本身的内存空间，不可以指向字符串常量"Hello!"的首地址。char b[10]; b[10]="hello"这种写法也是不被允许的，为什么呢？首先，b[10]表示的是一个字符变量，而"hello"却是一个字符串常量，一个字符怎么能容纳一个字符串？而且，数组下标是从 0 开始计数，长度为 10 的字符串数组其下标索引的范围为[0,9]，所以，b[10]是一个非法变量，本身也是不存在的。

所以，本题的答案为 B。

引申：不能使用关系运算符"=="来比较两个字符串的内容是否相等，只能用 strcmp 函数来处理。

7．答案：C。

分析：本题考查的是内存管理的知识。

ANSI C 保证了结构体中各字段在内存中出现的位置是随它们的声明顺序依次递增的，并且第一个字段的首地址等于整个结构体实例的首地址。ANSI C 规定一种结构类型的大小是它所有字段的大小以及字段之间或字段尾部填充区的大小之和。

struct 结构体由于包含了不同的数据类型，因此数据结构类型之间存在占用空间大小的问题，例如，在 32 位环境下，char 型占用 1B，short int 占用 2B，int、long int、指针和 float 型占用 4B，double 占用 8B（在 Windows 系统和 Linux 系统中）。计算机系统对基本数据类型可能允许的地址做出了限制，要求某种类型的对象必须是 2、4 或 8 的倍数。

此处就涉及数据对齐的问题。struct 结构体所占空间不是用 struct 结构体中占用空间最大的那个变量的字节数乘以变量总数，也不是所有变量占用空间总和，而是补齐到占用最大空间变量所占用字节数的倍数。通常数据对齐需要考虑几种情况：①数据类型自身的对齐值，即基本数据类型的自身对齐值；②指定对齐值，#progma pack (value)时的指定对齐值 value；③结构体或者类的自身对齐值，其成员中自身对齐值最大的那个值；④数据成员、结构体和类的有效对齐值，自身对齐值和指定对齐值中较小的那个值。

本题中，结构体成员地址对齐：

a   b c d

1+(3)+4+8+1+(7)= 24，括号内的数是为了满足对齐填充的大小。

&data[1][5].c = x+10×24+5×24+1+(3)+4=368。所以，选项 C 正确。

所以，本题的答案为 C。

8．答案：C。

分析：本题考查的是指针的知识。

在 C/C++语言中，数组指针是指向数组地址的指针，其本质为指针。指针数组则指的是数组元素全为指针的数组，其本质为数组，例如，int *p[3]即定义了 p[0]、p[1]和 p[2]三个指针。一维指针数组的定义形式为"类型名 *数组标识符[数组长度]"。例如，定义一个一维指针数组：int *array[10]。

在本题中，选项 A 表示的是 int 类型的数组，选项 B 表示的是 int 类型的数组的指针，选项 C 表示的是 int 类型的指针的数组，选项 D 表示的是函数指针的数组，[]优先级高于*，说明 a 是一个数组，数组元素的类型为函数指针。所以，选项 A 错误。

对于选项 B，"()"的优先级比"[]"高，为了便于理解，这里引入一个临时变量 tmp，那么语句 int (*a)[10];可以等价为 int tmp[10]; tmp=*a;，由此可以得出 a=&tmp。显然，a 是 int 类型的数组的指针，它指向一个包含 10 个 int 类型数据的数组，即 a 是一个数组指针。所以，选项 B 错误。

对于选项 C，a 先与"[]"结合，构成一个数组的定义，数组名为 a，int *修饰的是数组的内容，即数组的每个元素。所以，a 是一个指针数组，包含 10 个指向 int 类型数据的指针，所以，选项 C 正确。

对于选项 D，同样可以采用引入临时变量的方法来理解。对于一个函数 int f(int)，定义这个函数的一个函数指针 p 的写法为：int (*p)(int)，p 就是一个函数的指针，把 p 改成 a[10]，则说明定义了一个大小为 10 的数组，数组中存放的是返回值 int 且参数为 int 的函数指针。所以，选项 D 错误。

所以，本题的答案为 C。

9. 答案：C。

分析：本题考查的是完全二叉树的知识。

在解答本题前，首先需要弄懂一个概念，什么是完全二叉树？所谓完全二叉树是指除树的最后一层外，每一层上的结点数均达到最大值，且在最后一层上只缺少右边的若干结点的二叉树。

通过完全二叉树的定义，可以引出以下两种性质：①对于深度为 K 的，有 n 个结点的二叉树，当且仅当其每一个结点都与深度为 K 的满二叉树中编号从 1～n 的结点一一对应时才称为完全二叉树。②一棵二叉树至多只有最下面的两层上的结点的度数可以小于 2，并且最下层上的结点都集中在该层最左边的若干位置上，则此二叉树为完全二叉树。

假设 n_0 是度为 0 的结点总数（即叶子结点数），n_1 是度为 1 的结点总数，n_2 是度为 2 的结点总数，由二叉树的性质可知：$n_0=n_2+1$，$n=n_0+n_1+n_2$（其中 n 为完全二叉树的结点总数），由上述公式把 n_2 消去得：$n=2n_0+n_1-1$，由于完全二叉树中度为 1 的结点数只有两种可能：0 或 1，由此得到 $n_0=(n+1)/2$ 或 $n_0=n/2$，即 $n_0=\lfloor n/2 \rfloor$，其中 $\lfloor \ \rfloor$ 表示下取整。可根据完全二叉树的结点总数计算出叶子结点数。

本题中，n 的值为 100，根据上面的分析可知，$n_0=50$。所以，度为 0 的结点有 50 个，度为 1 的结点有 1 个，度为 2 的结点有 49 个，二叉树前 k 层最多有 2^k-1 个结点。所以，100 个结点二叉树高度为 7，按照广度优先遍历编号，有 50 个非叶子结点，所以，最小的叶子结点编号为 51。

下面给出另外一种求解方法：

100 个结点时，二叉树高度为 7。

7 层包含数据个数为 $100-(2^6-1)=37$。

6 层包含数据的编号为 32～63，6 层中前 19 个数据包含子树（37/2=18.5），故最小的叶结点应该为 32+19 = 51，所以，选项 C 正确。

所以，本题的答案为 C。

10. 答案：D。

分析：本题考查的是数据结构的知识。

可扩展标记语言（Extensible Markup Language，XML）是一种用于标记电子文件使其具有结构性的标记语言。在 XML 中，任何的起始标签都必须有一个结束标签，也就是题目中所提到的结点闭合。由此，可以类比到数据结构相关教材中讲过的括号匹配的检验，因为括号都是成对出现的，一个左括弧必然对应一个右括弧，而括号匹配采用的主要思路如下：每当读到一个括号时，如果是右括号，那么或者与栈顶的左括号匹配，或者不合法；若是左括号，则把左括号压栈。所以，本题可以采用同样的方式来判断结点是否闭合。所以，栈可以成为检验 XML 结点是否闭合的数据结构，所以，选项 D 正确。

所以，本题的答案为 D。

11．答案：C。

分析：本题考查的是排序算法中快速排序算法的知识。

快速排序是目前被认为最好的一种内部排序方法。快速排序算法处理的最好情况指每次都是将待排序列划分为均匀的两部分，通常认为快速排序在平均情况下的时间复杂度为 $O(n\log_2 n)$。但是，如果初始记录序列按关键字有序或基本有序，那么此时快速排序将蜕化为冒泡排序，其时间复杂度为 $O(n^2)$。

那么对于其他排序算法，当序列已经有序时，又是哪种情况呢？无论原始序列中的元素如何排列，归并排序和堆排序算法的时间复杂度都是 $O(n\log_2 n)$。插入排序是将一个新元素插入已经排列好的序列中。如果在数据已经是升序的情况下，新元素只需插入序列尾部，这就是插入排序的最好情况，此时，时间复杂度为 $O(n)$，所以，选项 C 正确。

所以，本题的答案为 C。

12．答案：D。

分析：本题考查的是图的知识。

本题必须弄明白无向图的深度优先遍历的原理。其实，图的深度优先遍历类似于树的前序遍历。假设给定无向图 G 的初态是所有顶点均未曾被访问过，深度优先遍历过程是这样的：在无向图 G 中任选一个顶点 v 为初始出发点（源点），首先访问源点 v，并将其标记为已访问过，然后，依次从源点 v 出发，搜索源点 v 的每个相邻结点 w。如果结点 w 未曾被访问过，那么以结点 w 为新的出发点继续进行深度优先遍历，直至图中所有和源点 v 有路径相通的顶点（亦称为从源点可达的顶点）均已被访问为止。如果此时图中仍有未访问的顶点，那么另选一个尚未访问的顶点作为新的源点重复上述过程，直至图中所有顶点均已被访问为止。

图的深度优先遍历的伪代码如下所示。

（1）访问顶点 v；visited[v]=1；//算法执行前 visited[n]=0

（2）w=顶点 v 的第一个邻接点；

（3）while（w 存在）

   if（w 未被访问）

    从顶点 w 出发递归执行该算法；

   w=顶点 v 的下一个邻接点；

与深度优先遍历相对应的是广度优先遍历，图的广度优先遍历算法是一个分层搜索的过程，和树的层序遍历算法相似，以顶点 v 为起始点，由近至远，依次访问和 v 有路径相通而且路径长度为 1，2，…的顶点。为了使"先被访问顶点的邻接点"先于"后被访问顶点的邻接点"被访问，它需要一个队列保持遍历过的顶点顺序，以便按出队的顺序再去访问这些顶点的邻接顶点。

具体而言，图的广度优先遍历的步骤如下。

（1）顶点 v 入队列。

（2）如果队列非空，那么继续执行；否则，算法结束。

（3）出队列取得队头顶点 v；访问顶点 v 并标记顶点 v 已被访问。

（4）查找顶点 v 的第一个邻接顶点 col。

（5）如果 v 的邻接顶点 col 未被访问过，那么 col 入队列。

（6）继续查找顶点 v 的另一个新的邻接顶点 col，转到步骤 5）。

（7）直到顶点 v 的所有未被访问过的邻接点处理完，转到步骤 2）。

具体而言，图的广度优先遍历的伪代码如下。

（1）初始化队列 Q；visited[n]=0。

（2）访问顶点 v；visited[v]=1；顶点 v 入队列 Q。

（3）while（队列 Q 非空）

    v=队列 Q 的队头元素出队；

    w=顶点 v 的第一个邻接点；

    while（w 存在）

        如果 w 未访问，那么访问顶点 w；

        visited[w]=1；

        顶点 w 入队列 Q；

        w=顶点 v 的下一个邻接点；

本题中，按照上述方法可知，选项 D 正确。

所以，本题的答案为 D。

二、简答题

1. 答案：SDWebImage 是一个针对图片加载的插件库，提供了一个支持缓存的用于异步加载图片的下载工具，特别为常用的 UI 元素：UIImageView、UIButton 和 MKAnnotationView 提供了 Category 类别扩展，可以作为一个很方便的工具。其中 SDWebImagePrefetcher 可以预先下载图片，方便后续使用。

SDWebImage 的几点特性为：

（1）对 UIImageView、UIButton 和 MKAnnotationView 进行了类别扩展，添加了 Web 图片和缓存管理。

（2）是一个异步图片下载器。

（3）异步的内存+硬盘二级缓冲以及自动的缓冲过期处理。

（4）后台图片解压缩功能。

（5）可以保证相同的 url（图片的检索 key）不会被重复多次下载。

（6）可以保证假的无效 url 不会不断尝试去加载。

（7）保证主线程不会被阻塞。

（8）性能高。

（9）使用 GCD 和 ARC。

支持的图片格式：

（1）UIImage 支持的图片格式：JPEG、PNG 和 GIF 等。

（2）Web 图片格式，包括动态的 Web 图片（使用 WebP subspec）。

使用方法示例：

SDWebImage 的使用非常简单，开发主要使用一个 UIImageView 来添加在线图片，主要用到的方法为 sd_setImageWithURL（新版本方法名都加了 sd 前缀），sd_setImageWithURL 方法提供了几种重载方法，包括只使用图片 URL 参数的，以及设置占位图片 placeholderImage 参数的等，这个方法也是框架封装的最顶层的应用方法，在开发中主要就用这个方法即可，以这个方法为入口，可以层层打开往底层看，可以对应到 SDWebImage 的整个加载逻辑和流程。

```
/* Objective-C: */
#import <SDWebImage/UIImageView+WebCache.h>
/* 使用 SDWebImage 框架为 UIImageView 加载在线图片 */
[imageView sd_setImageWithURL:[NSURL URLWithString:@"http://www.***.com/***/image.jpg"]
    placeholderImage:[UIImage imageNamed:@"placeholder.png"]];
/* Swift: */
imageView.sd_setImageWithURL(NSURL(string: "http://www.***.com/***/image.jpg"), placeholderImage:
UIImage(imageNamed:"placeholder.png"))
```

SDWebImage 加载图片的流程原理：

SDWebImage 异步加载图片的使用非常简单，使用一个方法调用即可完成，但实际上对这一个方法的调用会使得框架立刻完成一系列的逻辑处理，以最高效的方式加载需要的图片，具体加载流程逻辑如图 16 所示。

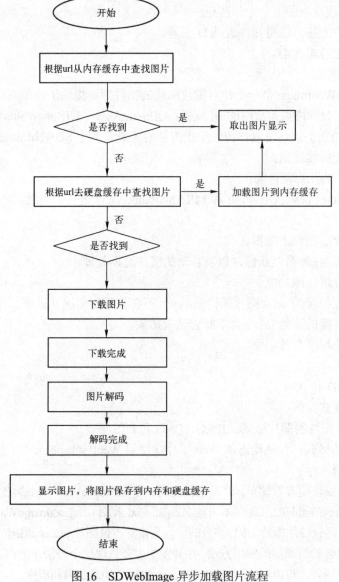

图 16　SDWebImage 异步加载图片流程

　　根据上面的流程可以看出，图片的加载采用了一种二级缓存机制，这种机制的思路为：能从内存缓存直接取就从内存缓存取，内存缓存没有就去硬盘缓存里取，再没有就根据提供的 URL 到网上下载（下载自然会慢很多），下载的图片还有一个解码的过程，解码后就可以直接用了，另外下载的图片也会保存到内存缓存和硬盘缓存，从而下次再取同样的图片的时候就不用重复下载了。

　　上面的整个流程对应到 SDWebImage 框架内部，依次会挖掘出下面几个关键方法，最外层的是程序员直接调用的 sd_setImageWithURL 方法，以此方法为入口依次可能会调用到后面的几个方法，来完成上面的整个优化加载流程，这里以其中一个入口方法为例。

　　（1）sd_setImageWithURL：UIImageView(WebCache)的 sdsetImageWithURL 方法只是个 UIView 类的扩展接口方法，负责调用并将参数传给 UIView(WebCache)的 sdinternalSetImageWithURL 方法，参数包括图片的 url 和 placeholder 占位图片。

　　（2）sd_internalSetImageWithURL：UIView(WebCache)的 sd_internalSetImageWithURL 方法先将 placeholder 占位图片异步显示，然后给 SDWebImageManager 单例发送 loadImageWithURL 消息，传给它 url 参数,让 SDWebImageManager 单例再给其 SDImageCache 对象发送 queryCacheOperationForKey 消息先从本地搜索缓存图片。

　　（3）loadImageWithURL：收到 loadImageWithURL 消息后，SDWebImageManager 单例向 SDImageCache 对象发送 queryCacheOperationForKey 消息来从本地搜索缓存图片，SDImageCache 对象先对自己发送 imageFromMemoryCacheForKey 消息，从内存中搜索图片缓存，搜到则取出图片并通过 SDCacheQueryCompletedBlock 回调返回，否则再对自己发送 diskImageForKey 消息去硬盘搜索图片，搜到则取出图片通过 SDCacheQueryCompletedBlock 回调返回，内存和硬盘都搜不到则只好重新下载。

　　（4）downloadImageWithURL：如果本地搜索失败，那么 SDWebImageManager 会新建一个 SDWebImageDownloader 下载器，并向下载器发送 downloadImageWithURL 消息开始下载网络图片；下载成功并解码后一方面将图片缓存到本地，另一方面取出图片进行显示。其中像图片下载以及图片解码等耗时操作都是异步执行，不会拖慢主线程。

　　SDImageCache 在初始化的时候会注册一些消息通知，在内存警告或退到后台的时候会清理内存图片缓存，应用结束的时候会清理掉过期的图片。

三、编程题

1. 答案：

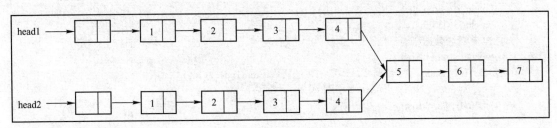

　　方法一：Hash 法

　　如上图所示，如果两个链表相交，那么它们一定会有公共的结点，由于结点的地址可以作为结点的唯一标识，因此，可以通过判断两个链表中的结点是否有相同的地址来判断链表是否相交。具体可以采用如下方法实现：首先遍历链表 head1，把遍历到的所有结点的地址存放到 Hash 表中；接着遍历链表 head2，每遍历到一个结点，就判断这个结点的地址在 Hash 表中是否存在，如果存在，那么说明两个链表相交并且当前遍历到的结点就是它们的相交点，否则直到链表 head2 遍历结束，说明这两个单链表不相交。

算法性能分析：

由于这个方法需要分别遍历两个链表，因此，算法的时间复杂度为 O(n1+n2)，其中，n1 与 n2 分别为两个链表的长度。此外，由于需要申请额外的存储空间来存储链表 head1 中结点的地址，因此，算法的空间复杂度为 O(n1)。

方法二：首尾相接法

主要思路：将这两个链表首尾相连（例如把链表 head1 尾结点链接到 head2 的头指针），然后检测这个链表是否存在环，如果存在，那么两个链表相交，而环入口结点即为相交的结点，如图 17 所示。具体实现方法以及算法性能分析见 1.6 节。

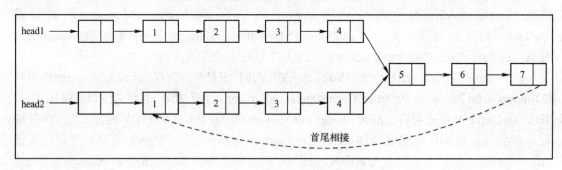

图 17　首尾相接法示意图

方法三：尾结点法

主要思路：如果两个链表相交，那么两个链表从相交点到链表结束都是相同的结点，必然是 Y 字形（如上图所示），所以，判断两个链表的最后一个结点是不是相同即可。即先遍历一个链表，直到尾部，再遍历另外一个链表，如果也可以走到同样的结尾点，那么两个链表相交，这时记下两个链表的长度 n1、n2，再遍历一次，长链表结点先出发前进|n1-n2|步，之后两个链表同时前进，每次一步，相遇的第一点即为两个链表相交的第一个点。实现代码如下。

```c
#include <stdio.h>
#include <stdlib.h>
/* 单链表数据结构   */
typedef struct LNode{
    int   data;   /* 数据域，本章的算法假设 ElemType 为 int */
    struct   LNode   *next;/* 指针域 */
} LNode, *LinkList;

void PrintList(LinkList head){
    for(LNode* cur=head->next;cur!=NULL;cur=cur->next){
        printf("%d:%d   ",cur,cur->data);
    }
}
```

```
void FreeList(LinkList head){
    LNode* tmp=NULL;
    LNode* cur=NULL;
    for(cur=head->next;cur!=NULL;){
        tmp=cur;
        cur=cur->next;
        free(tmp);
    }
}
/*
** 函数功能：判断两个链表是否相交，如果相交，那么找出交点
** 输入参数：head1 与 head2 分别为两个链表的头结点
** 返回值：如果不相交，那么返回 NULL，如果相交，那么返回相交结点
*/
LNode* IsIntersect(LinkList head1, LinkList head2){
    if( head1 == NULL|| head1->next==NULL ||
        head2 == NULL||head2->next==NULL||head1==head2 )
        return NULL;
    LNode* temp1 = head1->next;
    LNode* temp2 = head2->next;
    int n1 = 0, n2 = 0;
    //遍历 head1，找到尾结点，同时记录 head1 的长度
    while( temp1->next ) {
        temp1= temp1->next;
        ++n1;
    }
    //遍历 head2，找到尾结点，同时记录 head2 的长度
    while( temp2->next ){
        temp2= temp2->next;
        ++n2;
    }
    //head1 与 head2 是有相同的尾结点
    if( temp1 == temp2 ){
        //长链表先走|n1-n2|步
        if(n1 > n2 )
            while( n1 - n2 > 0 ) {
                head1 = head1->next;
                --n1;
            }
        if(n2 > n1 )
            while( n2 - n1 > 0 ){
                head2 = head2->next;
                --n2;
            }
        //两个链表同时前进，找出相同的结点
        while( head1 != head2 ){
            head1 = head1->next;
            head2 = head2->next;
        }
        return head1;
```

```
        }
        //head1 与 head2 是没有相同的尾结点
        else
                return NULL;
    }

    int main(){
        int i=1;
        //链表头结点
        LinkList head1=(LinkList)malloc(sizeof(LNode));
        head1->next=NULL;
        //链表头结点
        LinkList head2=(LinkList)malloc(sizeof(LNode));
        head2->next=NULL;
        LNode* tmp=NULL;
        LNode* cur=head1;
        LNode* p=NULL;
        //构造第 1 个链表
        for(;i<8;i++){
                tmp=(LinkList)malloc(sizeof(LNode));
                tmp->data=i;
                tmp->next=NULL;
                cur->next=tmp;
                cur=tmp;
                if(i==5)
                        p=tmp;
        }
        cur=head2;
        //构造第 2 个链表
        for(i=1;i<5;i++){
                tmp=(LinkList)malloc(sizeof(LNode));
                tmp->data=i;
                tmp->next=NULL;
                cur->next=tmp;
                cur=tmp;
        }
        //使它们相交于结点 5
        cur->next=p;
        printf("head1(地址：数据域):   ");
        PrintList(head1);
        printf("\nhead2(地址：数据域):   ");
        PrintList(head2);
        LNode* interNode=IsIntersect(head1,head2);
        if(interNode==NULL){
                printf("\n 这两个链表不相交: ");
        }else{
                printf("\n 这两个链表相交点为：%d",interNode->data);
        }
        free(head1);
        //释放链表 head2 所占的空间，相交后重复的结点已经被 free(head1)释放
```

```
        for(cur=head2->next;cur!=NULL;){
            if(cur==interNode)
                break;
            tmp=cur;
            cur=cur->next;
            free(tmp);
        }
        return 0;
    }
```

程序的运行结果为：

head1(地址：数据域)：	5902200:1	5902256:2	5902312:3	5902368:4	5907456:5	5907512:6
5907568:7						
head2(地址：数据域)：	5907624:1	5907680:2	5907736:3	5907792:4	5907456:5	5907512:6
5907568:7						

这两个链表相交点为：5

运行结果分析：

在上述代码中，由于构造的两个单链表相交于结点 5，因此，输出结果中它们的相交结点为 5。此外，由于这两个链表结点相交，因此，在释放链表所占用的空间的时候需要特别注意，结点不能被重复释放，当链表 head1 被释放后，它们重复的结点 5、6 和 7 所占的存储空间都已经被释放了，因此，在释放链表 head2 的时候只需要释放它们相交的结点的所有前驱结点即可。

算法性能分析：

假设这两个链表长度分别为 n1，n2，重叠的结点的个数为 L(0<L<min(n1,n2))，则总共对链表进行遍历的次数为 n1+n2+L+n1-L+n2-L=2(n1+n2)-L，因此，算法的时间复杂度为 O(n1+n2)；由于这个方法只使用了常数个额外指针变量，因此，空间复杂度为 O(1)。

引申：如果单链表有环，那么如何判断两个链表是否相交？

分析与解答：

（1）如果一个单链表有环，另外一个没环，那么它们肯定不相交。

（2）如果两个单链表都有环并且相交，那么这两个链表一定共享这个环。判断两个有环的链表是否相交的方法为：首先采用本章第 1.6 节中介绍的方法找到链表 head1 中环的入口点 p1，然后遍历链表 head2，判断链表中是否包含结点 p1，如果包含，那么这两个链表相交，否则不相交。找相交点的方法为：把结点 p1 看作两个链表的尾结点，这样就可以把问题转换为求两个无环链表相交点的问题，可以采用本节介绍的求相交点的方法来解决这个问题。

2．答案：本题可以使用动态规划的方法来解决，具体思路如下。

给定字符串 s1，s2，首先定义一个函数 D(i,j)（$0 \leqslant i \leqslant strlen(s1)$，$0 \leqslant j \leqslant strlen(s2)$），用来表示第一个字符串 s1 长度为 i 的子串与第二个字符串 s2 长度为 j 的子串的编辑距离。从 s1 变到 s2 可以通过如下三种操作。

（1）添加操作 假设已经计算出 D(i,j-1)的值（s1[0…i]与 s2[0…j-1]的编辑距离），则 D(i,j)=D(i,j-1)+1（s1 长度为 i 的字串后面添加 s2[j]即可）。

（2）删除操作 假设已经计算出 D(i-1,j)的值（s1[0…i-1]与 s2[0…j]的编辑距离），则

D(i,j)=D(i-1,j)+1（s1 长度为 i 的字串删除最后的字符 s1[j]即可）。

（3）替换操作　假设已经计算出 D(i-1,j-1)的值（s1[0…i-1]与 s2[0…j-1]的编辑距离），如果 s1[i]=s2[j]，那么 D(i,j)= D(i-1, j-1)；如果 s1[i]!=s2[j]，那么 D(i,j)= D(i-1,j-1)+1（替换 s1[i]为 s2[j]，或替换 s2[j]为 s1[i]）。

此外，D(0,j)=j 且 D(i,0)=i（从一个字符串变成长度为 0 的字符串的代价为这个字符串的长度）。

由此可以得出如下实现方式：对于给定的字符串 s1，s2，定义一个二维数组 D，则有以下几种可能性。

（1）如果 i==0，那么 D[i,j]=j (0≤j≤strlen(s2))。

（2）如果 j==0，那么 D[i,j]=i (0≤i≤strlen(s1))。

（3）假设 i>0 且 j>0：

① 如果 s1[i] ==s2[j]，那么 D (i, j) = min{ edit(i-1, j) + 1, edit(i, j-1) + 1, edit(i-1, j-1) }。

② 如果 s1[i]!=s2[j]，那么 D (i, j) = min{ edit(i-1, j) + 1, edit(i, j-1) + 1, edit(i-1, j-1)+1 }。

通过以上分析可以发现，对于第一个问题可以直接采用上述的方法来解决。对于第二个问题，由于替换操作是插入或删除操作的两倍，因此，只需要修改如下条件即可。

如果 s1[i]!=s2[j]，那么 D (i, j) = min{ edit(i-1, j) + 1, edit(i, j-1) + 1, edit(i-1, j-1)+2 }。

根据上述分析，给出实现代码如下。

```cpp
#include <iostream>
#include <cstring>
using namespace std;
int min(int a, int b, int c)
{
    int tmp = a < b ? a : b;
    return tmp < c ? tmp : c;
}
//参数 replaceWight 用来表示替换操作与插入删除操作相比的倍数
int edit(char* s1, char* s2, int replaceWight = 1)
{
    //两个空串的编辑距离为 0
    if (s1 == NULL && s2 == NULL)
        return 0;
    //如果 s1 为空串，那么编辑距离为 s2 的长度
    if (s1 == NULL)
        return strlen(s2);
    if (s2 == NULL)
        return strlen(s1);
    int len1 = strlen(s1);
    int len2 = strlen(s2);
    //申请二维数组来存储中间的计算结果
    int **D = new int*[len1 + 1];
    int i, j;
    for (i = 0; i < len1 + 1; i++)
    {
        D[i] = new int[len2 + 1];
    }
```

```cpp
    for (i = 0; i < len1 + 1; i++)
    {
        D[i][0] = i;
    }
    for (i = 0; i < len2 + 1; i++)
    {
        D[0][i] = i;
    }
    for (i = 1; i < len1 + 1; i++)
    {
        for (j = 1; j< len2 + 1; j++)
        {
            if (s1[i - 1] == s2[j - 1])
            {
                D[i][j] = min(D[i - 1][j] + 1, D[i][j - 1] + 1, D[i - 1][j - 1]);
            }
            else
            {
                D[i][j] = min(D[i - 1][j] + 1, D[i][j - 1] + 1, D[i - 1][j - 1] + replaceWight);
            }
        }
    }
    cout << "-------------------------------" << endl;
    for (i = 0; i < len1 + 1; i++)
    {
        for (j = 0; j< len2 + 1; j++)
        {
            cout << D[i][j] << " ";
        }
        cout << endl;
    }
    cout << "-------------------------------" << endl;
    int dis = D[len1][len2];
    //释放二维数组
    for (i = 0; i < len1 + 1; i++)
    {
        delete[] D[i];
        D[i] = NULL;
    }
    delete[] D;
    D = NULL;
    return dis;
}
int main(void)
{
    char s1[] = "bciln";
    char s2[] = "fciling";
    cout << "第一问 : " << endl;
    cout << "编辑距离: " << edit(s1, s2) << endl;
    cout << "第二问 : " << endl;
```

```
            cout << "编辑距离: " << edit(s1, s2, 2) << endl;
            return 0;
    }
```

程序的运行结果为：

```
第一问：
────────────────────────────
0 1 2 3 4 5 6 7
1 1 2 3 4 5 6 7
2 2 1 2 3 4 5 6
3 3 2 1 2 3 4 5
4 4 3 2 1 2 3 4
5 5 4 3 2 2 2 3
────────────────────────────
编辑距离: 3
第二问：
────────────────────────────
0 1 2 3 4 5 6 7
1 2 3 4 5 6 7 8
2 3 2 3 4 5 6 7
3 4 3 2 3 4 5 6
4 5 4 3 2 3 4 5
5 6 5 4 3 4 3 4
────────────────────────────
编辑距离: 4
```

这个算法的时间复杂度与空间复杂度都为 O(mn)（其中，m 和 n 分别为两个字符串的长度）。

3. 答案：示例代码如下。

```c
#include<stdio.h>
void multiple(char A[], char B[], char C[])
{
    int TMP, In = 0, LenA = 1, LenB = 1,i,j;
    while (A[++LenA] != '\0');
    while (B[++LenB] != '\0');
    int Index, Start = LenA + LenB 1;
    for (i = LenB 1; i >= 0; i)
    {
        Index = Start;
        if (B[i] != '0')
        {
            for (In = 0, j = LenA 1; j >= 0; j)
            {
                TMP = (C[Index] '0') + (A[j] '0') * (B[i] '0') + In;
                C[Index] = TMP % 10 + '0';
                In = TMP / 10;
            }
            C[Index] = In + '0';
```

```
            }
        }
    }
    int main()
    {
        char A[] = "15";
        char B[] = "15";
        char C[sizeof(A)+sizeof(B)̃1];
        int i;
        for (i = 0; i<sizeof(C)̃1; i++) C[i] = '0';
        C[sizeof(C)̃1] = '\0';
        multiple(A, B, C);
        for (i=0; C[i]=='0'; i++) ;
        for (;C[i] != '\0'; i++)
                printf("%c", C[i]);
        return 0;
    }
```

真题详解 6　某知名互联网公司 iOS 开发实习生笔试题详解

一、单项选择题

1. 答案：C。

分析：选项 A 中代码有错误，首先在数组的定义中，元素必须都是对象，不能是基本类型，否则编译不通过，可以使用字面量的方式将基本数据转换成 NSNumber 对象对数组进行赋值：NSArray *array=@[@1，@2，@3];。此外，后面对数组的访问发生了下标越界，运行时会报错。

选项 B 中有字典的初始化错误，字典中键值对的键和值都不能为 nil，否则运行时会崩溃。

选项 C 中代码不会报错，因为向空对象发送消息是可以的，只不过不会执行任何操作而已，编译时和运行时都不会报错。

选项 D 中字符串截取时下标越界，运行时会崩溃。

所以，本题的答案为 C。

2. 答案：A。

分析：选项 A 中的请求方法是异步的，synchronous 指的是同步的意思。

选项 B 和选项 C 都是异步请求方法，都有异步代理回调。

所以，本题的答案为 A。

3. 答案：D。

分析：选项 A 中的方法是使用 navigationController 来切换视图控制器的，与题意不符，所以不正确。

选项 B 中的语句只是将另一个视图控制器的视图添加到了当前的视图上，而对应的控制器没有切换（应该将另一个视图的控制器也作为子控制器添加到当前控制器上），这会引发异常，因为并没有实现真正的视图控制器切换，所以不正确。

选项 C 中当前 UIViewController 控制器 self 并没有 pushViewController 方法，pushView Controller 是 UINavigationController 的方法，所以不正确。

选项 D 中的方法正确，是一种模态视图切换的方法。

所以，本题的答案为 D。

4．答案：A。

分析：选项 A 说法错误，带尖括号的#import<>是用来引入系统头文件的。

选项 B 说法正确，#import""是用来引入自定义头文件的。

选项 C 说法正确，#import<>和#import""是 iOS 中用来引入头文件的两种方法，前者引入系统头文件，后者引入自定义头文件。

选项 D 说法正确，Objective-C 中的#import 和 C++中的#include 类似，都是引入头文件的，但 Objective-C 中#import 的优势是不会引起重复包含，相当于多了 C/C++中#pragma once 的作用，保证头文件只被编译一次。

所以，本题的答案为 A。

5．答案：D。

分析：选项 A 说法错误，Swift 中 var 是用来定义变量的，变量的内容可以被修改。

选项 B 说法错误，Swift 中 let 是用来定义常量的，常量的内容不可以被修改。

选项 C 说法错误，Swift 中定义的变量对各种字符有很好的包容性，甚至可以使用表情符号和中文字符。

选项 D 说法正确，Swift 是一种安全的语言，对类型检查要求十分严格，不同类型的数据必须显式地进行转换，不能直接隐式地进行类型转换。

所以，本题的答案为 D。

6．答案：B。

分析：本题考查的是二叉树知识。

本题中的二叉树并没有说明到底是一棵什么类型的二叉树（完全二叉树、满二叉树、普通二叉树还是其他二叉树？），所以，其高度存在不确定性。

定义二叉树中的结点总数为 n，当每个结点只有一棵子树的时候，其高度值最大，为 n。当该二叉树为完全二叉树时，其高度值最小，为$\lfloor \log_2 n \rfloor + 1$（其中$\lfloor \ \rfloor$符号表示向下取整），其他情况的二叉树的高度都是介于这两个值之间，即$(\lfloor \log_2 n \rfloor + 1, n)$，不大于最大也不小于最小。

本题中要想求二叉树的最小高度，那么此时该二叉树为完全二叉树，其对应的高度为：$\log_2 360$ 向下取整再加 1 等于 9。所以，选项 B 正确。

所以，本题的答案为 B。

7．答案：D。

分析：本题考查的是 sizeof 以及字符串的存储方式。

sizeof 是 C/C++语言中的关键字，它以字节的形式给出了其操作数的存储大小。

本题中，语句 char str[] = "abcde"在内存中实际存储为一个字符数组：{'a','b','c','d','e','\0'}，最容易忽视的就是字符串末尾的结束符'\0'。同时，需要将 strlen 与 sizeof 进行区别，strlen 执行的是一个计数器的工作，它从内存的某个位置（可以是字符串开头，中间某个位置，甚至是某个不确定的内存区域）开始扫描，直到碰到第一个字符串结束符'\0'为止，然后返回计数器值，很显然，本题中，字符串 str 的 strlen 的值为 5，而字符串 str 的 sizeof 的值为 6，因为除了实际能看到的字符外，数组中还存储了字符串的结束符'\0'，这个结束符也需要占用一个存储空间。因此，选项 D 正确。

所以，本题的答案为 D。

8．答案：B。

分析：本题考查的是二分查找知识。

通常，对一个有序数组进行查找的最好方法为二分查找法。

二分查找的过程如下（假设表中元素是按升序排列）：首先，将表中间位置记录的关键字与查找关键字比较，如果两者值相等，那么查找成功；否则，利用中间位置记录将表分成前、后两个子表，如果中间位置记录的关键字的值大于查找关键字的值，那么进一步查找前一子表，否则，进一步查找后一子表。重复以上过程，直到找到满足条件的记录，使查找成功，或直到子表不存在为止，此时查找不成功。

通过以上的分析可知，二分查找的时间复杂度为 $O(\log_2 n)$。所以，选项 B 正确。

所以，本题的答案为 B。

9．答案：D。

分析：本题考查的是 new 与 delete 的用法。

new 与 delete 是 C++语言中预定的操作符，它们一般需要配套使用。new 用于从堆中申请一块空间，一般用于动态申请内存空间，即根据程序需要，申请一定长度的空间，而 delete 则是将 new 申请的内存空间释放。

具体而言，在使用 new 创建对象的时候，会调用这个对象的构造函数。本题中，语句 A *pa = new A[10]表示创建了 10 个 A 类型的对象，因此，调用了 10 次构造函数，数组一旦创建出来，指针 pa 就指向了数组的首元素，因此，在调用语句 delete pa 的时候，只调用了 A[0]的析构函数，而对后面 9 个对象没有调用析构函数，而这可能会导致内存泄露（内存泄露指的是分配函数动态开辟的空间在使用完毕后未释放，导致一直占据该内存单元，直到程序结束）。正确的调用方法应该是 delete[] pa，此时 10 个对象的析构函数就都会被调用。因此，在使用 new 的时候，必须把 new/delete 和 new[]/delete[]配对使用。所以，选项 D 正确。

所以，本题的答案为 D。

10．答案：B。

分析：本题考查的是头文件的知识。

对于选项 A，对于#include <filename.h>引用形式，编译器先从标准库路径开始搜索，然后再从本地目录搜索。所以，选项 A 错误。

对于选项 B，对于#include "filename.h" 引用形式，编译器先从用户的工作目录开始搜索（用户的工作目录是通过编译器指定的），然后再去系统路径寻找。所以，选项 B 正确。

对于选项 C，在 C/C++语言中，头文件只能存放全局变量的声明，其定义只能放在.c、.cpp文件中。所以，选项 C 错误。

对于选项 D，一般而言，在开发大型项目的时候，会把不同的声明放在不同的头文件中。所以，选项 D 错误。

所以，本题的答案为 B。

二、判断题

1．答案：正确。

分析：从通讯录数据库中查询联系人数据是无法使用 SQL 语句的，只能通过 ABAddress BookCopyArrayOfAllPeople 和 ABAddressBookCopyPeopleWithName 函数获取。

ABAddressBookCopyArrayOfAllPeople 函数用来查询所有的联系人数据。ABAddressBook CopyPeopleWithName 函数是通过人名查询通讯录中的联系人，其中的 name 参数就是查询的前缀关键字。

所以，题目中说法正确。

2．答案：正确。

3．答案：正确。

分析：NSURLConnectionDelegate 协议主要有 4 个常用的代理方法。

（1）connection：didReceiveResponse 在开始接收到服务器的响应时调用。

（2）connection：didReceiveData 在接收到服务器返回的数据时调用，服务器返回的数据比较大时会分多次调用。

（3）connection：DidFinishLoading 在服务器返回的数据接收完毕后调用。

（4）connection：didFailWithError 在请求出错时调用，比如请求超时或请求数据异常等。

所以，题目中说法正确。

三、简答题

1．答案：testObject 是一个指向某个对象的指针，无论何时指针的空间大小都是固定的。

编译时：指针的类型为 NSString，即编译时会被当成一个 NSString 实例来处理，编译器在类型检查的时候，如果发现类型不匹配，那么会给出黄色警告，该语句给指针赋值用的是一个 NSData 对象，因此，编译时会给出类型不匹配警告。但编译时如果 testObject 调用 NSString 的方法，那么编译器会认为是正确的，既不会警告也不会报错。

运行时：运行时指针指向的实际是一个 NSData 对象，因此如果指针调用了 NSString 的方法，那么虽然编译时通过了，但运行时会崩溃，因为 NSData 对象没有该方法；另外，虽然运行时指针实际指向的是 NSData，但编译时编译器并不知道（前面说了编译器会把指针当成 NSString 对象处理），因此如果试图用这个指针调用 NSData 的方法，那么会直接编译不通过，给出红色报错，程序也运行不起来。

下面给出一个测试例子：

```
/*
*1.编译时编译器认为 testObject 是一个 NSString 对象，这里赋给它一个 NSData
*对象编译器给出黄色类型错误警告，但运行时却是指向一个 NSData 对象
*/
NSString* testObject = [[NSData alloc] init];
/*
*2.编译器认为 testObject 是 NSString 对象，所以允许其调用 NSString 的方法，
*这里编译通过无警告和错误
*/
[testObject stringByAppendingString:@"string"];
/* 3.但不允许其调用 NSData 的方法，下面这里编译不通过给出红色报错 */
[testObject base64EncodedDataWithOptions:NSDataBase64Encoding64CharacterLineLength];
```

将上面第三句编译不通过的代码注释掉，然后在第二句打断点，编译后让程序运行起来，

运行到断点处会看到 testObject 指针的类型是_NSZeroData，指向一个 NSData 对象（见图18）。继续运行程序会导致程序崩溃，因为 NSData 对象没有 NSString 的 stringByAppendingString 这个方法。

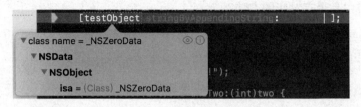

图18　断点查看指针类型

那么，假设 testObject 是 id 类型会怎样呢？看如下代码。

```
/* 1.id 任意类型，编译器就不会把 testObject 在当成 NSString 对象了 */
id testObject = [[NSData alloc] init];
/* 2.调用 NSData 的方法编译通过 */
[testObject base64EncodedDataWithOptions:NSDataBase64Encoding64CharacterLineLength];
/* 3.调用 NSString 的方法编译也通过 */
[testObject stringByAppendingString:@"string"];
```

结果是编译完全通过，编译时编译器把 testObject 指针当成任意类型，运行时才确定 testObject 为 NSData 对象（断点看指针的类型和上面的例子中结果一样还是_NSZeroData，指向一个 NSData 对象），因此执行 NSData 的方法正常，但执行 NSString 的方法时还是崩溃了。通过这个例子也可以很清楚地知道 id 类型的作用了，将类型的确定延迟到了运行时，体现了 Objective-C 语言的一种动态性：动态类型。

引申：动态类型识别方法（面向对象语言的内省 Introspection 特性）。

（1）Class 类型

```
/* 通过类名得到对应的 Class 动态类型 */
Class class = [NSObject class];

/* 通过实例对象得到对应的 Class 动态类型 */
Class class = [obj class];
/* 判断是不是相同类型的实例 */
if([obj1 class] == [obj2 class])
```

（2）Class 动态类型和类名字符串的相互转换

```
/* 由类名字符串得到 Class 动态类型 */
NSClassFromString(@"NSObject");
/* 由类名的动态类型得到类名字符串 */
NSStringFromClass([NSObject class]);
/* 由对象的动态类型得到类名字符串 */
NSStringFromClass([obj class]);
```

（3）判断对象是否属于某种动态类型

```
/* 判断某个对象是否是动态类型 class 的实例或其子类的实例 */
```

```
-(BOOL)isKindOfClass:class
/* 与 isKindOfClass 不同的是，这里只判断某个对象是否是 class 类型的实例，不放宽到其子类 */
-(BOOL)isMemberOfClass:class
```

（4）判断类中是否有对应的方法

```
/* 类中是否有这个类方法 */
-(BOOL)respondsTosSelector:(SEL)selector
/* 类中是否有这个实例方法 */
-(BOOL)instancesRespondToSelector:(SEL)selector
```

上面两个方法都可以通过类名调用，前者判断类中是否有对应的类方法（通过 "+" 修饰定义的方法），后者判断类中是否有对应的实例方法（通过 "-" 修饰定义的方法）。此外，前者 respondsTosSelector 方法还可以被类的实例对象调用，效果等同于直接用类名调用后者 instancesRespondToSelector 方法。例如：假设有一个类 Test，有它的一个实例对象 test，Test 类中定义了一个类方法+(void)classFun;和一个实例方法-(void)objFunc;，那么各种调用情况的结果如下。

```
[Test instancesRespondToSelector:@selector(objFunc)];//YES
[Test instancesRespondToSelector:@selector(classFunc)];//NO

[Test respondsToSelector:@selector(objFunc)];//NO
[Test respondsToSelector:@selector(classFunc)];//YES

[test respondsToSelector:@selector(objFunc)];//YES
[test respondsToSelector:@selector(classFunc)];//NO
```

如果想判断一个类中是否有某个类方法，那么应该使用[4]；如果想判断一个类中是否有某个实例方法，那么可以使用[1]或者[5]。

（5）方法名字符串和 SEL 类型的转换

在编译期，编译器会根据方法的名字和参数序列生成唯一标识该方法的 ID，这个 ID 为 SEL 类型。到了运行时编译器通过 SEL 类型的 ID 来查找对应的方法，方法的名字和参数序列相同，那么它们的 ID 就都是相同的。另外，可以通过@select()指示符获得方法的 ID。常用的方法如下所示。

```
/* 这个注册事件回调时常用，将方法转成 SEL 类型 */
SEL funcID = @select(func);
/* 根据方法名得到方法标识 */
SEL funcID = NSSelectorFromString(@"func");
/* 根据 SEL 类型得到方法名字符串 */
NSString *funcName = NSStringFromSelector(funcID);
```

2. 答案:

两种方式的使用方法如下。

```
/* 1. 根据图片文件名加载，会缓存 */
UIImage *image = [UIImage imageNamed:@"icon"];
```

```
/* 2. 根据文件路径加载，不缓存 */
NSString *filePath = [[NSBundle mainBundle] pathForResource:@"icon" ofType:@"png"];
UIImage *image = [UIImage imageWithContentsOfFile:filePath];
/* 另外对应还有一个等效的实例方法 */
UIImage *image = [[UIImage alloc]initWithContentsOfFile:filePath];
```

两种方式的主要区别是使用 imageNamed 方法会自动缓存新加载的图片并会重复利用缓存的图片，而 imageWithContentsOfFile 直接根据路径加载图片而没有缓存和取缓存的过程。imageNamed 先根据指定的图片资源名称在系统缓冲中搜索图片资源，找到即返回资源，找不到然后才到硬盘等地方重新加载图片资源并缓存。imageWithContentsOfFile 和 imageWithData 类似，不会缓存图片，将图片转化成数据对象进行加载。

关于两者的选择主要考虑它们是否缓存，对于那些尺寸较小且反复使用的图片资源一般会选择 imageNamed 方法，利用缓存加快加载速度。同时缓存太多又会占用太多空间，因此对于那些尺寸很大且不常用甚至只用一次的图片，应该选择使用 imageWithContentsOfFile 方法加载，不进行缓存。另外注意 imageWithContentsOfFile 不可以直接加载 Assets.xcassets 图集里的图片，而需要将图片拖入工程目录。

四、编程题

1. 答案：本题可以通过对二叉树进行后序遍历来解决，具体思路如下。

对于当前遍历到的结点 root，假设已经求出在遍历 root 结点前最大的路径和为 max：

（1）求出以 root->left 为起始结点，叶子结点为终结点的最大路径和为 maxLeft；

（2）同理求出以 root->right 为起始结点，叶子结点为终结点的最大路径和 maxRight。

包含 root 结点的最长路径可能包含如下三种情况。

1）leftMax=root->val+maxLeft（右子树最大路径和可能为负）。

2）rightMax=root->val+maxRight（左子树最大路径和可能为负）。

3）allMax=root->val+maxLeft+maxRight（左右子树的最大路径和都不为负）。

因此，包含 root 结点的最大路径和为 tmpMax=max(leftMax,rightMax,allMax)。

在求出包含 root 结点的最大路径后，如果 tmpMax>max，那么更新最大路径和为 tmpMax。

实现代码如下所示：

```
#include <iostream>
using namespace std;
struct TreeNode
{
    int val;
    TreeNode *left;
    TreeNode *right;
    TreeNode(int x) : val(x), left(NULL), right(NULL) {}
};
/*求 a，b，c 的最大值*/
int Max(int a, int b, int c)
{
    int max = a>b ? a : b;
    max = max>c ? max : c;
    return max;
```

```
        }
        /*寻找最长路径*/
        int findMaxPathrecursive(TreeNode* root, int &max)
        {
            if (NULL == root)
            {
                return 0;
            }
            else
            {
                //求左子树以 root->left 为起始结点的最大路径和
                int sumLeft = findMaxPathrecursive(root->left, max);
                //求右子树以 root->right 为起始结点的最大路径和
                int sumRight = findMaxPathrecursive(root->right, max);
                //求以 root 为起始结点，叶子结点为结束结点的最大路径和
                int allMax = root->val + sumLeft + sumRight;
                int leftMax = root->val + sumLeft;
                int rightMax = root->val + sumRight;
                int tmpMax = Max(allMax, leftMax, rightMax);
                if (tmpMax>max)
                        max = tmpMax;
                int subMax = sumLeft > sumRight ? sumLeft : sumRight;
                //返回以 root 为起始结点，叶子结点为结束结点的最大路径和
                return root->val + subMax;
            }
        }
        int findMaxPath(TreeNode* root)
        {
            int max = INT_MIN;
            findMaxPathrecursive(root, max);
            return max;
        }
        int main()
        {
            TreeNode* root = new TreeNode(2);
            TreeNode* left = new TreeNode(3);
            TreeNode* right = new TreeNode(5);
            root->left = left;
            root->right = right;
            cout << findMaxPath(root) << endl;
            return 0;
        }
```

程序的运行结果为：

10

2. 答案：由于链表可以通过指针 p1 来完成顺序遍历，因此，可以先对指针 p1 进行逆序，在逆序的过程中，把指针 p2 的关系记录下来（可以用 map 来记录，key 为当前遍历的结点 p，值为 p->p2），当完成指针 p1 的逆序后，可以通过遍历 map 来对指针 p2 进行逆序，实现代码

如下：

```
#include <iostream>
#include <map>
using namespace std;

struct Node
{
    int data;
    Node* p1;
    Node* p2;
    Node(int d) :data(d), p1(NULL), p2(NULL) {}
};

Node* reverse(Node* pHead)
{
    map<Node*, Node*> p2Relation;
    Node* pReversedHead = NULL;
    Node* pNode = pHead;
    Node* pPrev = NULL;
    //翻转 p1
    while (pNode != NULL)
    {
        Node* pNext = pNode->p1;
        if (pNext == NULL)
            pReversedHead = pNode;
        p2Relation.insert(pair <Node*, Node*>(pNode, pNode->p2));
        pNode->p1 = pPrev;
        pPrev = pNode;
        pNode = pNext;
    }
    //翻转 p2
    map<Node*, Node*>::iterator it;
    for (it = p2Relation.begin(); it != p2Relation.end(); ++it)
        it->second->p2 = it->first;
    return pReversedHead;
}

int main()
{
    Node* node1 = new Node(1);
    Node* node2 = new Node(2);
    Node* node3 = new Node(3);
    node1->p1 = node2;
    node2->p1 = node3;
    node1->p2 = node3;
    node3->p2 = node2;
    node2->p2 = node1;
    Node* head = reverse(node1);
    Node* p = head;
```

```
        while (p != NULL)
        {
            cout << p->data << ",p2:" << p->p2->data << "      ";
            p = p->p1;
        }
        p = head;
        while (p != NULL)
        {
            Node* tmp = p;
            p = p->p1;
            delete tmp;
        }
        return 0;
    }
```

程序的运行结果为：

```
3,p2:1    2,p2:3    1,p2:2
```

真题详解 7 某知名科技公司 iOS 研发工程师笔试题详解

一、单项选择题

1．答案：A。

分析：为了避免代理的使用中造成循环引用问题，通常设置代理为弱引用，在 ARC 中使用 weak 来修饰最佳，MRC 下可以使用 assign 修饰表示弱引用。

所以，本题的答案为 A。

2．答案：D。

分析：开始 str 创建并持有引用计数为 1；然后 retain 一次引用计数变为 2；之后被数组引用，引用计数再次加 1 变为 3，此时第一次打印结果为 3；之后 retain 一次，release 两次，引用计数减 1 变为 2，此时第二次打印结果为 2；最后数组清空，数组内的所有元素引用计数减 1，str 的引用计数变为 1，然后第三次打印结果为 1。

这里要注意，此处的 NSString 对象是使用 stringWithFormat 动态方法创建的，由此，它被创建在堆上，在 MRC 下需要由开发者手动管理内存。如果是用静态方法创建，例如：NSString *str = @"test";，此时 str 是创建在常量内存区的不可变字符串，那么不能由开发者手动管理内存，而是由系统来管理内存，常会进行字符串的内存优化，这种情况下 str 的引用计数始终为不变值-1。

所以，本题的答案为 A。

3．答案：A。

分析：Objective-C 是可以将变量和方法隐藏在.m 文件中实现私有化的，因此还是认为 Objective-C 有私有方法和私有变量的。只不过 Objective-C 是动态语言，没有绝对的私有，私有的方法和变量都可以利用 Objective-C 的 runtime 特性进行暴力访问。

所以，本题的答案为 A。

4. 答案：C。

分析：在 iOS 开发中开发者是可以创建多个 UIWindow 的，例如可以自己创建一个 UIWindow 来实现悬浮窗组件，但是同时只有一个 UIWindow 可以接收到键盘输入等事件，这个 UIWindow 就是 keyWindow，默认根视图容器所在的 UIWindow 是 keyWindow，所以选项 C 是正确的，其他的选项说法都有误。

所以，本题的答案为 C。

5. 答案：B。

分析：本题考查的是对 NSString 字符串的等同性判断。

选项 A 明显错误，因为使用了赋值符号，所以不能判断字符串的等同性。

选项 B 中的用法正确，isEqualToString 是 Objective-C 中专门用来判断字符串是否相同的，如果字符串内容相同，那么返回 true，如果字符串内容不同，那么返回 false。

选项 C 错误，与操作并不能判断字符串等同性。

选项 D 方法也错误，只比较了字符串长度是否相同，不能判断内容是否相同。

此外，使用 if(str1 == str2) xxx;来比较 str1 和 str2 也是不行的，这种方法比较的是 str1 和 str2 的指针是否相同，而不是字符串内容是否相同。指针不同，字符串的内容不一定不同。

所以，本题的答案为 B。

6. 答案：B。

分析：本题考查的是二叉树知识。

二叉树有如下性质：对于一棵非空的二叉树，度为 0 的结点（即叶子结点）总是比度为 2 的结点多一个，即如果叶子结点（度为 0 的结点）数为 n0，度数为 2 的结点数为 n2，那么有 n0=n2+1。

对于本题而言，假设度为 i 的结点的个数为 ni，则 n0=n2+1，所以，n0+n1+n2=n0+n1+n0-1=699，可以得到：n0=(700-n1)/2，显然，n1 只能是个偶数。由于在完全二叉树中，度为 1 的结点只有 0 个或 1 个两种情况，因此，n1=0，n0=350。所以，叶子结点个数为 350。所以，选项 B 正确。

所以，本题的答案为 B。

7. 答案：A。

分析：本题考查的是内存对齐的知识。

内存对齐的细节和编译器实现相关，但一般而言，满足以下三个准则。

（1）结构体变量的首地址能够被其最宽基本类型成员的大小所整除。

（2）结构体中的每个成员相对于结构体首地址的偏移量（Offset）都是成员大小的整数倍，如果有需要，那么编译器会在成员之间加上填充字节。

（3）结构体的总大小为结构体中最宽基本类型成员大小的整数倍，如果有需要，那么编译器会在最末一个成员之后加上填充字节。

对于本题而言，这个结构体在内存中所占的空间如图 19 所示。

其中，id 占用 2B，为了字节对齐，接下来的两个字节为填充的空白，value 占用 4B，timestamp 占用 8B，调用 memcpy 函数后，id 被初始化为 0001，两字节的填充地址也被初始化为 0001。而 value 与 timestamp 所占的内存被初始化为 0。因此，只有 id 的值为 1，value 与 timestamp 的值都为 0。

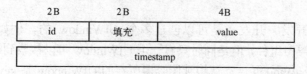

图 19 结构体在内存中所占空间

为了验证以上分析，在 Visual Studio 2010 下运行上述代码，其结果为"1, 0, 0"，与选项 A 符合，所以，选项 A 正确。

所以，本题的答案为 A。

8．答案：D。

分析：本题考查的是指针与取地址符的知识。

(a+1)其实就是指 a[1]，输出为 2。问题关键在于第二个点，即(ptr-1)的输出结果。

&a+1 不是首地址+1，系统会认为加了整个 a 数组——偏移了整个数组 a 的大小（即 4 个 int 的大小）。所以，语句"int *ptr=(int *)(&a+1);"执行完后，ptr 实际是&(a[4])，即 a+4。&a 是数组指针，其类型为 int(*)[4]，而指针加 1 要根据指针类型加上一定的值，不同类型的指针加 1 之后增加的大小不同，a 是长度为 4 的 int 数组指针，所以，要加 4*sizeof(int)，ptr 实际是 a[4]，但是 ptr 与(&a+1)的类型是不一样的，这点非常重要，故 ptr-1 只会减去 sizeof(int)。a 与&a 的地址相同，但意思有所不同，a 是数组首地址，即 a[0]的地址，&a 是对象（数组）首地址，a+1 是数组下一元素的地址，即 a[1]，&a+1 是下一个对象的地址，即 a[4]。

a 既是数组名，又是指向数组第一个元素的指针。

sizeof(a)=16，此时，a 的类型为 int[4]数组。

sizeof(*a)=4，*a 等价于 a[0]，a[0]的数据类型为 int，占用 4B。

(a+1)中把 a 当作一个指针，a+1=a+sizeof(int)，a+1 指向 a 的下一个整型地址，即&a[1]。因此，(a+1)=*(&a[1])=a[1]=2。

(&a+1)先取变量 a 的地址，并根据 a 的地址获得下一个与 a 同类型的相邻地址。根据前面所述内容可知，a 的类型为 int[4]数组。

&a+1=&a+sizeof(4*int)，因此，&a+1 指向的地址为&a[4]（数组 a[4]的下一个地址）。

(int*)(&a+1)表示的是把这个相邻地址显式类型转换为 int 类型的地址，由于 int*ptr=(int*)(&a+1)，因此，ptr 指向&a[4]，并且 ptr 是一个 int 类型的指针。

ptr-1=ptr-sizeof(int)，故 ptr-1 指向&a[3]。因此，*(ptr-1)的值即为 a[3]=4。

所以，本题的答案为 D。

9．答案：D。

分析：本题考查的是移位运算符相关知识。

函数的返回值与传递的参数无关。本题中，语句 1<<5 相当于执行了 2^5，值为 32，所以，最终的结果为 32-1=31，所以，选项 D 正确。

所以，本题的答案为 D。

10．答案：D。

分析：本题考查的是 C++中模板的知识。

MSDN 中对模板的定义如下：

```
template<class RanIt>        void sort(RanIt first, RanIt last);
template<class RanIt, class Pred>        void sort(RanIt first, RanIt last, Pred pr);
```

模板函数格式是先声明模板类型，然后才能使用。

格式是"template<class T1, class T2, …>返回值函数名（参数列表）"，从模板函数的格式可以看出，只有选项 D 的写法满足这个格式，所以，选项 D 正确。

所以，本题的答案为 D。

11．答案：A。

分析：本题考查的是指针的知识。

本题中，对于赋值语句 const int i = 0，i 表示的是一个常量，因此，对常量 i 的值进行修改是不被允许的（如 i=1 是不允许的），但是可以通过获取 i 的指针来修改 i 的值，即用这个指针来修改 i 的值。对于赋值语句 int *j = (int *)&i，它表示的是获取到 i 的地址给变量 j，然后执行*j=1 操作，通过该语句，实际上间接地修改了常量 i 的值。由于 i 是个常量，通常编译器在优化阶段都会把所有出现 i 的地方替换为 0，因此，语句 printf("%d, %d", i, *j)实际上等价于 printf("%d, %d", 0, *j)，所以，输出结果为 0,1，所以，选项 A 正确。

所以，本题的答案为 A。

12．答案：D。

分析：本题考查的是字符串的知识。

本题中，char *myString 函数中没有使用 new 或者 malloc 分配内存，所以 buffer 数组的内存区域在栈区，随着 char *myString 函数的结束，栈区内存被自动释放，字符数组也就不存在了，所以，此时会产生野指针，输出结果未知。buffer 的内存位于 myString 函数的调用栈中，函数调用结束后栈空间已经释放，打印输出已释放的栈空间，结果未知，所以，选项 D 正确。

所以，本题的答案为 D。

二、判断题

1．答案：正确。

分析：NSURLConnectionDelegate 协议主要有 4 个常用的代理方法。

（1）connection：didReceiveResponse：在开始接收到服务器的响应时调用。

（2）connection：didReceiveData：在接收到服务器返回的数据时调用，服务器返回的数据比较大时会分多次调用。

（3）connection：DidFinishLoading：在服务器返回的数据完全接收完毕后调用。

（4）connection：didFailWithError：在请求出错时调用，比如请求超时或请求数据异常等。

所以，题目中的说法正确。

2．答案：正确。

3．答案：正确。

4．答案：正确。

三、简答题

1．答案：iOS 中的响应者链是用于确定事件响应者的一种机制，其中的事件主要指的是触摸事件（Touch Event），该机制和 UIKit 中的 UIResponder 类紧密相关。响应触摸事件的控件都是屏幕上的界面元素，而且必须是继承自 UIResponder 类的界面类（包括各种常见的视图类及其视图控制器类，例如：UIView 和 UIViewController）才可以响应触摸事件。

一个事件响应者的完成主要经过两个过程：hitTest 方法命中视图和响应者链确定响应者。hitTest 方法首先从顶部 UIApplication 往下调用（从父类到子类），直到找到命中者，然后从命中者视图沿着响应者链往上传递寻找真正的响应者。

如图 20 所示的视图节点树形结构，最顶部是一个 UIWindow 窗口，其下对应一个唯一的根视图，根视图上可以不断叠加嵌套各种子视图，构成一棵树。需要注意的是，父节点里面嵌套着子节点，即子节点的 frame 包含在父节点的 frame 内，但是子节点不一定是父节点的子类，它们是组合关系而非继承关系。

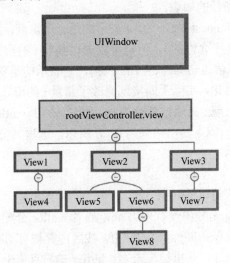

图 20　视图节点树形结构

上面的视图树从屏幕视角看上去可能是如图 21 所示的层次结构。

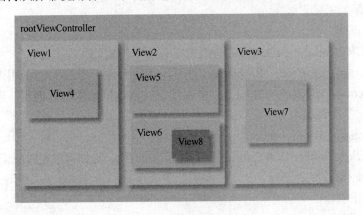

图 21　视图屏幕效果

（1）命中测试 hitTest

命中测试主要会用到视图类的 hitTest 函数和 pointInside 函数，其中，前者用于递归寻找命中者，后者则是检测当前视图是否被命中，即触摸点坐标是否在视图内部。当触摸事件发生后，系统会将触摸事件以 UIEvent 的方式加入到 UIApplication 的事件队列中，UIApplication 将事件分发给根部的 UIWindow 去处理，UIWindow 则开始调用 hitTest 方法进行迭代命中检测。

命中检测具体迭代的过程为：如果触摸点在当前视图内，那么递归对当前视图内部所有的子视图进行命中检测，如果不在当前视图内，那么返回 NO 停止迭代，这样最终会确定屏幕上最顶部命中的视图元素，即命中者。

（2）响应者链

通过命中测试找到命中者后，任务并没有完成，因为最终的命中者不一定是事件的响应者。所谓的响应就是开发中为事件绑定的一个触发函数，事件发生后执行响应函数里的代码，例如通过 addTarget 方法为按钮的单击事件绑定响应函数，在按钮被单击后能及时执行想要执行的任务。

一个继承自 UIResponder 的视图要想能响应事件，还需要满足如下一些条件。

（1）必须要有对应的视图控制器，因为按照 MVC 模式响应函数的逻辑代码要写在控制器内；另外 userInteractionEnabled 属性必须设置为 YES，否则会忽视事件不响应。

（2）hidden 属性必须设置为 NO，隐藏的视图不可以响应事件，类似的 alpha 透明度属性的值不能过低，低于 0.01 接近透明也会影响响应。

（3）最后要注意的是要保证树状结构的正确性，子节点的 frame 一定都要在父节点的 frame 内。

响应者链的结构和上面的树结构是对应的，是命中者节点所在的树的一条路径（加上视图节点对应的视图控制器），命中者的下一个响应者是它的视图控制器（如果存在的话），如果命中者不满足条件则不能响应当前事件，那么此时会沿着响应者链往上寻找，看父节点能否响应，直到完成事件的响应。如果到了响应者链的顶端 UIWindow 事件依然没有被响应，那么将事件交给 UIApplication 结束响应循环，在这种情况下这个事件就没有实质的响应动作发生。响应链过程如图 22 所示。

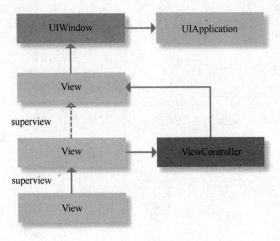

图 22　响应链过程示意图

2. 数组或字典如果通过 addObject 方法添加 nil，那么程序会崩溃，但通过 initWithObjects

方法来初始化的时候，参数中的 nil 会被编译器过滤掉，因此初始化后的数组或字典中是不包含 nil 的，因此不会影响程序的执行。另外，如果使用糖衣语法来初始化数组或字典，那么也不可以有 nil，此时 nil 不会被过滤掉从而导致程序崩溃。

```
/* 1.糖衣语法 */
NSArray *array = @[@1, @2, @3, nil]; // 错误，不可有 nil，会编译不通过：void*不是 Objective-C 对象

NSDictionary *dic = @{
                    @"KEY":@"VALUE",
                    @"KEY1":@"VALUE1",
                    @"KEY2":nil
                     }; // 语法就是错误的，编译不通过
/* 2.原用法 */
NSMutableArray *mulArray = [[NSMutableArray alloc] initWithObjects:@1, @2, @3, nil]; // 正确
NSMutableDictionary *mulDic = [[NSMutableDictionary alloc] initWithObjectsAndKeys:
                    @"VALUE", @"KEY",
                    @"VALUE1", @"KEY1", nil]; // 正确
/* 下面添加 nil 都会编译警告，运行起来会崩溃 */
[mulArray addObject:nil];
[mulDic setObject:nil forKey:@"KEY2"];
```

四、编程题

1. 答案：本题不仅要实现队列常见的入队列与出队列的功能，还需要实现队列中任意一个元素都可以随时出队列，且出队列后需要更新队列用户位置的变化。

下面给出一个简单的实现方法作为参考。

```cpp
#include <iostream>
#include <list>
#include <string>
using namespace std;

class User
{
private:
    int id;                              //唯一标识一个用户
    string name;
    int seq;
public:
    User(int id, string name, int seq = 0)
    {
        this->id = id;
        this->name = name;
        this->seq = 0;
    }

    string getName()
    {
        return name;
    }
```

```
        void setName(string name)
        {
                this->name = name;
        }

        int getSeq()
        {
                return seq;
        }

        void setSeq(int seq)
        {
                this->seq = seq;
        }

        int getId()
        {
                return id;
        }

        bool operator==(const User &u1)const
        {
                return (id == u1.id);
        }
};

class MyQueue
{
private:
        list<User> userList;
public:
        //进入队列尾部
        void enQueue(User u)
        {
                u.setSeq(userList.size() + 1);
                userList.push_back(u);
        }
        //对头出队列
        void deQueue()
        {
                userList.pop_front();
                updateSeq();
        }
        //队列中的人随机离开
        void deQueue(User& u)
        {
                userList.remove(u);
                updateSeq();
        }
```

```
                   //出队列后更新队列中每个人的序列
                   void updateSeq()
                   {
                        int i = 1;
                        list<User>::iterator iter;
                        for (iter = userList.begin(); iter != userList.end(); ++iter)
                        {
                             iter->setSeq(i);
                             i++;
                        }
                   }
                   //打印队列的信息
                   void printList()
                   {
                        list<User>::iterator iter;
                        for (iter = userList.begin(); iter != userList.end(); ++iter)
                             cout << "id:" << iter->getId() << "   name:" << iter->getName() << "   seq:" << iter
-> getSeq() << endl;
                   }
              };

              int main()
              {
              User u1(1, "user1");
              User u2(2, "user2");
              User u3(3, "user3");
              User u4(4, "user4");
              MyQueue queue;
              queue.enQueue(u1);
              queue.enQueue(u2);
              queue.enQueue(u3);
              queue.enQueue(u4);
              queue.deQueue();                            //对首元素 u1 出队列
              queue.deQueue(u3);                          //队列中间的元素 u3 出队列
              queue.printList();
              return 0;
              }
```

程序的运行结果为：

```
     id:2   name:user2   seq:1
     id:4   name:user4   seq:2
```

2．答案：本题最简单的方法就是先对集合 A 和集合 B 进行排序，然后分别遍历两个集合：从下标为 0 开始遍历，如果 A[i]==B[j]，那么说明 A[i]是它们的交集，然后执行 i++、j++操作，继续遍历后面的元素；否则，找出它们中较小的元素对应的数组并向后移动下标继续比较，直到遍历完至少一个集合为止，此时就可以得到这两个集合的交集。

实现代码如下：

```
#include <iostream>
#include <algorithm>
using namespace std;
int CMP(const void *x, const void *y)
{
    return *((int*)x) - *((int*)y);
}

void getIntersection(int* A, int len1, int* B, int len2)
{
    //对两个数组排序
    qsort(A, len1, sizeof(int), CMP);
    qsort(B, len2, sizeof(int), CMP);
    int i = 0;
    int j = 0;
    while (i<len1 && j<len2)
    {
        //相等说明是交集，输出
        if (A[i] == B[j])
        {
            cout << A[i] << " ";
            i++;
            j++;
        }
        else if (A[i]>B[j])
            j++;
        else
            i++;
    }
}
int main()
{
    int A[] = { 2, 9, 10, 8, 5, 99 };
    int B[] = { 5, 9, 82, 5 };
    getIntersection(A, 6, B, 4);
    return 0;
}
```

程序的运行结果为：

5 9

这段代码直接把它们的交集输出到了控制台上，当然也可以根据需求把交集存储到一个容器中。由于这个方法需要对数组进行排序，因此当采用最好的排序算法时，这个算法的时间复杂度为 $O(n\log_2 n)$。

很显然，上述方法简单可行，但并非是最优算法。为了提高算法的性能，本题还可以采用"以空间换时间"的方法。由于篇幅有限，下面只给出这种方法的思路：遍历两个数组中数组元素个数少的那个数组，将遍历得到的元素存放到散列表中，然后，遍历另外一个数组，同时对建立的散列表进行查询，如果存在，那么为交集元素。

真题详解 8 某知名互联网公司 iOS 高级开发工程师笔试题详解

一、单项选择题

1．答案：D。

分析：本题考查的是编译原理的知识。

正则表达式又称正规表示法、常规表示法（Regular Expression，在代码中常简写为 regex、regexp 或 RE），它是计算机科学的一个概念。正则表达式使用单个字符串来描述、匹配一系列符合某个句法规则的字符串。

表 6 列出了所有元字符及其相应描述。

表 6　元字符及其描述

元字符	描　　述
\	将下一个字符标记为一个特殊字符/一个原义字符/一个向后引用/一个八进制转义符。例如，"\\n" 匹配\n。"\n" 匹配换行符。序列 "\\\\" 匹配 "\\"，而 "\\(" 则匹配 "("
^	匹配输入字符串的开始位置。如果设置了 RegExp 对象的 Multiline 属性，那么^也匹配 "\n" 或 "\r" 之后的位置
$	匹配输入字符串的结束位置。如果设置了 RegExp 对象的 Multiline 属性，那么$也匹配 "\n" 或 "\r" 之前的位置
*	匹配前面的子表达式零次或多次（大于等于 0 次）。例如，zo*能匹配 "z" "zo" 以及 "zoo"。*等价于{0,}
+	匹配前面的子表达式一次或多次（大于等于 1 次）。例如，"zo+" 能匹配 "zo" 以及 "zoo"，但不能匹配 "z"。+等价于{1,}
?	匹配前面的子表达式零次或一次。例如，"do(es)?" 可以匹配 "do" 或 "does" 中的 "do"。?等价于{0,1}
{n}	n 是一个非负整数。匹配确定的 n 次。例如，"o{2}" 不能匹配 "Bob" 中的 "o"，但是能匹配 "food" 中的两个 "o"
{n,}	n 是一个非负整数。至少匹配 n 次。例如，"o{2,}" 不能匹配 "Bob" 中的 "o"，但能匹配 "foooood" 中的所有 "o"，"o{1,}" 等价于 "o+"。"o{0,}" 则等价于 "o*"
{n,m}	m 和 n 均为非负整数，其中 n≤m。最少匹配 n 次且最多匹配 m 次。例如，"o{1,3}" 将匹配 "foooood" 中的前三个 o。"o{0,1}" 等价于 "o?"。请注意，在逗号和两个数之间不能有空格
?	当该字符紧跟在任何一个其他限制符（*，+，?，{n}，{n,}，{n,m}）后面时，匹配模式是非贪婪的。非贪婪模式尽可能少地匹配所搜索的字符串，默认的贪婪模式则尽可能多地匹配所搜索的字符串。例如，对于字符串 "oooo"，"o+?" 将匹配单个 "o"，而 "o+" 将匹配所有 "o"
.	匹配除 "\r\n" 之外的任何单个字符。要匹配包括 "\r\n" 在内的任何字符，请使用像 "[\s\S]" 的模式
(pattern)	匹配 pattern 并获取这一匹配。所取得的匹配可以从产生的 Matches 集合得到，在 VBScript 中使用 SubMatches 集合，在 JavaScript 中则使用$0…$9 属性。要匹配圆括号字符，请使用 "\(" 或 "\)"
(?:pattern)	匹配 pattern 但不获取匹配结果，也就是说，这是一个非获取匹配，不进行存储供以后使用。这在使用或字符 "(|)" 来组合一个模式的各个部分是很有用的。例如，"industr(?:y|ies)" 就是一个比 "industry|industries" 更简略的表达式
(?=pattern)	正向肯定预查，在任何匹配 pattern 的字符串开始处匹配查找字符串。这是一个非获取匹配，也就是说，该匹配不需要获取供以后使用。例如，"Windows(?=95|98|NT|2000)" 能匹配 "Windows2000" 中的 "Windows"，但不能匹配 "Windows3.1" 中的 "Windows"。预查不消耗字符，也就是说，在一个匹配发生后，在最后一次匹配之后立即开始下一次匹配的搜索，而不是从包含预查的字符之后开始

（续）

元字符	描　述
(?!pattern)	正向否定预查，在任何不匹配 pattern 的字符串开始处匹配查找字符串。这是一个非获取匹配，也就是说，该匹配不需要获取供以后使用。例如"Windows(?!95|98|NT|2000)"能匹配"Windows3.1"中的"Windows"，但不能匹配"Windows2000"中的"Windows"
(?<=pattern)	反向肯定预查，与正向肯定预查类似，只是方向相反。例如，"(?<=95|98|NT|2000)Windows"能匹配"2000Windows"中的"Windows"，但不能匹配"3.1Windows"中的"Windows"
(?<!pattern)	反向否定预查，与正向否定预查类似，只是方向相反。例如，"(?<!95|98|NT|2000)Windows"能匹配"3.1Windows"中的"Windows"，但不能匹配"2000Windows"中的"Windows"
x|y	匹配 x 或 y。例如，"z|food"能匹配"z"或"food"。"(z|f)ood"则匹配"zood"或"food"
[xyz]	字符集合。匹配所包含的任意一个字符。例如，"[abc]"可以匹配"plain"中的"a"
[^xyz]	负值字符集合。匹配未包含的任意字符。例如，"[^abc]"可以匹配"plain"中的"plin"
[a-z]	字符范围。匹配指定范围内的任意字符。例如，"[a-z]"可以匹配"a"～"z"内的任意小写字母字符。注意：只有连字符在字符组内部时，并且出现在两个字符之间时，才能表示字符的范围；如果出现在字符组的开头，那么只能表示连字符本身
[^a-z]	负值字符范围。匹配任何不在指定范围内的任意字符。例如，"[^a-z]"可以匹配任何不在"a"～"z"内的任意字符
\b	匹配一个单词边界，也就是指单词和空格间的位置。例如，"er\b"可以匹配"never"中的"er"，但不能匹配"verb"中的"er"
\B	匹配非单词边界。"er\B"能匹配"verb"中的"er"，但不能匹配"never"中的"er"
\cx	匹配由 x 指明的控制字符。例如，\cM 匹配一个 Control-M 或回车符。x 的值必须为 A～Z 或 a～z 之一。否则，将 c 视为一个原义的"c"字符
\d	匹配一个数字字符，等价于[0-9]
\D	匹配一个非数字字符，等价于[^0-9]
\f	匹配一个换页符，等价于\x0c 和\cL
\n	匹配一个换行符，等价于\x0a 和\cJ
\r	匹配一个回车符，等价于\x0d 和\cM
\s	匹配任何空白字符，包括空格、制表符、换页符等。等价于[\f\n\r\t\v]
\S	匹配任何非空白字符，等价于[^ \f\n\r\t\v]
\t	匹配一个制表符，等价于\x09 和\cI
\v	匹配一个垂直制表符，等价于\x0b 和\cK
\w	匹配包括下画线的任何单词字符。类似但不等价于"[A-Za-z0-9_]"，这里的"单词"字符使用 Unicode 字符集
\W	匹配任何非单词字符，等价于"[^A-Za-z0-9_]"
\xn	匹配 n，其中 n 为十六进制转义值。十六进制转义值必须为确定的两个数字长。例如，"\x41"匹配"A"。"\x041"则等价于"\x04&1"。正则表达式中可以使用 ASCII 编码
\num	匹配 num，其中 num 是一个正整数。对所获取的匹配的引用。例如，"(.)\1"匹配两个连续的相同字符
\n	标识一个八进制转义值或一个向后引用。如果\n 之前至少 n 个获取的子表达式，那么 n 为向后引用；否则，如果 n 为八进制数字（0～7），那么 n 为一个八进制转义值
\nm	标识一个八进制转义值或一个向后引用。如果\nm 之前至少有 nm 个获得子表达式，那么 nm 为向后引用。如果\nm 之前至少有 n 个获取，那么 n 为一个后跟文字 m 的向后引用。如果前面的条件都不满足，若 n 和 m 均为八进制数字（0～7），则\nm 将匹配八进制转义值 nm
\nml	如果 n 为八进制数字（0～7），且 m 和 l 均为八进制数字（0～7），那么匹配八进制转义值 nml

（续）

元字符	描　　述
\un	匹配 n，其中 n 是一个用 4 个十六进制数字表示的 Unicode 字符。例如，\u00A9 匹配版权符号（©）
\\< \\>	匹配词（word）的开始（\\<）和结束（\\>）。例如，正则表达式\\<the\\>能够匹配字符串 "for the wise" 中的 "the"，但是不能匹配字符串 "otherwise" 中的 "the"。注意：这个元字符不是所有软件都支持的
\\(\\)	将 \\(和 \\) 之间的表达式定义为"组"（group），并且将匹配这个表达式的字符保存到一个临时区域（一个正则表达式中最多可以保存 9 个），它们可以用 \1～\9 的符号来引用
|	将两个匹配条件进行逻辑"或"（Or）运算。例如，正则表达式(him|her) 匹配"it belongs to him"和"it belongs to her"，但是不能匹配"it belongs to them."。注意：这个元字符不是所有软件都支持的
+	匹配 1 或多个正好在它之前的那个字符。例如，正则表达式 9+匹配 9、99、999 等。注意：这个元字符不是所有软件都支持的
?	匹配 0 或 1 个正好在它之前的那个字符。注意：这个元字符不是所有软件都支持的
{i} {i,j}	匹配指定数目的字符，这些字符是在它之前的表达式定义的。例如，正则表达式 A[0-9]{3} 能够匹配字符"A"后面跟着正好 3 个数字字符的串，如 A123、A348 等，但是不匹配 A1234。而正则表达式[0-9]{4,6} 匹配连续的任意 4 个、5 个或 6 个数字

根据以上描述可知，本题中的正则表达式表示的是无符号数集合。

对于选项 A 和选项 B，在正则表达式 number -> digits optionalFraction optionlExponent 中，只匹配 digits 即可，optionalFraction 和 optionlExponent 都匹配ε即可。所以，选项 A 与选项 B 都是正确的。

对于选项 C，在正则表达式 number -> digits optionalFraction optionlExponent 中，只匹配 digits 和 optionalFraction，digits 匹配为 2；optionalFraction ->.digits|ε匹配.digits，这个 digits 匹配为 0。所以，选项 C 正确。

对于选项 D，字符 E 后面必须要跟一个 digits 才可以，即 E 不可能为结束字符。所以，选项 D 不正确。

所以，本题的答案为 D。

2．答案：A。

分析：本题考查的是编译原理的知识。

语法分析是根据某种给定的形式文法对由单词序列（如英语单词序列）构成的输入文本进行分析，并确定其语法结构的一种过程。语法分析器（Parser）通常作为编译器或解释器的组件出现，作用是进行语法检查并构建由输入的单词组成的数据结构（一般是语法分析树、抽象语法树等层次化的数据结构）。语法分析器通常使用一个独立的词法分析器从输入字符流中分离出一个个的"单词"，并将单词流作为其输入。实际开发中，语法分析器可以手工编写，也可以使用工具（半）自动生成。

通常，语法分析器主要可以通过以下两种方式完成。

（1）自顶向下分析：根据形式语法规则，在语法分析树的自顶向下展开中搜索输入符号串可能的最左推导。单词按从左到右的顺序依次使用。

（2）自底向上分析：语法分析器从现有的输入符号串开始，尝试将其根据给定的形式语法规则进行改写，最终改写为语法的起始符号。

通过以上的分析可知，语法分析器可以用于识别语法错误。所以，选项 A 正确。

语义分析是编译过程的一个逻辑阶段，语义分析的任务是对结构上正确的源程序进行上下文有关性质的审查以及进行类型审查，语义分析是审查源程序有无语义错误，为代码生成阶段收集类型信息。所以，对于语义相关的处理都是由语义分析阶段实现的，而非语法分析阶段，故选项 B、选项 C、选项 D 都是错误的。

所以，本题的答案为 A。

3．答案：D。

分析：本题考查的是计算机网络与通信的知识。

IPv6（Internet Protocol Version 6）是互联网工程任务组（Internet Engineering Task Force，IETF）设计的用于替代现行版本 IP（IPv4）的下一代 IP。它由 128 位二进制数码表示，以 16 位为一组，每组以冒号 ":" 隔开，可以分为 8 组，每组以 4 位十六进制方式表示，一个十六进制相当于 4 个二进制，即 16 位二进制数表示。例如，2001:0db8:85a3:08d3:1319:8a2e:0370:7344 就是一个合法的 IPv6 地址。所以，选项 D 正确。

所以，本题的答案为 D。

4．答案：C。

分析：本题考查的是计算机网络与通信的知识。

传输控制协议（Transmission Control Protocol，TCP）是一种面向连接的、可靠的、基于字节流的传输层通信协议，由 IETF 的 RFC 793 定义。它本身是可靠的，但并不等于应用程序使用 TCP 发送数据就一定是可靠的。

在阻塞模式下，send 函数的过程是将应用程序请求发送的数据复制到发送缓存中发送，并得到确认后再返回，但由于发送缓存的存在，如果发送缓存大小比请求发送的大小要大，那么 send 函数立即返回，同时向网络中发送数据；否则，send 函数向网络发送缓存中不能容纳的那部分数据，并等待接收端确认后再返回（接收端只要将数据收到接收缓存中，就会确认，并不一定要等待应用程序调用 recv 函数）。

在非阻塞模式下，send 函数的过程仅仅是将数据复制到协议栈的缓存区而已，如果缓存区可用空间不够，那么尽量复制，返回成功复制的大小；如果缓存区可用空间为 0，那么返回 -1，同时设置 errno 的值为 EAGAIN。如果 recv 函数在等待协议接收数据时网络中断了，那么它返回 0。

默认情况下，socket 是阻塞的。阻塞与非阻塞 recv 函数的返回值没有区分，返回值小于 0 表示出错，返回值等于 0 表示连接关闭，返回值大于 0 表示接收到数据大小。

为了更好地说明该过程，下面将对 socket 中的 send 函数和 recv 函数进行详细讲解。

（1）send 函数

send 函数的原型为 int send（SOCKET s, const char FAR *buf, int len, int flags）。函数的第一个参数指定发送端套接字描述符，第二个参数指明一个存放应用程序要发送数据的缓冲区，第三个参数指明实际要发送的数据的字节数，第四个参数一般置 0。

无论是客户端应用程序还是服务器端应用程序，它们都使用 send 函数来向 TCP 连接的另一端发送数据。区别仅在于客户端应用程序使用 send 函数向服务器发送请求，服务器端应用程序则用 send 函数来向客户程序发送应答。

以下是同步 socket 的 send 函数的执行流程。当调用该函数时，具体步骤如下。

1）send 函数先比较待发送数据的长度 len 和套接字 s 的发送缓冲区的长度，如果 len 大于 s 的发送缓冲区的长度，那么该函数返回 SOCKET_ERROR。

2）如果 len 小于或者等于 s 的发送缓冲区的长度，那么 send 函数首先检查协议是否正在发送套接字 s 的发送缓冲中的数据，如果是，那么就等待协议把数据发送完；如果协议还没有开始发送套接字 s 的发送缓冲中的数据或者套接字 s 的发送缓冲区中没有数据，那么 send 函数就比较套接字 s 的发送缓冲区的剩余空间和 len 的大小。

3）如果发送数据的长度 len 大于剩余空间大小，那么 send 函数就一直等待协议把套接字 s 的发送缓冲中的数据发送完。

4）如果发送数据的长度 len 小于剩余空间大小，那么 send 函数就仅仅把缓冲区 buf 中的数据复制到剩余空间里（注意：并不是 send 函数把套接字 s 的发送缓冲中的数据传到连接的另一端的，而是协议传的，send 函数仅仅是把缓冲区 buf 中的数据复制到套接字 s 的发送缓冲区 buf 的剩余空间里）。

如果 send 函数复制数据成功，那么 send 函数就返回实际复制的字节数；如果 send 函数在复制数据时出现错误，那么 send 函数就返回 SOCKET_ERROR；如果 send 函数在等待协议传送数据时网络断开，那么 send 函数也返回 SOCKET_ERROR。

需要注意的是，当 send 函数把缓冲区 buf 中的数据成功复制到套接字 s 的发送缓冲区的剩余空间里后，它就返回了，但是此时这些数据并不一定马上被传到接收端。如果协议在后续的传送过程中出现网络错误，那么下一个 socket 函数就会返回 SOCKET_ERROR（每一个除 send 函数外的 socket 函数在执行的最开始总要先等待套接字的发送缓冲区的数据被协议传送完毕才能继续，如果在等待时出现网络错误，那么该 socket 函数就返回 SOCKET_ERROR）。

注意：在 Unix 系统下，如果 send 函数在等待协议传送数据时网络断开，那么调用 send 函数的进程会接收到一个 SIGPIPE 信号，进程对该信号的默认处理是进程终止。

通过测试发现，异步 socket 的 send 函数在网络刚刚断开时还能发送返回相应的字节数，同时使用 select 检测也是可写的，但是过几秒钟之后，再 send 就会出错了，返回-1，select 也不能检测出可写了。

（2）recv 函数

recv 函数的原型为 int recv（SOCKET s, char FAR *buf, int len, int flags），该函数的第一个参数指定接收端套接字描述符，第二个参数指明一个缓冲区，该缓冲区用来存放 recv 函数接收到的数据，第三个参数指明 buf 的长度，第四个参数一般置 0。

无论是客户端应用程序还是服务器端应用程序，它们都使用 recv 函数从 TCP 连接的另一端接收数据。以下只描述同步 socket 的 recv 函数的执行流程。当应用程序调用 recv 函数时，具体步骤如下。

1）recv 函数先等待 s 的发送缓冲中的数据被协议传送完毕，如果协议在传送 s 的发送缓冲中的数据时出现网络错误，那么 recv 函数返回 SOCKET_ERROR。

2）如果 s 的发送缓冲中没有数据或者数据被协议成功发送完毕，那么 recv 函数先检查套接字 s 的接收缓冲区；如果 s 接收缓冲区中没有数据或者协议正在接收数据，那么 recv 函数就一直等待，直到协议把数据接收完毕。当协议把数据接收完毕时，recv 函数就把 s 的接收缓冲中的数据复制到 buf 中（注意：协议接收到的数据可能大于 buf 的长度，所以，在这种情况下，要调用几次 recv 函数才能把 s 的接收缓冲中的数据复制完。recv 函数仅仅是复制数据，真正的接收数据是协议来完成的）。

事实上，recv 函数返回其实际复制的字节数。如果 recv 函数在复制时出错，那么它返回

SOCKET_ERROR；如果 recv 函数在等待协议接收数据时网络中断了，那么它返回 0。

注意：在 Unix 系统下，如果 recv 函数在等待协议接收数据时网络中断了，那么调用 recv 函数的进程就会接收到一个 SIGPIPE 信号，进程对该信号的默认处理是进程终止。

所以，本题的答案为 C。

5．答案：D。

分析：本题考查的是操作系统中内核对象的知识。

一个内核对象就是在系统堆中占据一块空间的结构体。不同种类的内核对象用来管理操作系统中不同的资源，如进程、线程、文件等。所有内核对象都会保存该对象的引用计数，进程对象会保存进程 ID，文件对象会保存当前字节偏移量、共享模式、打开模式等。操作系统中所有内核对象都是保存在一块内存空间中的，系统上所有的进程共享这一块内存空间。

每个进程中访问临界资源的那段程序称为临界区（临界资源是一次仅允许一个进程使用的共享资源）。每次只允许一个进程进入临界区，进入后不允许其他进程进入。

互斥对象是一种最简单的内核对象，用它可以方便地实现对某一资源的互斥访问。临界区并不是内核对象，而是系统提供的一种数据结构，程序中可以声明一个该类型变量，之后用它来实现对资源的互斥访问。当希望访问某一临界资源时，先将该临界区加锁（如果临界区不空闲，那么等待），用完该资源后，将临界区释放。

所以，本题的答案为 D。

6．答案：B。

分析：本题考查的是线程的知识。

进程是资源分配的基本单位；线程是系统调度的基本单位。

开发人员平时编写的程序都是作为进程运行的，进程可以看作一系列线程和资源的统称，一个进程至少包括一个线程（主线程，进入 main 函数时产生的），在进程中可以创建其他线程，也可以不创建。

线程共享的环境包括进程代码段、进程的公有数据（利用这些共享的数据，线程很容易实现相互之间的通信）、堆中的数据、进程打开的文件描述符、信号的处理器、进程的当前目录以及进程用户 ID 与进程组 ID。

进程拥有许多共性的同时，还拥有自己的个性。有了这些个性，线程才能实现并发性。这些个性包括线程 ID、寄存器组的值、线程的栈、错误返回码、线程的信号屏蔽码和线程的优先级。

（1）线程 ID

每个线程都有自己的线程 ID，这个 ID 在本进程中是唯一的。进程以此来标识线程。

（2）寄存器组的值

由于线程间是并发运行的，每个线程都有自己不同的运行环境，当从一个线程切换到另一个线程上时，必须将原有线程的寄存器集合的状态予以保存，以便将来该线程重启时能得以恢复。

（3）线程的栈

栈是保证线程独立运行所必需的。线程函数可以调用函数，而被调用函数中又是可以层层嵌套的，所以，线程必须拥有自己的函数栈，使得函数调用可以正常执行，不受其他线程的影响。

（4）错误返回码

由于同一个进程中有很多个线程在同时运行，可能某个线程进行系统调用后设置了 errno 值，而在该线程还没有处理这个错误时，另外一个线程就在此时被调度器调度运行，这样错误值就有可能被修改。因此，不同的线程应该拥有自己的错误返回码变量。

（5）线程的信号屏蔽码

由于每个线程所感兴趣的信号不同，因此，线程的信号屏蔽码应该由线程自己管理。但所有线程都共享同样的信号处理器。

（6）线程的优先级

由于线程需要像进程那样能够被调度，因此就必须要有可供调度使用的参数，这个参数就是线程的优先级。

通过以上分析可知选项 A、选项 C 和选项 D 是错误的。对于数据区而言，线程通常都可以通过公共的数据区进行通信，因此，选项 B 是正确的。

所以，本题的答案为 B。

7．答案：A。

分析：本题考查的是操作系统的知识。

在本题中，首先需要弄清楚一个概念，即什么叫作"页面置换"。在地址映射过程中，如果在页面中发现所要访问的页面不在内存中，那么产生缺页中断。当发生缺页中断时，操作系统必须在内存中选择一个页面将其移出内存，以便为即将调入的页面让出空间。而用来选择淘汰哪一页的规则称为页面置换算法，也称为页面淘汰算法。

先进先出页面淘汰（First In First Out，FIFO）算法在实现时，置换出最早进入内存的页面，即在内存中驻留时间最久的页面。该算法实现简单，只需把调入内存的页面根据先后次序连接成队列，设置一个指针总指向最早进入内存的页面。

本题中，置换过程如下。

（1）访问 1，缺页，调入 1，内存中为 1。

（2）访问 2，缺页，调入 2，内存中为 1，2。

（3）访问 3，缺页，调入 3，内存中为 1，2，3。

（4）访问 4，缺页，调入 4，淘汰 1，内存中为 2，3，4。

（5）访问 1，缺页，调入 1，淘汰 2，内存中为 3，4，1。

（6）访问 2，缺页，调入 2，淘汰 3，内存中为 4，1，2。

（7）访问 5，缺页，调入 5，淘汰 4，内存中为 1，2，5。

（8）访问 1，不缺页，内存中为 1，2，5。

（9）访问 2，不缺页，内存中为 1，2，5。

（10）访问 3，缺页，调入 3，淘汰 1，内存中为 2，5，3。

（11）访问 4，缺页，调入 4，淘汰 2，内存中为 5，3，4。

（12）访问 5，不缺页，内存中为 5，3，4。

（13）访问 6，缺页，调入 6，淘汰 5，内存中为 3，4，6。

所以，一共产生了 10 次缺页，因此，选项 A 正确。

所以，本题的答案为 A。

8．答案：A。

分析：本题考查的是计算机组成原理的知识。

中断是指计算机在执行期间，系统内发生任何非寻常的或非预期的急需处理事件，使得 CPU 暂时中断当前正在执行的程序而转去执行相应的事件处理程序，待处理完毕后又返回原来被中断处继续执行或调度新的进程执行。引起中断发生的事件被称为"中断源"。中断源向 CPU 发出的请求中断处理信号称为"中断请求"，而 CPU 收到中断请求后转到相应的事件处理程序称为"中断响应"。中断是异步过程调用，简而言之，就是打断当前 CPU 正在执行的任务转而执行另一个任务。

中断必须满足以下 4 个基本条件。

（1）一条指令执行结束。

（2）CPU 处于开中断状态。

（3）当前没有发生复位，保持和非屏蔽中断请求。

（4）如果当前执行的指令是开中断指令和中断返回指令，那么它们执行完后再执行一条指令，CPU 才能响应中断请求。

本题中，键盘每按一次键，或鼠标单击一次，都会产生一个中断，称为按键中断，执行中断响应程序，操作系统将按键消息加入消息队列，所以，选项 A 正确，而选项 B、选项 C 和选项 D 都不正确。

所以，本题的答案为 A。

9. 答案：B。

分析：本题考查的是操作系统基础知识。

在计算机中，由于程序是顺序执行而不是并发执行，因此本题中，程序 A 不能在程序 B 使用设备时去使用 CPU，也就是说，只有等到程序 A 执行完毕了，程序 B 才会被开始执行。

单独来看，程序 A 单独执行需要的总时间为 10s+5s+5s+10s+10s=40s，程序 B 单独执行需要的总时间为 10s+10s+5s+5s+10s=40s，所以，二者单独运行需要的总时间为 80s。

对于程序 A 而言，CPU 时间为 10s+5s+10s=25s；对于程序 B 而言，CPU 时间为 10s+5s=15s，CPU 时间综合为 25s+15s=40s，由此可知，CPU 的利用率为 40s/80s=50%，所以，选项 B 正确。

所以，本题的答案为 B。

10. 答案：C。

分析：本题考查的是 fork 函数的使用。

要弄明白本题的输出结果，就必须清楚 fork 函数的运行机理。

fork 函数是 Unix 操作系统下以自身进程创建子进程的系统调用，通过系统调用创建一个与原来进程几乎完全相同的进程，一个是子进程，另一个是父进程，该子进程拥有与父进程相同的堆栈空间，也就是说，两个进程可以做完全相同的事，可以理解为它们俩是双胞胎兄弟，但如果初始参数或者传入的变量不同，那么两个进程也可以做不同的事。在 fork 函数的调用处，整个父进程空间会按原样复制到子进程中，包括指令、变量值、程序调用栈、环境变量、缓冲区等。

fork 函数的一个奇妙之处就是它仅仅被调用一次，却能够返回两次，它可能有三种不同的返回值。

（1）在父进程中，fork 函数返回新创建子进程的进程 ID。

（2）在子进程中，fork 函数返回 0。

（3）如果出现错误，那么 fork 函数返回一个负值。

所以，可以通过 fork 函数的返回值来判断当前进程是子进程还是父进程。

当 printf 函数遇到了换行符"\n"或是 EOF、缓冲区满、文件描述符关闭、主动 flush、程序退出等情况时，它会刷新缓冲区。对于本题而言，printf("-\n")中有换行，因此会马上输出而不会缓存，所以，此时会打印 6 个 "-"，即选项 C 正确。

执行过程如图 23 所示。

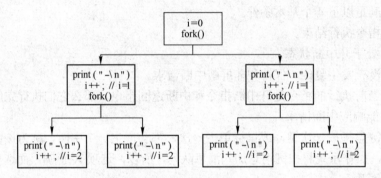

图 23　本题执行过程

如果将上述代码中的 printf("-\n")语句改为 printf("-")语句，那么结果就大相径庭了。由于 printf("-")语句有缓冲区，因此，printf("-")把字符 "-" 放到缓存中，并没有真正地输出，在执行 fork 函数时，缓存被复制到子进程空间，所以，输出 "-" 的个数就变为 8 个，比 6 个多 2 个。

所以，本题的答案为 C。

如果将 printf()和 fork()这两句顺序调换，那么结果会怎样？

对于 printf("-")的情况，由于 "-" 在缓冲区中没有实际输出，因此，printf 函数和 fork 函数的顺序调换没有影响，都是 8 个。

对于 printf("-\n")的情况，因为有实际输出调换顺序 printf()在前，所以，fork 函数在后输出为 3 个 "-"。

11．答案：A。

分析：本题考查的是操作系统基础知识。

对于选项 A，可抢占式调度会导致系统的开销更大。可抢占式（Preemptive）调度保证在任何时刻具有最高优先级的进程占有处理机运行，因此，该方式增加了处理机调度的时间，同时需要为退出的进程保留现场，为获取到处理机的进程恢复现场，因此开销比较大。非抢占式（Nonpreemptive）调度是一种让进程运行直到结束或阻塞的调度方式（容易实现，适合专用系统，不适合通用系统），所以，选项 A 不正确。

对于选项 B，在内核中，对于每个进程都有一个文件描述符表，表示这个进程打开的所有文件。文件描述符表中的每一项都是一个指针，指向一个用于描述所打开文件的数据块——file 对象。file 对象中描述了文件的打开模式、读写位置等重要信息，当进程打开一个文件时，内核就会创建一个新的 file 对象。需要注意的是，file 对象不是专属于某个进程的，不同进程的文件描述符表中的指针可以指向相同的 file 对象，从而共享这个打开的文件。file 对象有引用计数，记录了引用这个对象的文件描述符个数，只有当引用计数为 0 时，内核才销毁 file 对象，因此，某个进程关闭文件，不会影响与之共享同一个 file 对象的进程，所以，选项 B 正确。

对于选项 C，只读存储器（Read Only Memory，ROM）和随机存取存储器（Random Access Memory，RAM）指的都是半导体存储器，ROM 在系统停止供电时仍然可以保持数据，而 RAM 通常都是在掉电之后就丢失数据，典型的 RAM 就是计算机的内存。磁盘是一种类似磁带的计算机的外部存储器，它将圆形的磁性盘片装在一个方的密封盒子里。固态硬盘（Solid State Drives，SSD）是用固态电子存储芯片阵列而制成的硬盘，由控制单元和存储单元（FLASH 芯片、DRAM 芯片）组成。ROM、RAM、磁盘、SSD 都是存储设备，其中，访问速度最快的是 RAM，访问速度最慢的是磁盘，CPU 的高速缓存一般是由 RAM 组成的，所以，选项 C 正确。

对于选项 D，如果系统中存在多个进程，它们中的每一个进程都占用了某种资源而又都在等待其中另一个进程所占用的资源，那么这种等待永远都不能结束，就称系统出现了"死锁"，所以，选项 D 正确。

所以，本题的答案为 A。

12. 答案：A、D。

分析：本题考查的是 Linux 操作系统的知识。

对于选项 A，信号机制是进程之间相互传递消息的一种方法。信号的全称为"软中断信号"或"软中断"，其实质和使用类似于中断。当线性访问内存非法时，会产生非法内存访问的信号，当前线程会进入信号处理函数，所以，选项 A 正确。

对于选项 B，可以使用 mv 命令在相同的文件系统或文件系统之间移动文件。不管是在一个文件系统中工作，还是跨文件系统工作，mv 命令把文件复制到目标处并删除原文件。mv 命令在新文件中保存最新数据修改的时间、最新访问时间、用户标识、组标识和原始文件的文件方式。对于符号链路，mv 命令仅保存该链路本身的所有者和组。所以，文件的修改时间是不会变化的，所以，选项 B 不正确。

对于选项 C，ulimit 是一种 Linux 操作系统的内建功能，它具有一套参数集，用于为由它生成的 shell 进程及其子进程的资源使用设置限制，它是一种简单并且有效实现资源限制的方式。ulimit 用于限制 shell 启动进程所占用的资源，支持以下各种类型的限制：所创建的内核文件的大小、进程数据块的大小、shell 进程创建文件的大小、内存锁住的大小、常驻内存集的大小、打开文件描述符的数量、分配堆栈的最大空间、CPU 时间、单个用户的最大线程数和 shell 进程所能使用的最大虚拟内存。同时，它支持硬资源和软资源的限制。ulimit 命令的格式为：ulimit [options] [limit]，.-c 设置的是 core 文件的最大值，而不是函数调用栈的大小，所以，选项 C 不正确。

对于选项 D，malloc 函数的原型为：void *malloc(int size)，用于向系统申请分配指定 size 个字节的内存空间。返回类型是 void* 类型。void* 表示未确定类型的指针，所以，选项 D 正确。

所以，本题的答案为 A、D。

13. 答案：D。

分析：苹果官方文档中推荐开发者使用 copy 来修饰 Block，原因是可以将 Block 从栈上移到堆上方便管理。另外在 ARC 下开发者也可以使用 strong 来修饰 Block，但系统还是会自动完成 Block 的 copy 操作，和用 copy 修饰效果无异。所以 ARC 下还是推荐直接使用 copy 语义来修饰 Block，以免造成误解。

所以，本题的答案为 D。

14．答案：C。

分析：imageNamed 方法会自动缓存新加载的图片并会重复利用缓存的图片。imageNamed 方法创建 UIImage 对象时，先根据指定的图片资源名称在系统缓冲中搜索图片资源，找到即返回资源；如果找不到，会到硬盘等地方重新加载图片资源并缓存到内存中，缓存后不会再释放。所以 imageNamed 方法实际上实现了一种图片加载的缓存优化。但使用中也要注意，由于缓存到内存中后就不再释放，所以会很耗费内存，因此应该只将频繁使用的且图片尺寸较小的图片通过 imageNamed 方法加载并缓存，对于大尺寸的图片还是应该使用普通的 init 方法或者 imageWithContentsOfFile 方法加载图片，而不进行缓存。

所以，本题的答案为 C。

15．答案：C。

分析：内省 Introspection 特性是体现 Objective-C 动态性的一个方面，主要用于动态地识别对象的类型，包括 Class 类型的获取、Class 类型和类名字符串的互相转换、判断对象是否属于某种动态类型和判断类中是否有对应的方法等。

选项 A 和 D 中的方法是 NSObject 的内省方法，且都是用来判断对象是否属于某种动态类型的。两者区别是：isKindOfClass 是判断某个对象是否是动态类型 class 的实例或其子类的实例，而 isMemberOfClass 只判断某个对象是否是 class 类型的实例，不放宽到其子类。

选项 B 中的 responsenToSelector 方法也是 NSObject 的一种内省方法，它是用来判断类中是否有对应的类方法的。此外还有一个 instancesRespondToSelector 方法是用来判断类中是否有对应的实例方法的。

选项 C 中的方法明显不是 NSObject 的内省方法，而是初始化实例对象的方法。

所以，本题的答案为 C。

二、判断题

1．答案：正确。

2．答案：正确。

分析：NSURLConnectionDelegate 协议主要有 4 个常用的代理方法。

（1）connection：didReceiveResponse：会在开始接收到服务器的响应时调用。

（2）connection：didReceiveData：在接收到服务器返回的数据时调用，服务器返回的数据比较大时会分多次调用。

（3）connection：DidFinishLoading：在服务器返回的数据完全接收完毕后调用。

（4）connection：didFailWithError：在请求出错时调用，比如请求超时或请求数据异常等。

所以，题目中说法正确。

3．答案：正确。

三、简答题

1．答案：Objective-C 中类别特性的作用如下所示。

（1）可以将类的实现分散到多个不同文件或多个不同框架中（扩充新的方法）。

（2）可以创建对私有方法的前向引用。

（3）可以向对象添加非正式协议。

Objective-C 中类别特性的局限性如下。

（1）类别只能向原类中添加新的方法，且只能添加而不能删除或修改原方法，不能向原类中添加新的属性。

（2）类别向原类中添加的方法是全局有效的而且优先级最高，如果新添加的方法和原类的方法重名，那么会无条件地覆盖原来的方法，这会造成难以发现的潜在危险，因此使用类别添加方法一定要保证是单纯地添加新方法，从而避免覆盖原来的方法（可以通过添加该类别的方法前缀来防止冲突）。例如，在多人协作开发的过程中，如果团队中有一个成员在不知情的情况下使用类别把其他人写的原类中的方法覆盖了，那么这会使得项目在运行时出现意想不到的问题，并且这类问题是非常难以定位的。

2．答案：instancetype 和 id 都可以用来代表任意类型，将对象类型的确定往后推迟，用于体现 Objective-C 语言的动态性，使其声明的对象具有运行时的特性。

它们的区别是：instancetype 只能作为返回值类型，但在编译期 instancetype 会进行类型检测，因此对于所有返回类的实例的类方法或实例方法，建议返回值类型全部使用 instancetype 而不是 id；id 类型既可以作为返回值类型，也可以作为参数类型，也可以作为变量的类型，但 id 类型在编译期不会进行类型检测。

四、编程题

1．答案：下面重点介绍进制之间的转换。

进位计数制是一种计数的方法，习惯上最常用的是十进制计数法。十进制数的每位数可以用下列 10 个数码之一来表示：0、1、2、3、4、5、6、7、8、9。十进制数的基数为 10，基数表示进位制所具有的数码的个数。

十进制数的计数规则是"逢十进一"，也就是说，每位累计不能超过 9，计满 10 就应向高位进 1。

一般而言，任意一个十进制数 N，可以用位置计数法表示如下：

$$(N)_{10} = (a_{n-1}a_{n-2}\cdots a_1a_0a_{-1}a_{-2}\cdots a_{-m})_{10}$$

也可以用按权展开式表示如下：

$$(N)_{10} = a_{n-1} \times 10^{n-1} + a_{n-2} \times 10^{n-2} + \cdots + a_1 \times 10^1 + a_0 \times 10^0 + a_{-1} \times 10^{-1} + a_{-2} \times 10^{-2} + \cdots + a_{-m} \times 10^{-m}$$

式中，a_i 表示各个数字符号为 0～9 这 10 个数值中的任意一个；n 为整数部分的位数，m 为小数部分的位数；10^i 为该位数字的权。例如，$(1234.56)_{10} = 1 \times 10^3 + 2 \times 10^2 + 3 \times 10^1 + 4 \times 10^0 + 5 \times 10^{-1} + 6 \times 10^{-2}$。

有了上面的基础，讲解十进制数与二进制数中的转换就容易多了。通常，考虑到小数点后的数与小数点前的数的性质不同，在进行十进制数转换成二进制数操作时，需要分成整数部分转换和小数部分转换两部分内容分别执行，下面分别介绍它们转换的方法。

（1）整数部分转换

对于被转换的十进制数的整数部分，应不断除以基数 2，并记下余数，直到商为 0 为止。以十进制数 117 为例，$(N)_{10} = (117)_{10}$。

117 / 2 = 58   117%2 =1（a0 = 1）   最低整数位

$58 / 2 = 29$ $58 \% 2 = 0$（a1 = 0）

$29 / 2 = 14$ $29 \% 2 = 1$（a2 = 1）

$14 / 2 = 7$ $14 \% 2 = 0$ （a3 = 0）

$7 / 2 = 3$ $7 \% 2 = 1$（a4 = 1）

$3 / 2 = 1$ $3 \% 2 = 1$（a5 = 1）

$1 / 2 = 0$ $1 \% 2 = 1$（a6 = 1）   最高整数位

所以，$(N)_{10} = (1110101)_2$。

注意，对于整数部分的转换，第一次除以 2 所得到的余数是二进制数整数的最低位，最后得到的余数是二进制数整数的最高位。

（2）小数部分转换

对于被转换的十进制数的小数部分则应不断乘以基数 2，并记下其整数部分，直到结果的小数部分为 0 为止。以十进制数 0.8125 为例。

$$(N)_{10} = (0.8125)_{10}$$

$0.8125 \times 2 = 1.625$ （b1 = 1）   最高小数位

$0.625 \times 2 = 1.25$ （b2 = 1）

$0.25 \times 2 = 0.5$ （b3 = 0）

$0.5 \times 2 = 1.0$ （b4 = 1）   最低小数位

所以，$(N)_{10} = (0.1101)_2$。

注意，对于小数部分的转换式，整数不参加连乘，第一次乘以 2 所得到的整数部分是二进制数小数的最高位，最后所得到的整数部分是二进制数小数的最低位。

在十进制的小数部分转换中，有时连续乘以 2 不一定能使小数部分等于 0，这说明该十进制小数不能用有限位二进制小数表示。这时，只要取足够多的位数，使其误差达到所要求的精度就可以了。

其实，十进制数转换成二进制数的这种方法也适用于十进制数转换成其他进制的数，只是基数不再是 2，而是要转换的进制数的基数。下列程序的功能是将一个十进制数转换成三十六进制数，即用十进制数除以基数 36 再取余即可。

示例代码如下：

```cpp
#include<iostream>
using namespace std;
char* tenTo36(int num,char* char36)
{
    int i=0;
    for(;i<4;i++)
        char36[i]='0';
    char36[4] = '\0';
    i = 3;
    while (i >= 0 && num > 0)
    {
        char36[i--] = (num % 36 > 9) ? ('A' + num % 36 - 10) : ('0' + num % 36);
        num /= 36;
    }
```

```
            return char36;
    }
    int main()
    {
        char *char36 = new char[5];
        printf("%s\n", tenTo36(1,char36));
        printf("%s\n", tenTo36(10,char36));
        printf("%s\n", tenTo36(20,char36));
        printf("%s\n", tenTo36(35,char36));
        printf("%s\n", tenTo36(26,char36));
        printf("%s\n", tenTo36(100,char36));
        printf("%s\n", tenTo36(2000,char36));
        delete[] char36;
        return 0;
    }
```

程序的运行结果为:

```
0001
000A
000K
000Z
000Q
002S
01JK
```

2. 答案：这道题主要考查对递归的理解，可以采用递归的方法来实现。当然也可以用非递归的方法来实现，但是与递归方法相比，难度增加了很多。下面分别介绍这两种方法。

（1）递归法

以字符串 abc 为例介绍对字符串进行全排列的方法。

1）先固定第一个字符 a，然后对后面的两个字符进行全排列。

2）交换第一个字符与后面的字符，即交换 a 与 b，然后固定第一个字符 b，并对后面的两个字符 a、c 进行全排列。

3）由于第 2）步交换了字符 a 和字符 b，破坏了字符串原来的顺序，因此，需要再次交换字符 a 和字符 b 使其恢复到原来的顺序，然后交换第一个字符与第三个字符（交换字符 a 和字符 c），接着固定第一个字符 c，对后面的两个字符 a、b 求全排列。

在对字符串求全排列时，可以采用递归的方式，实现方法如图 24 所示。

在使用递归方法求解时，需要注意以下两个问题：①逐渐缩小问题的规模，并且可以用同样的方法来求解子问题；②递归一定要有结束条件，否则会导致程序陷入死循环。本题目递归方法实现代码如下：

```
#include <stdio.h>
#include <stdlib.h>


/*
*函数功能：交换两个指针所指的字符
*输入参数：p1 和 p2 分别为指向字符的指针
```

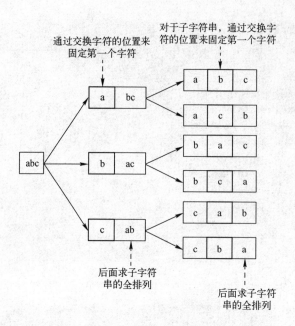

图 24 递归法实现过程

```
*/
void swap(char* p1, char* p2)
{
    char tmp = *p1;
    *p1 = *p2;
    *p2 = tmp;
}
/*
*函数功能：对字符串中的字符进行全排列
*输入参数：str 为待排序的字符串，pStart 为待排序的子字符串
*/
void Permutation(char* str, char* pStart)
{
    if (str == NULL || pStart == NULL)
        return;
    //完成全排列后输出当前排列的字符串
    if (*pStart == '\0')
        printf("%s", str);
    else
    {
        for (char* p = pStart; *p != '\0'; p++)
        {
            //交换第一个字符 pStart 与当前遍历到的字符 p
            swap(pStart, p);
            //固定第一个字符，对剩余的字符进行全排列
            Permutation(str, pStart + 1);
            //还原 pStart 与 p
            swap(pStart, p);
        }
    }
```

```
        }
    }
    int main()
    {
        char str[] = "abc";
        Permutation(str, str);
        return 0;
    }
```

程序的运行结果为:

```
    abc  acb  bac  bca  cba  cab
```

算法性能分析:

假设这个算法需要的基本操作数为 f(n),那么 f(n)=n×f(n-1)=n×(n-1)×f(n-2)…=n!,所以,算法的时间复杂度为 O(n!)。

(2)非递归法

递归法比较符合人的常规思维,因此,算法的思路以及算法实现都比较容易。下面介绍非递归法。算法的主要思想为:从当前字符串出发找出下一个排列(下一个排列为大于当前字符串的最小字符串)。

通过引入一个例子来介绍非递归算法的基本思想:假设要对字符串"12345"进行排序。第一个排列一定是"12345",依此获取下一个排列:"12345"→"12354"→"12435"→"12453"→"12534"→"12543"→"13245"→…。从"12543"→"13245"可以看出找下一个排列的主要思路为:①从右到左找到两个相邻递增的字符,在本例中,"12543"中从右到左找出第一个相邻递增的字符串为"25",记录这个小的字符的下标为 pmin;②找出 pmin 后面比它大的最小的字符进行交换,在本例中 2 后面的字串中比它大的最小的字符为"3",因此,交换"2"和"3"得到字符串"13542";③为了保证下一个排列为大于当前字符串的最小字符串,在第②步中完成交换后需要对 pmin 后的字符串重新组合,使其值最小,只需对 pmin 后面的字符进行逆序即可(因为此时 pmin 后面的子字符串中的字符必定是按照降序排列的,逆序后字符就按照升序排列了),逆序后就能保证当前的组合是新的最小的字符串,在这个例子中,第②步得到的字符串为"13542",pmin 指向字符 '3',对其后面的字符串"542"逆序后得到字符串"13245";④当找不到相邻递增的字符串时,说明找到了所有的组合。

需要注意的是,以上这种方法适用于字符串中的字符是按照升序排列的情况。因此,非递归法的主要思路为:①先对字符串进行排序(按字符进行升序排列);②依次获取当前字符串的下一个组合,直到找不到相邻递增的字串为止,实现代码如下。

```
#include<iostream>
#include<algorithm>
#include<cstring>
using namespace std;
/*
*函数功能:交换两个指针所指的字符
*输入参数:p1 和 p2 分别为指向字符的指针
*/
```

```
void swap(char* p1, char* p2)
{
      char tmp = *p1;
      *p1 = *p2;
      *p2 = tmp;
}
/*
*函数功能：翻转字符串
*输入参数：begin 与 end 分别为字符串的第一个字母与最后一个字母
*/
void Reverse(char* begin, char* end)
{
      while (begin < end)
            swap(*begin++, *end--);
}
/*
*函数功能：比较字符*a 与*b 的大小
*输入参数：a 与 b 分别为两个指向字符的指针
返回值：如果*a>*b，那么返回 1；如果*a<*b，那么返回-1；如果*a=*b，那么返回 0
*/
int cmp(const void *a, const void *b)
{
      return int(*(char *)a - *(char *)b);
}
/*
*函数功能：根据当前字符串获取下一个组合
*输入参数：str（字符数组）
返回值：如果还有下一个组合，那么返回 true，否则返回 false
*/
bool getNextPermutation(char str[])
{
      if (str == NULL || strlen(str) == 1)
            return false;
      char *end = str + strlen(str) - 1;            //指向字符串最后一个字符的指针
      char *cur = end;                              //用来从后向前遍历字符串
      char *suc = NULL;                             //cur 的后继字符
      char *tmp = NULL;
      while (cur != str)
      {   //从后向前开始遍历字符串
            suc = cur;
            cur--;
            //相邻递增的字符，cur 指向较小的字符
            if (*cur < *suc)
            {
                  //找出 cur 后面最小的字符 tmp
                  tmp = end;
                  while (*tmp < *cur)
                        --tmp;
                  //交换 cur 与 tmp
```

```
                        swap(*cur, *tmp);
                        //把 cur 后面的子字符串进行翻转
                        Reverse(suc, end);
                        return true;
                }
            }
        return false;
    }
    /*
    *函数功能：获取字符串中字符的所有组合
    *输入参数：str（字符数组）
    */
    void Permutation(char str[])
    {
        qsort(str, strlen(str), sizeof(char), cmp);          //升序排列字符数组
        do
        {
            printf("%s", str);
        } while (getNextPermutation(str));
    }
    int main()
    {
        char str[] = "abc";
        Permutation(str);
        return 0;
    }
```

程序的运行结果为：

    abc acb bac bca cba cab

算法性能分析：

首先对字符串进行排序的算法时间复杂度为 $O(n^2)$，接着求字符串的全排列，由于长度为 n 的字符串全排列个数为 n!，因此，Permutation 函数中的循环执行的次数为 n!，循环内部调用 getNextPermutation 函数，getNextPermutation 函数的时间复杂度为 $O(n^2)$，所以，求全排列算法的时间复杂度为 $O(n! \times n^2)$。

真题详解 9 某知名搜索引擎公司 iOS 软件开发笔试题详解

一、单项选择题

1. 答案：A。

分析：字符串内如果包含字母等非数字字符，那么会转换失败返回默认的 0，但是如果

仅仅是有空格会忽略掉，那么可以转换成功，也就是说碰到空格会忽略不影响，但碰到其他非数字字符会转换失败返回 0。

所以，本题答案为 A。

2．答案：C。

3．答案：C。

分析：考察 NSString 基本的子串截取知识点，substringToIndex 函数截取的是从字符串开始到某个字符之间的子串，但要注意不包含参数所指定的最后一个截止字符。题目中原字符串第 8 个字符为 "u"，因此从开始字符到 "u" 之间（不包含 "u"）的子串为 "Simple A"。

NSString 字符串截取还有两个方法：substringFromIndex 和 substringWithRange。前者指的是从指定字符（包含该字符）到原字符串结尾之间的子串；后者更灵活，指的是某个范围内的任意子串，从开始字符（包括该字符）开始指定长度的子串。它们的使用方法如下：

```
/* 从第 8 个字符开始（包括该字符）到元字符串结尾的子串 */
NSLog(@"%@",[aa substringFromIndex:8]);
/* 从第 8 个字符开始（包括该字符）的 5 个字符的子串 */
NSLog(@"%@",[aa substringWithRange:NSMakeRange(8, 5)]);
```

打印结果如下：

```
2017-03-14 21:53:31.499206 CommandLine[95665:2873636] udio Engine
2017-03-14 21:53:31.499268 CommandLine[95665:2873636] udio
```

所以，本题答案为 C。

4．答案：A。

分析：考查对 NSArray 数组元素类型的理解。

Objective-C 本身就是一门面向对象的语言，数组 NSArray 是为了存储不同的对象的。NSArray 数组元素的类型都是对象类型，包括子数组对象。NSArray 不能够直接存储整型数据，需要通过 NSNumber 封装成对象后才能存储，例如：int a = 0;NSArray *arr = [NSArray arrayWithObject:[NSNumber numberWithInt:a]];。

所以，本题的答案为 A。

5．答案：A。

分析：考查对 id 类型的理解。

选项 A 中说法正确，id 类型的指针可以指向任何 Objective-C 对象，并且在编译期间不能判断指向的是什么类型，只有在运行时才能够知道指向的对象类型。提高了代码的灵活性。但是开发者必须要谨慎使用 id 类型，如果使用不当，那么会造成程序崩溃。

选项 B 中说法错误，id 并不是一个特定的 ID 类型对象，而是所有对象类的父类。

选项 C 和选项 D 中说法明显错误。

所以，本题的答案为 A。

6．答案：D。

分析：本题考查的是数学知识。

根据题目中的描述，可以画一个表示时针与分针的图例，如图 25 所示。

图 25　时针与分针示例

假设小明开始等待女生的那一时刻时针与分针的夹角为 θ，那么，等到时针与分针正好互换位置时，时针走过了 θ 弧度，而由于分针转动一圈表示的时间为 1h，钟表一圈是一个圆，表示的弧度值为 2π，分针因为要转若干圈才能到达时针的位置，记分钟所转圈数为 n，此时分针转过的角度则为 2πn-θ 弧度。

题目强调，"时间一分一秒地流逝，两个多小时过去了，他心仪的女生还没有出现"，通过这条信息可知，分针转了 2~3 圈，接近 3 圈，此时可知，n 值取 3，所以，时针转过的角度值为 θ，分针转过的角度值为 2π×3-θ=6π-θ。

对于时针而言，2π 代表一圈，即 12h，那么弧度 θ 表示的时间值为 12θ/(2π)h，对于分针而言，2π 代表一圈，即 60min，那么 6π-θ 表示的是 60×(6π-θ)/(2π)min。由于时针走过的时间值与分针走过的时间值所代表的时间量是一个量，故二者是相等的，由此可以构建如下等式关系：

$$(12θ/2π)×60 = 60×(6π-θ)/2π$$

求解上述等式可知，θ=6π/13，即小明等待的时间反映在钟表上为 6π/13 弧度值，所以，小明一共等了 12×(6π/13)/2πh，即 36/13h，合 166min。所以，选项 D 正确。

所以，本题的答案为 D。

7. 答案：A。

分析：本题考查的是逻辑推理的知识。

这是一道富有挑战性的逻辑推理题，主要考察求职者的逻辑思维能力。解题的关键在于通过题中所给条件逐级推理，同时使用推理出的结果作为后续推理的条件，最终解决所有问题。

根据题目中的各类条件，分别对其进行编号：

"学生 B 不是学计算机的" ①

"学计算机的出生在西安" ②

"学生 B 不出生在深圳" ③

"学化学的不出生在武汉" ④

"学生 A 不是学化学的" ⑤

"学计算机的出生在西安" ⑥

根据以上 6 个条件可以进行如下推理。

根据①和②可以推断：学生 B 出生在武汉或深圳。a)

通过 a)和③可以推断：学生 B 出生在武汉。b)

根据①、④和 b)可以推断：学生 B 学的是英语。c)

根据 c)和⑤可以推断：学生 A 学的是计算机。d)

根据 d)和⑥可以推断：学生 A 出生在西安。e)

剩下的就是学生 C 出生在深圳，学的是化学。

所以，最后的结论为：学生 A 出生在西安，学的是计算机；学生 B 出生在武汉，学的是英语；学生 C 出生在深圳，学的是化学。可以将最后的结论带到题目中进行验证。所以，选项 A 正确。

所以，本题的答案为 A。

8. 答案：C。

分析：本题考查的是排列组合的知识。

题目要求两个人抽到的小球颜色相同，而此题有两个关键点需要注意：第一，每个人取的是两个球，而不是一个球，所以，必须要求两个球的颜色一模一样，才能称为小球颜色相同；第二，每种球的数量充足，可以理解为球的数量是无限的，不存在某一种颜色的球被全部取完后面的人无法取到的情况。由于球的颜色有 5 种，根据排列组合原理，在这 5 种情况下取的球的颜色可以分为以下两类情况。

（1）取的两个球的颜色相同（每个人取的球的颜色是相同的），有 5 种情况。

（2）取的两个球的颜色不同，$C_5^2=10$，有 10 种情况。

以上两种情况合计共有 15 种情况。如果前 15 个人取的球的颜色都不相同，那么当第 16 个人取球时，必然会与前面 15 个人中的某一个相同。所以，本题的答案为 16 人。

所以，本题的答案为 C。

9．答案：C。

分析：本题考查的是排列组合的知识。

由题目可知，平面内有 11 个点，如果这些点中任意三个点都没有共线的，那么一共有 C_{11}^2 =55 种情况，但是根据题意，连接成 48 条直线，那么可知，这 11 个点中必定有三点共线以及三点以上共线的，一共 7 种情况（55-48=7）。

而这 7 种三点共线的情况又可以划分为以下多种情况。

（1）假设只有三点共线，令三点共线的直线有 x 条，那么可以组成的直线在 55 的基础上应该减去这种情况的可能性，即 $C_{11}^2-x\times C_3^2+1=48$，3×x=8，由于解算出来的 x 的值不是整数，因此，此种情况不满足条件。

（2）假设只有四点共线，令四点共线的直线有 x 条，那么可以组成的直线在 55 的基础上应该减去这种情况的可能性，即 $C_{11}^2-x\times C_4^2+1=48$，6x=8，由于解算出来的 x 的值不是整数，因此，此种情况不满足条件。

（3）假设只有 n(n>4)点共线，方法同上，也无法满足条件。

（4）若有三点共线及四点共线的两种，令三点共线的直线有 x 条，四点共线的有 y 条，则有 $C_{11}^3-xC_3^2-yC_4^2+x+y=48$，即 2x+5y=7，所以，x=1，y=1。这 11 个点中，必定有一组三点共线，并且还有一组四点共线。由于三点共线、四点共线都不能组成三角形，因此，这 11 个点能组成的三角形的个数为：$C_{11}^3-C_3^3-C_4^3=165-1-4=160$（本题不考虑三角形两边之和大于第三边的要求）。

（5）若有三点共线、四点共线及五点共线的三种，分析方法相同。可知方程无解，超过以上情况的多点共线的情况也不符合题意。

所以，本题的答案为 C。

10．答案：B。

分析：本题考查的是数列的知识。

本题是一个数列找规律的题目，用于考察求职者的逻辑思维能力。

虽然此题中相邻项的商并不是一个常数，但它们是按照一定规律排列的，不难发现，本题中后一项除以前一项的结果构成一个等差数列，公差为 1/2，即除第一项以外的每一项都等于其前一项的值乘以(1+0.5n)，n 的值为从 0 开始的自然数。具体为：8×1=8，8×1.5=12，12×2=

24，24×2.5=60，根据这一规律，60 后面的数的值应为 60×3=180。所以，选项 B 正确。

所以，本题的答案为 B。

11．答案：D。

分析：本题考查的是"&"运算符的知识。

解答本题的关键在于理解 x=x&(x-1)这条语句的作用。"&"是一个二进制的运算符号，表示的是二进制的与操作。二进制与操作具有如下性质：只有当参与运算的两位同时为"1"时，其运算结果才为"1"，否则，其运算结果为 0：0&0=0，0&1=0，1&0=0，1&1=1。例如，十进制数 10，其二进制表示为 1010，当它与十进制数 9（二进制表示为 1001）执行"&"运算时，其结果为 1010 & 1001 = 1000。

对于表达式 x&(x-1)而言，其结果到底是什么呢？x 会不断地与比它小 1 的数进行与运算，每执行一次 x = x&(x-1)操作，会将 x 用二进制表示时最右边的一个 1 变为 0，因为 x-1 的二进制是把 x 的二进制最低位的 1 变成 0。这段代码的目的就是计算 x 的二进制表示中 1 的个数。65530 对应的二进制表示为 1111 1111 1111 1010，对应的二进制中有 14 个 1。所以，选项 D 正确。

所以，本题的答案为 D。

12．答案：B。

分析：本题考查的是排序算法的知识。

读者要想解答出本题，必须对各种排序算法的原理有较为深刻的认识。下面将分别对答案中的这几种排序算法进行介绍与分析。

对于选项 A，选择排序是一种简单直观的排序算法，其基本原理如下：对于给定的一组记录，经过第一轮比较后得到最小的记录，然后将该记录与第一个位置的记录进行交换；接着对不包括第一个记录以外的其他记录进行第二轮比较，得到最小的记录并与第二个记录进行位置交换；重复上述过程，直到进行比较的记录只有一个时为止。

对于选项 B，快速排序是一种非常高效的排序算法，它采用"分而治之"的思想，把大的拆分为小的，小的再拆分为更小的。其原理为：对于一组给定的记录，通过一趟排序后，将原序列分为两部分，其中前部分的所有记录均比后部分的所有记录小，再依次对前后两部分的记录进行快速排序，递归该过程，直到序列中的所有记录均有序为止。

对于选项 C，希尔排序也称为"缩小增量排序"，其原理为：首先，将待排序的元素分成多个子序列，使得每个子序列的元素个数相对较少，对各个子序列分别进行直接插入排序，待整个待排序序列"基本有序后"，再对所有元素进行一次直接插入排序。希尔排序也是形成部分有序的序列。

对于选项 D，归并排序是利用递归与分治技术将数据序列划分成越来越小的子序列（子序列指的是在原来序列中找出一部分组成的序列），再对子序列排序，最后再用递归步骤将排好序的子序列合并成越来越大的有序序列。归并排序会在第一趟结束后，形成若干部分有序的子序列，并且长度递增，直到最后一个有序的完整序列。

在本题中，很容易发现，第一个序列前 4 个数都小于等于 25，而后 5 个数都大于 25，很显然满足快速排序的方法，而且根据以上对各种排序算法的分析可知，选项 B 正确。

所以，本题的答案为 B。

13．答案：B。

分析：本题考查的是二叉树的知识。

本题中的二叉树并没有说明到底是一棵什么类型的二叉树（完全二叉树、满二叉树、普通二叉树，或者其他二叉树），所以，其高度存在不确定性。

定义二叉树中的结点总数为 n，当每个结点只有一棵子树时，其高度值最大（为 n）。当该二叉树为完全二叉树时，其高度值最小，为 $\lfloor \log_2 n \rfloor + 1$（其中 $\lfloor\ \rfloor$ 符号表示取下整），其他情况二叉树的高度都是介于这两个值之间，即 $[\lfloor \log_2 n \rfloor + 1, n]$，不大于最大值也不小于最小值。

本题中要想求二叉树的最小高度，那么此时该二叉树为完全二叉树，其对应的高度为 $\log_2 360$，向下取整再加 1 等于 9。所以，选项 B 正确。

所以，本题的答案为 B。

14．答案：A。

分析：本题考查的是 list 排序的知识。

表 7 首先给出常见的排序算法的性能。

表 7　常见排序算法的性能

排序算法	最好时间	平均时间	最坏时间	辅助存储	稳定性	备 注
简单选择排序	$O(n^2)$	$O(n^2)$	$O(n^2)$	$O(1)$	不稳定	n 小时较好
直接插入排序	$O(n)$	$O(n^2)$	$O(n^2)$	$O(1)$	稳定	大部分已有序时较好
冒泡排序	$O(n)$	$O(n^2)$	$O(n^2)$	$O(1)$	稳定	n 小时较好
希尔排序	$O(n)$	$O(n\log_2 n)$	$O(ns)(1<s<2)$	$O(1)$	不稳定	s 是所选分组
快速排序	$O(n\log_2 n)$	$O(n\log_2 n)$	$O(n^2)$	$O(\log_2 n)$	不稳定	n 大时较好
堆排序	$O(n\log_2 n)$	$O(n\log_2 n)$	$O(n\log_2 n)$	$O(1)$	不稳定	n 大时较好
归并排序	$O(n\log_2 n)$	$O(n\log_2 n)$	$O(n\log_2 n)$	$O(n)$	稳定	n 大时较好

对于选项 A，需要注意的是，在 C++语言中，list 采用的是双向列表来存储的，因此，它比较适合用快速排序（快速排序不需要随机地访问元素）。此时的时间复杂度为 $O(n\log_2 n)$。所以，选项 A 正确。

对于选项 B，冒泡排序也是对数据顺序遍历，不需要随机访问，因此，它也适合对 list 进行排序，但由于算法的时间复杂度为 $O(n^2)$，没有快速排序效率高。所以，选项 B 不正确。

对于选项 C，首先需要弄清楚二分插入排序的基本思想。二分插入排序的基本思想如下：假设列表[0···n]被分成两部分，其中一部分[0···i]为有序序列，另一部分[i+1···n]为无序序列，排序的过程为：从无序序列中取一个数 d，利用二分查找算法找到 d 在有序序列中的插入位置并插入。不断重复上述步骤，直到无序序列中的元素全部插入有序序列，就完成了排序。由此可以看出，二分插入排序需要对列表中的元素进行随机访问，因此，它不适合对 list 进行排序。所以，选项 C 不正确。

对于选项 D，只有当被排序的元素满足某种特定的条件时，线性排序算法才能有较好的性能。由于 list 有非常好的通用性——对任意的数据类型都能排序，因此，线性排序算法不适于对 list 进行排序。所以，选项 D 不正确。

所以，本题的答案为 A。

15．答案：A。

分析：本题考查的是计算机网络与通信的知识。

ping 命令主要是为了检查网络是否通畅，它通过向计算机发送 Internet 控制报文协议（Internet Control Message Protocol，ICMP）应答报文并且监听回应报文的返回，以校验与远程计算机或本地计算机的连接。对于每个发送报文，ping 最多等待 1s，并打印发送和接收报文的数量。比较每个接收报文和发送报文，以校验其有效性。如果能够成功校验 IP 地址，但不能成功校验计算机名，那么说明名称分析存在问题。默认情况下，发送 4 个回应报文，每个报文包含 64B 的数据（周期性的大写字母序列）。

为了更好地说明 ping 的原理与应用，以下是一个完整的 ping 过程。

ping ×××.×××.×××.×××（A 到 B）实际上执行了以下步骤。

（1）A：构建 ICMP 数据包 data，用 ICMP 把 data 连同 A 的 IP 交给 IP 层。

（2）IP 层把 B 的 IP 作为目的地址，把 A 的 IP 作为源地址，加上其他的控制信息构建 IP 数据包。

（3）获取 B 的 MAC 地址，根据 B 的 IP 地址和子网掩码，检测 A 和 B 是否属于同一子网。

1）如果属于同一子网，那么直接在本网络查找。查找本机的 ARP 缓存，找到 B 对应的 MAC 地址，如果缓存中找不到，那么表示二者在此之前没有进行过通信，就发一个 ARP 请求广播，得到 B 的 MAC 地址。

2）如果不属于同一个子网，那么直接交给路由器处理，即获取路由器的 MAC（步骤同上）。

（4）交给数据链路层，构建数据帧，发送 B。

（5）B 收到数据帧后，检测数据帧的目的地址，若不是发给本机的数据帧，则丢弃；若是，则接收，然后提取出 IP 数据包给 IP 层处理，然后提取数据给 ICMP 处理，处理后，构建 ICMP 应答包，发送给 A，过程同上。

通过以上的分析，选项 A 正确。

所以，本题的答案为 A。

二、判断题

1．答案：正确。

2．答案：正确。

3．答案：错误。

分析：在 iOS 应用程序中，main 函数的作用是很小的。它的主要工作是控制 UIKit framework。在 iPhone 的应用程序中，main 函数使用很少，应用程序运行所需的大多数工作由 UIApplicationMain 函数来处理。main 函数只做三件事：创建一个自动释放池、调用 UIApplicationMain 函数、释放自动释放池。

三、简答题

1．答案：在比较类方法和实例方法的区别之前，先要明确 Objective-C 中的类对象和实例对象的概念，开发中定义的类自身也是一个对象，称为类对象，保存该类的成员变量、属性列表和方法列表等。类对象经 alloc 和 init 实例化后成为实例对象。实例对象、类对象和元类的底层结构如图 26 所示。

（1）类方法属于类对象，用"+"号修饰，它类似于 C 语言中的静态方法，类方法列表定义在类对象的元类中，通过 isa 指针可以找到；实例方法属于实例对象，用"-"号修饰，实例方法列表定义在实例对象的类对象中，通过 isa 指针可以找到。

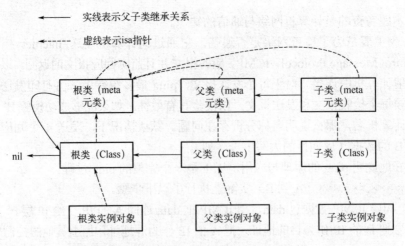

图 26　实例对象、类对象和元类关系结构

（2）类方法只能通过类对象调用，也就是类名直接调用，实例方法则需要由通过 alloc 和 init 方法实例化后的实例对象调用。

（3）类方法中的 self 指的是类对象，实例方法中的 self 指的是实例对象。

（4）类方法可以调用其他的类方法，但不可以直接调用实例方法，而实例方法则既可以调用其他的实例方法，也可以通过类名直接调用本类或者外部类的类方法。

（5）在实例方法中可以访问成员变量，但在类方法中不能访问成员变量。

2．答案：从引用计数的角度来看，强引用会使被引用对象的引用计数加 1，而弱引用不会。强引用对象时，要对引用对象进行 retain 操作（ARC 中编译器自动 retain），引用结束要 release 释放对象，解除对该对象的强引用。当所有的强引用都解除之后，该对象的引用计数就变为 0，对象很快就会被系统销毁掉。

有一个有趣的例子可以形象地表示两者的区别：假设有一只狗，对应被引用的对象，拴着狗的绳子表示的是强引用，牵狗的人可以控制狗，而周围小孩可以用手指着这只狗说："看，有一只狗！"，小孩指着狗可以理解为弱引用。只要至少有一根绳子拴着狗，那么狗就不会跑掉，而如果所有绳子都松开了，那么狗就会跑掉，无论还有多少小孩指着这只狗。

默认的指向对象的指针变量都是 strong 强引用，当两个或多个对象互相强引用的时候就可能出现循环引用的情况，也就是引用成了一个强引用环。例如在 ARC 自动引用计数机制下，循环引用中的所有对象将永远不会被销毁而导致内存泄露，因为引用循环使得里面的对象的引用计数至少为 1（即使应用中的所有其他对象都释放了对环内的这些对象的拥有权）。因此对象之间互相的强引用是要尽可能避免的，使用 weak 修饰的弱引用就是为了打破循环强引用从而避免内存泄露的。

四、编程题

1．答案：如果没有"不允许开辟额外空间"的限制，那么通过开辟一个额外的数组非常容易实现这个函数。实现代码如下：

```
#include<iostream>
using namespace std;
char* formatString(char str[], int length)
```

```
        {
            if (str == NULL || length <= 0)
            {
                cout << "参数错误" << endl;
                return NULL;
            }
            char *newStr = new char[length];
            //去掉字符串前面的空格
            while (*str == ' ')
            {
                str++;
            }
            char *p = newStr;
            while (*str != '\0')
            {
                if ((*str != ' ' || (*str == ' ' && *(str + 1) != '\0' &&   *(str + 1) != ' ')))
                {
                    *p++ = *str++;
                }
                else
                {
                    str++;
                }
            }
            *p = '\0';
            return newStr;
        }
        int main()
        {
            char a[] = " i     am a   little    boy.  ";
            cout << formatString(a, sizeof(a) / sizeof(a[0])) << endl;
            return 0;
        }
```

以上这个方法虽然能实现合并多个空格的功能，但是由于申请了额外的存储空间，因此，并不满足题目的要求，此时就需要另辟蹊径了。

下面介绍另外一种满足题意要求的方法。

由于题目要求不能申请额外的存储空间，因此，只能在原来的字符数组中直接操作，主要的思路如下：定义两个变量，分别为 i 与 newStrIndex，其中，i 表示原字符数组的下标，newStrIndex 表示合并空格后的字符数组的下标，在遍历的过程中，如果发现连续的两个空格，那么通过移动字符的方法把多余的空格给覆盖掉。实现代码如下：

```
#include<stdio.h>
#define TRUE 1
#define FALSE 0
typedef int bool;

void formatString(char str[], int length)
{
```

```
        bool isLastNotSpace = FALSE;
        int newStrIndex = 0;
        int i = 0;
        while (str[i] != '\0')
        {
            //如果当前遍历的字符不是空格，那就是需要保留的字符
            if (str[i] != ' ')
            {
                str[newStrIndex++] = str[i++];
                isLastNotSpace = TRUE;
            }
            //如果遍历得到的此字符是空格
            else
            {
                //前一个遍历的字符不是空格，则这个字符也需要保留
                if (isLastNotSpace)
                {
                    str[newStrIndex++] = str[i++];
                    isLastNotSpace = FALSE;
                }
                //前一个遍历的字符也是空格，则丢掉这个空格字符
                else
                {
                    i++;
                }
            }
        }
        //通过上面的处理，最后一个字符仍然有可能是空格
        if (newStrIndex > 0 && str[newStrIndex - 1] == ' ')
        {
            str[newStrIndex - 1] = '\0';
        }
        else
        {
            str[newStrIndex] = '\0';
        }
    }

    int main(){
        char a[] = " i    am a   little boy.   ";
        formatString(a, sizeof(a) / sizeof(a[0]));
        printf("%s\n",a);
        return 0;
    }
```

程序的运行结果为：

i am a little boy.

2. 答案：本题的实现方法如下。

首先,找到两个结点(node1,node2)的高度差 h;其次,使高度较大的结点(node2)向上遍历 h 步,此时,遍历到的结点 tmp 与结点 node1 有相同的高度;再次,从 tmp 与 node1 开始同时向上遍历,直到碰到相同的结点为止,此时,就找到了离它们最近的共同父结点,实现代码如下:

```cpp
#include<iostream>
using namespace std;
struct TreeNode
{
    TreeNode* left;                    //指向左子树
    TreeNode* right;                   //指向右子树
    TreeNode* father;                  //指向父亲结点
};

//求结点 node 的高度
int getHeight(TreeNode *node)
{
    int h = 0;
    while (node != NULL)
    {
        h++;
        node = node->father;
    }
    return h;
}

TreeNode* LowestCommonAncestor(TreeNode* first, TreeNode* second)
{
    if (first == NULL || second == NULL)
        return NULL;
    int h1 = getHeight(first);
    int h2 = getHeight(second);
    int diff = h1 - h2;
    if (diff < 0)
    {
        while (diff++)
        {
            second = second->father;
        }
    }
    else
    {
        while (diff--)
        {
            first = first->father;
        }
    }
    while (first != second)
    {
```

```
                first = first->father;
                second = second->father;
            }
            return first;
        }
```

分析：在最快的情况下，树中的每个结点都只有一个孩子结点，此时算法的时间复杂度为 O(n)。

引申：如果结点中没有保存父结点的指针，那么如何找到最近的共同父结点？

对于这种情况也有很多种方法，下面只介绍一种结点编号的方法。

根据二叉树的性质，可以把二叉树看作一棵完全二叉树（不管实际的二叉树是否为完全二叉树，二叉树中的结点都可以按照完全二叉树中对结点编号的方式对结点进行编号），图 27 为对二叉树中的结点按照完全二叉树中结点的编号方式进行编号，结点右边的数字为其对应的编号。

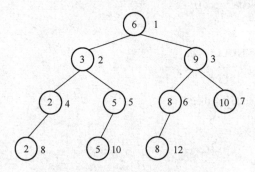

图 27 　完全二叉树结点编号示意图

根据二叉树的性质，一个编号为 n 的结点，其父亲结点的编号为 n/2。假如要求 node1 与 node2 最近的共同父结点，首先，把这棵树看作一棵完全二叉树（不管结点是否存在），分别求得这两个结点的编号 n1 和 n2；其次，每次找出 n1 与 n2 中较大的值除以 2，直到 n1=n2 为止，此时 n1 或 n2 的值对应结点的编号就是它们最近的共同父结点的编号，接着可以根据这个编号信息找到对应的结点。具体方法为：通过观察二叉树中结点的编号可以发现，首先把根结点 root 看作 1，求 root 的左孩子编号的方法为把 root 对应的编号看成二进制，然后向左移一位，末尾补 0，如果是 root 的右孩子，那么末尾补 1，因此，通过结点位置的二进制码就可以确定这个结点。例如，结点 3 的编号为 2（二进制码为 10），它的左孩子的求解方法为：10，向左移一位末尾补 0，可以得到二进制 100（十进制码为 4），位置为 4 的结点的值为 2。从这个特性可以得出通过结点位置信息获取结点的方法，例如，要求位置 4 的结点，4 的二进制码为 100，由于 1 代表根结点，下一个 0 代表左子树 root->lchild，最后一个 0 也表示左子树 root->lchild->lchild，通过这种方法非常容易根据结点的编号找到对应的结点。实现代码如下：

```
    /*
    *函数功能：找出结点在二叉树中的编号
    *输入参数：root（根结点）；node（待查找结点）；number（node 结点在二叉树中的编号）
    *返回值：true（找到该结点的位置），否则返回 false
    */
```

```
bool getNo(PTNode root, PTNode node, int& number)
{
    if (root == NULL)
        return false;
    if (root == node)
        return true;
    int tmp = number;
    number = 2 * tmp;
    //node 结点在 root 的左子树中，左子树编号为当前结点编号的两倍
    if (getNo(root->lchild, node, number))
    {
        return true;
        //node 结点在 root 的右子树中，右子树编号为当前结点编号的两倍加 1
    }
    else
    {
        number = tmp * 2 + 1;
        return getNo(root->rchild, node, number);
    }
    return false;
}
/*
*函数功能：根据结点的编号找出对应的结点
*输入参数：root（根结点）；number（结点的编号）
*返回值：编号为 number 对应的结点
*/
PTNode getNodeFromNum(PTNode root, int number)
{
    if (root == NULL || number<0)
        return NULL;
    if (number == 1)
        return root;
    //结点编号对应二进制的位数（最高位一定为 1，由于根结点代表 1）
    int len = log(number) / log(2);
    //去掉根结点表示的 1
    number -= 1 << len;
    for (len; len>0; len--)
    {
        //如果这一位二进制的值为 1，那么编号为 number 的结点必定在当前结点的右子树上
        if (((1 << (len - 1)) & number) == 1)
            root = root->rchild;
        else
            root = root->lchild;
    }
    return root;
}
/**
*函数功能：查找二叉树中两个结点最近的共同父结点
*输入参数：root（根结点）；node1 与 node2 为二叉树中两个结点
*返回值：node1 与 node2 最近的共同的父结点
```

```
*/
PTNode FindParentNode(PTNode root, PTNode node1, PTNode node2)
{
    int num1 = 1;
    int num2 = 1;
    getNo(root, node1, num1);
    getNo(root, node2, num2);
    //找出编号为 num1 和 num2 的共同父结点
    while (num1 != num2)
    {
        if (num1>num2)
            num1 /= 2;
        else
            num2 /= 2;
    }
    //num1 就是它们最近的公共父结点的编号，通过结点编号找到对应的结点
    return getNodeFromNum(root, num1);
}
```

算法性能分析：这个方法的时间复杂度为 O(n)，空间复杂度为 O(1)。

真题详解 10 某知名游戏公司校招 iOS 工程师笔试题详解

一、不定项选择题

1. 答案：B、D。

分析：本题考查的是对硬链接的理解。

Linux 链接分两种：一种被称为硬链接（Hard Link）；另一种被称为符号链接（Symbolic Link）。

硬链接实际上是为文件新建一个别名，链接文件和原文件实际上是同一个文件，也就是说，硬链接是一个文件的一个或多个文件名。在 Linux 操作系统的文件系统中，每个文件都会有一个编号，被称为索引结点号（Inode Index）。在 Linux 操作系统中，硬链接的实现方式是使多个文件名指向同一索引结点，从而使得一个文件可以拥有多个有效的路径名。硬链接就是让多个不在或者同在一个目录下的文件名，同时能够修改同一个文件，其中一个修改后，所有与其有硬链接的文件都一起被修改了。需要注意的是，硬链接是不能跨文件系统的。

符号链接也叫软链接，它非常类似于 Windows 的快捷方式，是一个特殊的文件。在符号链接中，文件实际上是一个文本文件，其中包含另一文件的位置信息。需要注意的是，符号链接是可以跨文件系统的。

所以，本题的答案为 B、D。

2. 答案：C、D。

分析：本题考查的是对正则表达式的理解。

*表示匹配 0 个或多个，本题中，表达式 A*B 表示先匹配 0 个或多个字符 "A"，然后再

匹配一个字符"B"。所以，选项 C 和选项 D 正确。

对于选项 A，没有字符"B"，因此，无法匹配，所以，选项 A 错误。

对于选项 B，字符"C"是无法匹配的，所以，选项 B 错误。

所以，本题的答案为 C、D。

3．答案：A、B。

分析：本题考查的是对 html 行内元素的理解。

块级元素会独占一行，默认情况下，其宽度自动填满其父元素宽度。行内元素不会独占一行，相邻的行内元素会排列在同一行里，直到一行排不下，才会换行，其宽度随元素的内容而变化。

常见的行内元素有 a（锚点）、abbr（缩写）、acronym（首字）、b（粗体）、big（大字体）、br（换行）、cite（引用）、font（字体设定）、i（斜体）、img（图片）、input（输入框）、kbd（定义键盘文本）、label（表格标签）、q（短引用）、s（删除线）、samp（定义范例计算机代码）、select（项目选择）、small（小字体文本）、span（常用内联容器，定义文本内区块）、strike（删除线）、strong（粗体强调）、sub（下标）、sup（上标）、textarea（多行文本输入框）、tt（电传文本）、u（下画线）和 var（定义变量）。

常见的块级元素有 address（地址）、blockquote（块引用）、center（居中对齐块）、dir（目录列表）、div（图层，常用块级元素，也是 css layout 的主要标签）、dl（定义列表）、fieldset（form 控制组）、form（交互表单）、h1（大标题）、h2（副标题）、h3（3 级标题）、h4（4 级标题）、h5（5 级标题）、h6（6 级标题）、hr（水平分隔线）、isindex（输入提示）、menu（菜单列表）、noframes（frames 可选内容，对于不支持 frame 的浏览器显示此区块内容）、noscript（可选脚本内容，对于不支持 script 的浏览器显示此内容）、ol（排序表单）、p（段落）、pre（格式化文本）、table（表格）及 ul（无序列表）。

本题中，选项 A 与选项 B 中的内容为行内元素，选项 C 与选项 D 为块级元素。

所以，本题的答案为 A、B。

4．答案：A、C。

分析：本题考查的是对数据库索引的理解。

索引是对数据库表中一列或多列的值进行排序的一种结构，使用索引可快速访问数据库表中的特定信息。数据库中索引可以分为两种类型：聚簇索引（聚集索引）和非聚簇索引（非聚集索引）。

聚集索引：表数据按照索引的顺序来存储，也就是说，索引项的顺序与表中记录的物理顺序一致。对于聚集索引，叶子结点即存储了真实的数据行，不再有另外单独的数据页。正因为索引的数据需与数据物理存储的顺序一致，在一张表上最多只能创建一个聚集索引。

非聚集索引：表数据存储顺序与索引顺序无关。对于非聚集索引，叶结点包含索引字段值及指向数据页、数据行的逻辑指针。为了提高索引的性能，一般采用 B 树来实现。

所以，本题的答案为 A、C。

5．答案：B、D。

分析：本题考查的是对 Web 相关知识点的理解。

对于选项 A，静态网站是指全部由 HTML 代码格式页面组成的网站，所有内容包含在网页文件中。静态网站中的网页是固定的，且每个网页都有固定的统一资源定位符（Uniform

Resource Locator，URL），显然，可以通过更改静态网页中的内容来更改网站的内容，所以，选项 A 不正确。

对于选项 B，对于大型的网站而言，为了能够响应大量用户的访问，一般都需要多个 Web 服务器来实现，为了实现负载均衡，需要把不同用户的请求根据特定的策略分配到不同的 Web 服务器上来响应用户请求，例如，内容分发网络（Content Delivery Network，CDN）技术利用全局负载均衡技术将用户的访问指向离用户最近的工作正常的流媒体服务器上，由流媒体服务器直接响应用户的请求，所以，选项 B 正确。

对于选项 C，127.0.0.1 与 localhost 是等价的，可以用来访问本地站点，所以，选项 C 不正确。

对于选项 D，这些都属于 Web 站点入侵方式，所以，选项 D 正确。

所以，本题的答案为 B、D。

6. 答案：A、B、D。

分析：本题考查的是对 Object-C 语言的动态性和多态性两种运行状态时特性（Runtime）的理解。

Objective-C 语言的动态性主要体现在三个方面。1）动态类型（Dynamic Typing）：运行时确定对象的类型；2）动态绑定（Dynamic Binding）：运行时确定对象的调用方法；3）动态加载（Dynamic Loading）：运行时加载需要的资源或者可执行代码。

多态性（Polymorphism）在面向对象语言中指的是同一个接口可以有多种不同的实现方式，Objective-C 中的多态则是不同对象对同一消息的不同响应方式，子类可以通过重写父类的方法来改变对同一消息的响应方式，从而实现多态。另外 C++中的多态主要是通过 virtual 关键字（虚函数、抽象类等）来实现，具体来说指的是允许父类的指针指向子类对象，成为一个更泛化、容纳度更高的指针，这样指针就可以根据实际指向的对象类型来调用相应的对象的方法。

选项 A 中的说法正确，体现了 Objective-C 语言的动态类型特性。

选项 B 中的说法正确，主要体现了 Objective-C 语言的多态性以及动态绑定特性。

选项 C 首先说法错误，A 的实例是在运行时生成的，此外该说法只提到了编译时，跟运行时无关，所以并没有体现 Objective-C 的 runtime 特性。

选项 D 说法正确，描述的是多态性的概念，也属于 Objective-C 运行时特性的描述。

所以，本题的答案为 A、B、D。

7. 答案：A、B、C、D。

8. 答案：A、B、C。

分析：本题考查的是 iOS 中常见的单元测试框架。

选项 A 中的 OCUnit 是官方提供的单元测试框架，之后被最新的 XCTest 所替代。

选项 B 和选项 C 中的两个都是第三方单元测试框架。

选项 D 中的 NSXML 是解析 XML 文件的，不是单元测试框架。

所以，本题的答案为 A、B、C。

二、问答题

1. 答案：在 GCD 中，派发队列（Dispatch Queue）是最重要的概念之一。派发队列是一个对象，它可以接收任务，并将任务以 FIFO 的顺序来执行。派发队列可以是并发的或串行的。

并发队列可以执行多任务，串行队列同一时间只执行单一任务。在 GCD 中，有 3 种类型的派发队列。

（1）串行队列　串行队列中的任务按先后顺序逐个执行，通常用于同步访问一个特定的资源。使用 dispatch_queue_create 函数，可以创建串行队列。

（2）并发队列　在 GCD 中也被称为全局并发队列，它可以并发地执行一个或者多个任务。并发队列有高、中、低、后台 4 个优先级别，默认级别为中级。可以使用 dispatch_get_global_queue(DISPATCH_QUEUE_PRIORITY_DEFAULT,0)函数来获取全局并发队列对象。

串行队列和并发队列的区别在于同步执行和异步执行时的表现，如表 8 所示。

表 8　串行队列和并发队列的执行表现

队　　列	同　步　执　行	异　步　执　行
串行队列	在当前线程中，FIFO 执行	在其他线程，FIFO 执行
并发队列	在当前线程中，FIFO 执行	多条线程，同步执行

（3）主队列　它是一种特殊的串行队列。它在应用程序的主线程中，用于更新 UI。其他的两种队列不能更新 UI。使用 dispatch_get_main_queue 函数，可以获得主队列对象。

2．答案：表格视图（UITableView）主要用来罗列数据项（见图 28），如果数据量很大，那么表格中将需要同样多的 cell 视图来进行显示，而 cell 的大量创建和初始化会增加内存压力，从而影响界面的流畅性，因此对表格视图加载的优化十分重要。UITableView 的滚动优化主要在于以下两个方面。

（1）减少 cellForRowAtIndexPath 代理中的计算量（cell 的内容计算）。

（2）减少 heightForRowAtIndexPath 代理中的计算量（cell 的高度计算）。

减少 cellForRowAtIndexPath 代理中的计算量：

1）先要提前计算每个 cell 中需要的一些基本数据，代理调用的时候直接取出。

2）图片要异步加载，加载完成后再根据 cell 内部 UIImageView 的引用设置图片。

图 28　典型表格视图

3）图片数量多时，图片的尺寸要根据需要提前经过 transform 矩阵变换压缩好（直接设置图片的 contentMode 让其自行压缩仍然会影响滚动效率），必要的时候要准备好预览图和高清图，需要时再加载高清图。

4）图片的"懒加载"方法，即延迟加载，当滚动速度很快时避免频繁请求服务器数据。

5）尽量手动绘制视图提升流畅性，而不是直接子类化 UITableViewCell，然后覆盖 drawRect 方法，因为 cell 中不是只有一个 contentview。绘制 cell 时不建议使用 UIView，建议使用 CALayer。

减少 heightForRowAtIndexPath 代理中的计算量：

1）由于每次 TableView 进行 update 更新都会对每一个 cell 调用 heightForRowAtIndexPath 代理来获取最新的 height，这会大大增加计算时间。如果表格的所有 cell 高度都是固定的，那么可以去掉 heightForRowAtIndexPath 代理，直接设置 TableView 的 rowHeight 属性为固定的高度。

2）如果高度不固定，那么应尽量将 cell 的高度数据计算好并存储起来，代理调用的时候直接取值，即将 height 的计算时间复杂度降低到 O(1)。例如：在异步请求服务器数据时，提前将 cell 高度计算好并作为 dataSource 的一个数据存到数据库供随时取用。

3. 答案：死锁指的是两个或两个以上的进程在执行过程中，由于竞争资源或者彼此通信而造成的一种阻塞现象，如果无外力作用，那么它们都将无法推进下去。此时称系统处于死锁状态或系统产生了死锁，这些永远在互相等待的进程称为"死锁进程"。举一个简单例子加以说明：人多好办事。在程序里面也是如此，所以，如果一个程序需要并行处理多个任务，那么就可以创建多个线程，但是线程多了，往往会产生冲突，当一个线程锁定了一个资源 A，而又想去锁定资源 B，而在另一个线程中，锁定了资源 B，而又想去锁定资源 A 以完成自身的操作，两个线程都想得到对方的资源，且不愿释放自己的资源，造成两个线程都在等待而无法执行，此时就产生了死锁。

产生死锁的原因主要有以下三个：①系统资源不足；②进程运行推进的顺序不合适；③资源分配不当。如果系统资源充足，那么进程的资源请求都能够得到满足，死锁出现的可能性就很低；否则，就会因争夺有限的资源而陷入死锁。此外，进程运行推进顺序与速度不同，也可能产生死锁。

产生死锁的 4 个必要条件：①互斥（资源独占），一个资源每次只能被一个进程使用。②请求与保持（部分分配，占有申请），一个进程在申请新资源的同时保持对原有资源的占有（只有这样才是动态申请、动态分配）。③不可剥夺（不可强占），资源申请者不能强行从资源占有者手中夺取资源，资源只能由占有者自愿释放。④循环等待，若干进程之间形成一种头尾相接的循环等待资源关系。例如，存在一个进程等待队列 {P1, P2, …, Pn}，其中 P1 等待 P2 占有的资源，P2 等待 P3 占有的资源……Pn 等待 P1 占有的资源，形成一个进程等待环路。以上 4 个条件是死锁的必要条件，只要系统发生死锁，这些条件必然成立，而只要上述条件之一不满足，就不会发生死锁。

预防死锁的方法是通过设置某些限制条件，去破坏产生死锁的 4 个必要条件中的一个或者几个。预防死锁是一种较易实现的方法，已被广泛使用。但是由于所施加的限制条件往往太严格，可能会导致系统资源利用率和系统吞吐量降低。

避免死锁采用的方法是允许前三个条件存在，但通过合理的资源分配算法能够确保永远不会形成环形等待的封闭进程链，从而避免死锁。具体方法有：①一次封锁法，每个进程（事务）将所有要使用的数据全部加锁，否则，就不能继续执行；②顺序封锁法，预先对数据对象规定一个封锁顺序，所有进程（事务）都按照这个顺序加锁；③银行家算法，保证进程处于安全进程序列。

下列方法有助于最大限度地降低死锁。

（1）按同一顺序访问对象。

（2）避免事务中的用户交互。

（3）保持事务简短并在一个批处理中。

（4）使用低隔离级别。

三、程序设计题

1. 答案：对于求 top k 的问题，最常用的方法为堆排序方法。对于本题而言，假设数组降序排列，可以采用如下方法。

（1）先建立大顶堆，堆的大小为数组的个数，即 20，把每个数组最大的值（数组中的第一个值）存放到堆中。

（2）删除堆顶元素，保存到另外一个大小为 500 的数组中，然后向大顶堆插入删除的元素所在数组的下一个元素。

（3）重复步骤（1）和步骤（2），直到删除个数为最大的 k 个数，这里为 500。

为了在堆中取出一个数据后，能知道它是从哪个数组中取出的，从而可以从这个数组中取下一个值，可以把数组的指针存放到堆中，对这个指针提供比较大小的方法（比较指针指向的值）。为了便于理解，把题目进行简化：三个数组，每个数组有 5 个元素且有序，找出排名前 5 的数。

实现代码如下：

```cpp
#include <iostream>
#include <queue>
using namespace std;
#define ROWS 3
#define COLS 5
int data[ROWS][COLS] = { { 29, 17, 14, 2, 1 }, { 19, 17, 16, 15, 6 }, { 30, 25, 20, 14, 5 } };
struct Node
{
        int *p;      //数组的指针，便于选取数组下一个元素
        //重载了比较符号，即比较指针所指向的值
        bool operator<(const struct Node &node) const
        {
                return *p < *node.p;
        }
};

void getTopK(int k)
{
        struct Node arr[ROWS];
        int* result = new int[k];                   //用来存放 top k 的结果
        int i;
        for (i = 0; i<ROWS; i++)
        {
                arr[i].p = data[i];                 //初始化指针指向各行的首位
        }
        //优先队列默认是大顶堆，当然也可以自己实现一个大顶堆
        priority_queue<Node > queue(arr, arr + ROWS);

        for (i = 0; i<k && i<COLS; i++)
```

```
                {
                        //取出队列中最大的元素，也就是取出堆顶元素
                        Node tmpTop = queue.top();
                        queue.pop();
                        //取出的元素就是 top k 的元素
                        result[i] = *tmpTop.p;
                        //从大顶堆中移除了 tmpTop 元素，接着取对应数组的下一个元素加入到堆中
                        tmpTop.p++;
                        queue.push(tmpTop);
                }
                for (i = 0; i<k; i++)
                        cout << result[i] << " ";
                delete[] result;
        }

        int main()
        {
                int k = 5;
                getTopK(k);
                return 0;
        }
```

程序的运行结果为：

30 29 25 20 19

通过把"ROWS"改成 20，"COLS"改成 50，并构造相应的数组，就能实现题目的要求。对于降序排列的数组，实现方式类似，只不过从数组的最后一个元素开始遍历。

2. 答案：如果题目没有空间复杂度的要求，那么通过申请一块额外的存储空间可以很容易地解决这个问题。假设给定长度为 n 的字符串 str，具体方法为：申请长度为 n-m 的数组 tmp，先把 str 中长度为 n-m 的前半部分字符串复制到数组 tmp 中，然后把 str 尾部长度为 m 的字符串复制到字符串的首部，最后把 tmp 中保存的字符串复制到 str 中尾部的 n-m 个位置上。虽然这种方法实现起来比较简单，但是申请了 n-m 个额外的存储空间，因此，不能满足题目的要求。下面介绍另外一种不需要申请额外存储空间的方法。

这种方法的主要思路如下：可以把字符串看作两个子串 sl（左边长度为 n-m 的子串）与 sr（右边长度为 m 的子串），先分别对子串 sl 与子串 sr 进行反转，最后对整个字符串进行反转，过程如图 29 所示。

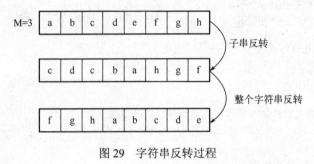

图 29　字符串反转过程

先分别对前后两个子串进行反转，然后对整个字符串进行反转就可以实现字符串的旋转，实现代码如下。

```cpp
#include <iostream>
#include <cstring>
using namespace std;

/*
*函数功能：实现字符串反转
*输入参数：ch（字符指针）；front 与 end（待交换子字符串的首尾下标）
*/
void reverse_str(char *ch,int front,int end)
{
    while(front<end)
    {
        ch[front]=ch[front]^ch[end];
        ch[end]=ch[front]^ch[end];
        ch[front]=ch[front]^ch[end];
        front++;
        end--;
    }
}

/*
*函数功能：把字符串 ch 后面的 k 个字符移动到字符串的首部
*输入参数：ch（字符指针）；k（待移动字串的长度）
*/
void rotation(char *str,unsigned int m)
{
    if(str==NULL){
        return ;
    }
    int length =strlen(str);
    //反转前半部分的字符串
    reverse_str(str,0,length-m-1);
    //反转字符串后面长度为 k 的字符串
    reverse_str(str,length-m,length-1);
    //反转整个字符串
    reverse_str(str,0,length-1);
}
int main()
{
    char str[] ="abcdefgh";
    cout<<str<<"把尾部长度为 3 的字符串移到字符串首后："；
    rotation(str,3);
    cout<<str<<endl;
    return 0;
}
```

程序的运行结果为：

abcdefgh 把尾部长度为 3 的字串移到字符串首后：fghabcde

真题详解 11　某上市互联网公司 iOS 实习生笔试题详解

一、单项选择题

1. 答案：D。

分析：本题考查的是 Objective-C 语言动态性中的动态类型。编译期代码中的指针类型为 id 类型，表示任意类型。运行时指针指向具体的类型对象，才确定了最终对象的类型，并发送相应的消息。

所以，本题的答案为 D。

2. 答案：D。

分析：本题考查的是 Objective-C 对象的 description 函数的用法含义。Objective-C 对象的 description 函数可以将对象转化成字符串打印出来，此外开发者也可以重写 description 函数，打印出开发者所关心的对象信息。

所以，本题的答案为 D。

3. 答案：D。

分析：本题考查的是 switch 分支语句的用法。首先，整数 n 的值为字符 "e" 的 ASCII 码 101，switch 括号内进行了后置减操作，n-- 的值还是 "e" 的 ASCII 码 101，因此，与 case 对应的字符都不匹配，switch 分支切到了 default 分支之下，所以 "error" 先被打印了出来。切换到 default 分支后 switch 语句就不再有分支作用了，又由于 defalut 在 case 最前面，因此后面的语句会依次执行，直到遇到 break 跳出 switch 语句，因此之后又打印出了 "good"。如果没有 break 语句，那么还会继续输出 "pass" 和 "warn"。

所以，本题的答案为 D。

4. 答案：B。

分析：选项 ACD 的说法显然都是正确的。选项 B 中说法错误，因为 NSOperation 是对 GCD 的 Objective-C 的封装而不是对 NSthread 的封装，可控性更强，可以设置操作依赖和同步等操作，NSOperationQueue 是管理 NSOperation 的操作队列，与 NSthread 并没有关系。

所以，本题的答案为 B。

5. 答案：D。

分析：本题考查的是枚举值的初始化。枚举变量如果不手动指定值，那么会从 0 开始逐次加 1，例如：enum Weekday{sun,mon,tue,wed,thu,fri,sat};中的值依次为：0，1，2，3，4，5，6。而如果部分指定了具体值，那么后面未指定的枚举变量的值会以指定的枚举变量值为基准依次加 1，如原题中 enum Weekday{sun=7,mon=1,tue,wed,thu,fri,sat};中的值依次为：7，1，2，3，4，5，6。另外一种更有代表性的情况是：enum Weekday{sun=3,mon,tue,wed=4,thu,fri,sat};中的值依次为：3，4，5，4，5，6，7。

所以，本题的答案为 D。

6．答案：C。

分析：本题考查的是二叉树的遍历。

遍历（Traversal）指的是沿着某条搜索路线，依次对树或图中每个结点均做一次且仅做一次访问。树的遍历是树的一种重要的运算，主要有先序遍历、中序遍历、后序遍历三种不同的遍历方式。

首先，通过图 30 来介绍二叉树的三种遍历方式的区别。

（1）先序遍历：先遍历根结点，再遍历左子树，最后遍历右子树。图 29 的先序遍历序列为：ABDECFG。

（2）中序遍历：先遍历左子树，再遍历根结点，最后遍历右子树。图 29 的中序遍历序列为：DBEAFCG。

（3）后序遍历：先遍历左子树，再遍历右子树，最后遍历根结点。图 29 的后序遍历序列为：DEBFGCA。

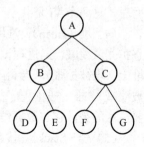

图 30　二叉树示例

从上述分析可以很容易得到本题后序遍历的结果为：丙丁乙己戊甲。所以，选项 C 正确。

所以，本题的答案为 C。

7．答案：C。

分析：本题考查的是字符数组的存储知识。

在 C/C++语言中，字符串都是以字符'\0'作为结束符。因此，字符串"China"在内存中实际存储的值为{'C', 'h', 'I', 'n', 'a', '\0'}，一共占用 6B。所以，选项 C 正确。

所以，本题的答案为 C。

8．答案：D。

分析：本题考查的是 C++语言中常见容器的知识。

容器是一组相同类型对象的集合，它实现了比数组更复杂的数据结构和更强大的功能，C++模板库里提供了 10 种通用的容器类。vector（向量）中的元素是按照插入的顺序排列的；deque 是队列，队列中的数据是按照进队列的顺序排列的；list 中的元素是无序的。为了能够具有较高的查询效率，map 内部采用了平衡二叉树进行排列，因此，它是排好序的。所以，选项 D 正确。

所以，本题的答案为 D。

9．答案：D。

分析：本题考查的是变量在内存中的存储知识。

一个由 C/C++编译的程序所占用的系统内存一般分为：区块段、数据段、代码段、堆和栈。如图 31 所示。

以下将分别对这些区段进行介绍。

图 31　程序所占的系统内存

（1）由符号起始的区块段（Block Started by Symbol，BSS）：BSS 段通常是指用来存放程序中未初始化的全局数据和静态数据的一块内存区域。BSS 段属于静态内存分配，程序结束后静态变量资源由系统自动释放。

（2）数据段（Data Segment）：数据段通常是指用来存放程序中已初始化的全局变量的一块内存区域。数据段也属于静态内存分配。因此，区块段与数据段都属于静态区（全局区）。

（3）代码段（Code Segment/Text Segment）：代码段有时候也叫文本段，通常是指用来存放程序执行代码（包括类成员函数和全局函数以及其他函数代码）的一块内存区域，这部分区域的大小在程序运行前就已经确定，并且内存区域通常是只读，某些架构也允许代码段为可写，即允许修改程序。在代码段中，也有可能包含一些只读的常数变量，例如字符串常量。代码段一般是可以被共享的，比如在 Linux 操作系统中打开了 2 个 Vi 来编辑文本，那么一般而言，这两个 Vi 是共享一个代码段的。

（4）堆（Heap）：堆用于存放进程运行中被动态分配的内存段，它的大小并不固定，可动态扩张或缩减。当进程调用 malloc 或 new 等函数分配内存时，新分配的内存就被动态添加到堆上（堆被扩张），当利用 free 或 delete 等函数释放内存时，被释放的内存从堆中被删除（堆被缩减）。堆一般由程序员分配释放，若程序员不释放，程序结束时可能由操作系统回收。需要注意的是，它与数据结构中的堆是两回事。

（5）栈（Stack）：栈是用户存放程序临时创建的局部变量，一般包括函数括号"{}"中定义的变量（但不包括 static 声明的变量，static 意味着在数据段中存放变量）。除此之外，在函数被调用时，其参数也会被压入发起调用的进程栈中，并且等到调用结束后，函数的返回值也会被存放回栈中。栈由编译器自动分配释放，存放函数的参数值、局部变量的值等。其操作方式类似于数据结构中的栈。栈内存分配运算内置于处理器的指令集中，一般使用寄存器来存取，效率很高，但是分配的内存容量有限。

通过上面的分析可知，静态局部变量存储在进程的全局区。所以，选项 D 正确。

所以，本题的答案为 D。

10．答案：B。

分析：本题考查的是计算机网络与通信知识。

在计算机网络与通信中，子网掩码用来指明一个 IP 地址的哪些位标识的是主机所在的子网，它的作用就是将某个 IP 地址划分成网络地址和主机地址两部分。

子网掩码是一个 32 位地址，用于屏蔽 IP 地址的一部分以区别网络标识和主机标识，并说明该 IP 地址是在局域网上，还是在远程网上。本题中，/20 表示 IP 地址的前 20 位都是网络号，后 12 位是主机号。由此可以确定，子网掩码为 11111111 11111111 11110000 00000000，即 255.255.240.0。所以，选项 B 正确。

所以，本题的答案为 B。

二、简答题

1．答案：iOS 中表示"空"的几种关键词的含义和用法分别如下。

NULL 比较常用，一般指的是指向基本数据类型以及 C 类型的空指针，例如：int *var = NULL;。

nil 也很常用，指的是指向 Objective-C 对象的空指针，例如：NSObject *obj = nil;。

Nil 专门用于对 Objective-C 中的类赋空值，例如：Class class = Nil;。

NSNull 用于作为数组等集合类中的空元素，例如：NSArray *array = [NSArray arrayWithObjects:[[NSObject alloc] init], [NSNull null], [[NSObject alloc] init], [[NSObject alloc] init], nil];。

2．答案：不同类型的变量与"零值"比较的 if 语句分别如表 9 所示。

表 9　各变量与"零值"比较的 if 语句

BOOL 型变量	if(!var)if(var)
int 型变量	if(var > 0)if(var == 0)if(var < 0)

float 型变量	/* 定义精度 */
	const float EPSINON = 0.00001;
	if(var =< EPSONON && var >= -EPSINON)
	if(var < -EPSONON)
	if(var > EPSONON)

指针变量	if(var == NULL)if(var == nil)

3．答案：SQL 语句执行的时候要首先编译，然后再被执行。在大型数据库系统中，为了提高效率，会将为了完成特定功能的 SQL 语句集进行编译优化后，存储在数据库服务器中，用户通过指定存储过程的名字来调用执行。具体而言，存储过程（Stored Procedure）是一组为了完成特定功能的 SQL 语句集，存储在数据库中，经过第一次编译后，再次调用不需要再次编译，用户通过指定存储过程的名字并给出参数（如果该存储过程带有参数）来执行它。

例如，如下为一个创建存储过程的常用语法。

```
create procedure sp_name @[参数名][类型]
as
begin
        ........
End
```

调用存储过程语法：exec sp_name [参数名]。

删除存储过程语法：drop procedure sp_name。

从上面的介绍可以发现，使用存储过程可以增强 SQL 语言的功能和灵活性。由于用流程控制语句编写存储过程具有很强的灵活性，所以，使用存储过程可以完成复杂的判断和运算，并且可以保证数据的安全性和完整性，同时，存储过程可以使没有权限的用户在控制之下间接地存取数据库，也保证了数据的安全。

具体而言，存储过程主要有如下优点。

（1）执行效率高。

（2）减少网络流量。因为在调用的时候不需要每次都把 SQL 语句传输到数据库上。

（3）安全机制好。通过对存储过程进行授权，从而保证安全性。

三、编程题

1．答案：

由于栈具有后进先出的特点，因此，push 和 pop 只需要对栈顶元素进行操作。如果使用上述的实现方式，那么只能访问到栈顶的元素，因此，无法得到栈中最小的元素。当然，可以用另外一个变量来记录栈底的位置，通过遍历栈中所有的元素找出最小值，但是这种方法的时间复杂度为 O(n)，那么如何才能用 O(1) 的时间复杂度求出栈中最小的元素呢？

在算法设计中，经常会采用以空间来换取时间的方式来降低时间复杂度，也就是说，采用额外的存储空间来降低操作的时间复杂度。具体而言，在实现的时候，使用两个栈结构，一个栈用来存储数据，另外一个栈用来存储栈的最小元素。

实现思路如下：如果当前入栈的元素比原来栈中的最小值还小，那么把这个值压入保存最小元素的栈中；在出栈的时候，如果当前出栈的元素恰好为当前栈中的最小值，那么保存最小值的栈顶元素也出栈，使得当前最小值变为其入栈之前的那个最小值。为了简单起见，以栈中存放的数据类型为 int 为例，实现代码如下：

```cpp
#include <iostream>
#include <stack>
#include <limits>
using namespace std;
class MyStack
{
private:
        stack<int> elemStack;              //用来存储栈中元素
        stack<int> minStack;               //栈顶永远存储当前 elemStack 中最小的值

public:
        void push(int data)
        {
                elemStack.push(data);
                //更新保存栈的最小元素
                if (minStack.empty())
                        minStack.push(data);
                else
                {
                        if (data<minStack.top())
                                minStack.push(data);
                }
        }
        int pop()
        {
                int topData = elemStack.top();
                elemStack.pop();
                if (topData == min())
                        minStack.pop();
                return topData;
        }
        int min()
        {
                if (minStack.empty())
                        return numeric_limits<int>::max();
                else
                        return minStack.top();
        }
};
int    main()
{
        MyStack stack;
        stack.push(5);
        cout << "栈中最小值为： " << stack.min() << endl;
```

```
        stack.push(6);
        cout << "栈中最小值为： " << stack.min() << endl;
        stack.push(2);
        cout << "栈中最小值为： " << stack.min() << endl;
        stack.pop();
        cout << "栈中最小值为： " << stack.min() << endl;
        return 0;
    }
```

程序的运行结果为：

```
    栈中最小值为：5
    栈中最小值为：5
    栈中最小值为：2
    栈中最小值为：5
```

2. 答案：

最简单的方法就是对二维数组进行顺序遍历，然后判断待查找元素是否在数组中，这个算法的时间复杂度为 O(mn)。

虽然上述方法能够解决问题，但这种方法显然没有用到二维数组中数组元素有序的特点，因此，该方法肯定不是最好的方法。

此时需要转换一种思路进行思考，一般情况下，当数组中元素有序的时候，二分查找是一个很好的方法，对于本题而言，同样适用二分查找，实现思路如下。

给定数组 array（行数：rows，列数：columns，待查找元素：data），首先，遍历数组右上角的元素（i=0，j=columns-1），如果 array[i][j] == data，那么在二维数组中找到了 data，直接返回；如果 array[i][j]> data，那么说明这一列其他的数字也一定大于 data，因此，没有必要在这一列继续查找了，通过 j--操作排除这一列。同理，如果 array[i][j]<data，那么说明这一行中其他数字也一定比 data 小，因此，没有必要再遍历这一列了，可以通过 i++操作排除这一行。依次类推，直到遍历完数组结束。

实现代码如下：

```
#include<iostream>
using namespace std;
bool findWithBinary(int *array, int rows, int columns, int data)
{
        if (array == NULL || rows<1 || columns<1)
                return false;
        //从二维数组右上角元素开始遍历
        int i = 0;
        int j = columns - 1;
        while (i< rows && j >= 0)
        {    //在数组中找到 data，返回
                if (array[i* columns + j] == data)
                {
                        return true;
                }
                //当前遍历到数组中的值大于 data，则 data 肯定不在这一列中
```

```
            else if (array[i* columns + j] > data)
                    --j;
            //当前遍历到数组中的值小于 data，则 data 肯定不在这一行中
            else
                    ++i;
        }
        return false;
    }
    int main()
    {
        int array[5][5] = {
            { 0, 1, 2, 3, 4 },
            { 10, 11, 12, 13, 14 },
            { 20, 21, 22, 23, 24 },
            { 30, 31, 32, 33, 34 },
            { 40, 41, 42, 43, 44 }
        };
        cout << findWithBinary((int *)array, 5, 5, 17) << endl;
        cout << findWithBinary((int *)array, 5, 5, 14) << endl;
        return 0;
    }
```

程序的运行结果为：

```
0
1
```

真题详解 12　某知名硬件厂商 iOS 应用软件开发笔试题详解

一、单项选择题

1．答案：C。

分析：题目的需求是 MRC 和 ARC 的混合工程，而且这里是在非 ARC 工程中添加指定的 ARC 文件，具体方法是选中项目中的 Targets，然后单击展开 Build Phases 下的 Complie Sources 项，可以看到项目中的类文件，双击指定的类文件并在弹出的输入框中输入-fobjc-arc 即可单独开启该文件的 ARC 模式（如图 32 所示），另外输入-fno-objc-arc 指的是单独关闭该文件的 ARC 模式。

所以，本题的答案为 C。

2．答案：A。

分析：选项 A 中的 BSD Socket，又被称为伯克利套接字，是进程间通信的编程接口，位于最底层，在 Cocoa 框架中位于 OS 层。一般的开发都是在 Core Foundation 层以上进行编程的，这一层把复杂的通信逻辑封装了起来，为用户提供了简单的接口。

选项 B 中的 NSOperationsQueue 是 iOS 多线程编程中的类，用于定义和添加操作队列，

而非网络编程相关。

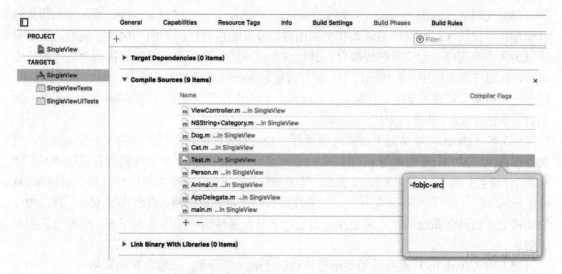

图 32　开启 Objective-C 文件的 ARC 模式

选项 C 中的 TCP/IP 是位于传输层的网络通信协议，建立于 socket 之上。

CFSocket 是使用 BSD Socket 实现的一个通信通道，是一个网络编程 API，用于 iOS 网络编程中，其中位于 Cocoa 框架 Core Foundation 层的 NSNetwork 就是基于 CFSocket 的。使用 CFSocket 在 iOS 中进行网络编程时，需要引用以下头文件。

```
#import <CoreFoundation/CoreFoundation.h>
#include <sys/socket.h>
#include <netinet/in.h>
```

所以，本题的答案为 A。

3．答案：C。

4．答案：D。

5．答案：D。

6．答案：C。

7．答案：B。

分析：本题考查的是 C++内存管理知识。

一个 C/C++编译的程序所占用的系统内存一般分为：区块段、数据段、代码段、堆和栈。如图 33 所示。

（1）符号起始的区块段（Block Started by Symbol，BSS）：BSS 段通常是指用来存放程序中未初始化的全局数据和静态数据的一块内存区域。BSS 段属于静态内存分配，程序结束后静态变量资源由系统自动释放。

（2）数据段（Data Segment）：数据段通常是指用来存放程序中已初始化的全局变量的一块内存区域。数据段也属于静态内存分配。因此，区块段与数据段都属于静态区

图 33　程序所占的系统内存

（全局区）。

（3）代码段（Code Segment/Text Segment）：代码段有时候也叫文本段，通常是指用来存放程序执行代码（包括类成员函数和全局函数以及其他函数代码）的一块内存区域，这部分区域的大小在程序运行前就已经确定，并且内存区域通常是只读，某些架构也允许代码段为可写，即允许修改程序。在代码段中，也有可能包含一些只读的常数变量，例如字符串常量。这个段一般是可以被共享的，比如在 Linux 操作系统中打开了 2 个 Vi 来编辑文本，那么一般来说，这两个 Vi 是共享一个代码段的。

（4）堆（Heap）：堆是用于存放进程运行中被动态分配的内存段，它的大小并不固定，可动态扩张或缩减。当进程调用 malloc 或 new 等函数分配内存时，新分配的内存就被动态添加到堆上（堆被扩张），当利用 free 或 delete 等函数释放内存时，被释放的内存从堆中被删除（堆被缩减）。堆一般由程序员分配释放，如果程序员自己不释放，那么在程序结束时，该块内存空间可能会由操作系统回收。需要注意的是，它与数据结构中的堆是两回事，分配方式类似于链表。

（5）栈（Stack）：栈上存放的是用户临时创建的局部变量，一般包括函数括号"{}"中定义的变量（但不包括 static 声明的变量，static 意味着在数据段中存放变量）。除此之外，在函数被调用时，其参数也会被压入发起调用的进程栈中，并且等到调用结束后，函数的返回值也会被存放回栈中。栈由编译器自动分配释放，存放函数的参数值、局部变量的值等。其操作方式类似于数据结构中的栈。栈内存分配运算内置于处理器的指令集中，一般使用寄存器来存取，效率很高，但是分配的内存容量有限。

通过上述描述可知，选项 B 正确。

所以，本题的答案为 B。

二、不定项选择题

1．答案：A、B。

分析：本题考查的是对模态视图方法的理解。

模态方法指的是视图控制器利用模态跳转到另一个视图控制器的方法，可以带有跳转动画，iOS 中 UIViewController 的两个模态相关方法主要就有选项 A 和选项 B 中的这两个。

所以，本题的答案为 A、B。

2．答案：A、B、C、D。

分析：MRC 指的是手动内存管理；ARC 指的是自动内存管理；GC 指的是垃圾回收，只存在于 MAC OX 开发平台上；MRR 是 MRC 的官方名字。

所以，本题的答案为 A、B、C、D。

3．答案：A、B、C。

分析：本题考查的是计算机网络与通信知识。

一般在打开网页的时候，需要在浏览器中输入网址，因此，需要通过网址找到访问资源的 IP 地址，从而可以把请求发送到对应的机器上，在这个过程中需要 DNS（Domain Name System，域名系统，互联网上作为域名和 IP 地址相互映射的一个分布式数据库，能够使用户更方便地访问互联网，而不用去记住能够被机器直接读取的 IP 数串。通过主机名，最终得到该主机名对应的 IP 地址的过程叫作域名解析）协议；HTTP 是用于从 Web 服务器传输超文本到本地浏览器的传输协议。浏览器与服务器通过 HTTP 进行交互。HTTP 是应用层协议，在传输层是通过 TCP 来传输 HTTP 请求的。telnet 是互联网远程登录服务的标准协议和主要方式。它为用户提供了在本地计算机上完成远程主机工作的能力。一般使用方法为通过终端登录到远处主机，因此，在浏览器打开网页的过程中用不到。

所以，本题的答案为 A、B、C。

4．答案：A、B、C、D。

分析：本题考查的是常用的散列函数的知识。

常用的构造散列函数的方法有：直接定址法、数字分析法、平方取中法、折叠法、除留余数法和随机数法。以下将分别对这几种方法进行介绍。

（1）直接定址法：取关键字或关键字的某个线性函数值为散列地址。例如：H(key)=a*key+b，其中，a 和 b 为常数。

（2）数字分析法：假设关键字是以 r 为基数（例如：以 10 为基的十进制数），并且散列表中可能出现的关键字都是事先知道的，则可取关键字的若干数位组成散列地址。

（3）平方取中法：取关键字平方后的中间几位作为散列地址。

（4）折叠法：将关键字分割成位数相同的几部分，然后取这几部分的叠加和作为散列地址。

（5）除留余数法：取关键字被某个小于或等于散列表长 m 的数 p 除后所得的余数作为散列地址。（f(key) = key mod p (p≤m)，m 为散列表长）

（6）随机数法：选择一个随机函数，取关键字的随机函数值作为它的散列地址。

所以，本题的答案为 A、B、C、D。

三、简答题

1．答案：编译时是 NSString 类型对象，运行时是 NSData 对象。

2．答案：

第一步，给两个需要相互调用的 APP 设置 URL Schemes。

第二步，为了适配 iOS9 及以上系统需要在 info.plist 中注册 LSApplicationQueriesSchemes，并在其中指定需要打开的 APP 的 URL。

第三步，使用-(void)openURL:(NSURL*)url options: (NSDictionary<NSString *, id> *) options completionHandler:(void (^ __nullable)(BOOL success))completion 方法打开需要跳转的 APP。

3．答案：static 关键字是 C/C++语言中都存在的关键字，它具有以下特性。

（1）static 全局变量的作用域范围是有限制的，即如果一个变量被声明为静态的，那么该变量可以被模块内所有函数访问，但不能被模块外其他函数访问，它是一个本地的全局变量。而普通全局变量能被其他模块访问。

（2）在函数体内，静态变量具有"记忆"功能，即一个被声明为静态的变量在这一函数调用结束后，它的值仍然被保存着，当这个函数下一次被调用的时候，这个静态变量的值仍然是上次调用后的结果（需要注意的是，函数中的静态变量只初始化一次），而函数体内的普通变量没有记忆功能。如下例所示：

```
#include<stdio.h>
void fun1()
{
```

```
        static int value = 1;
        printf("%d    ", ++value);
    }
    void fun2()
    {
        int value = 1;
        printf("%d    ", ++value);
    }
    int main()
    {
        printf("fun1:");
        fun1();
        fun1();
        fun1();
        printf("\nfun2:");
        fun2();
        fun2();
        fun2();
        return 0;
    }
```

程序的运行结果为：

```
fun1:2    3    4
fun2:2    2    2
```

分析：函数 fun1 中把 value 定义为静态变量，因此，它会在第一次调用的时候初始化为 1。由于其具有记忆功能，只会被初始化一次，因此，在第一次调用函数 fun1() 的时候，函数 fun1() 内部的 value 被初始化为 1，语句 printf("%d   ",++value); 的输出结果为 1；当第二次调用函数 fun1() 的时候，语句 static int value=1; 不会再被执行（只能初始化一次），此时 value 的值为 2，因此，打印语句 printf("%d   ",++value) 的输出结果为 3，同理，第三次调用函数 fun1() 时，输出的结果为 4。而对于普通变量而言，没有记忆功能，每次被调用的时候都需要初始化。调用函数 fun2() 的时候，value 每次都会被初始化为 1，因此，每次输出 ++value 的值就是 2。

（3）如果一个函数被声明为静态的，那么该函数与普通函数的作用域不同，静态函数的作用域仅在本文件中，它只能被这一模块内的其他函数调用，不能被模块外的其他函数调用，也就是说，这个函数被限制在声明它的模块的本地范围内使用。而普通函数可以被其他模块使用。

四、编程题

1. 答案：根据 IP 地址的特点，题目也就是判断以点号分开的 4 个数字是否在 0～255 之间，当然也可以直接使用正则表达式来进行匹配。最简单的办法为：输入一个字符串，Objective-C 中字符串 NSString 有一个函数可以将字符串分隔开，这里以点号将字符串分成几个数字的字符串，然后转化成整型数字依次判断即可。利用如下知识点可以轻易解决本问题。

```
NSString *string = @"192.168.0.2";
/* 以 "." 分割字符串，得到的数组有 "192" "168" "0" 和 "2" 4 个字符串元素 */
```

```
NSArray<NSString*> *substringArray = [string componentsSeparatedByString:@"."];
/* 字符串转整型对象 */
NSInteger num = [substringArray[0] integerValue];
```

2. 答案：memcpy 函数的功能是从源 src 所指的内存地址的起始位置开始复制 n 个字节到目标 dest 所指的内存地址的起始位置中。

它的函数原型为 void *memcpy(void *dest, const void *src, size_t n);。

这个函数的参数与返回值的类型都是 void *，在实现的时候，需要把 void*转换成可操作的数据类型来处理。下面首先给出一个简单的实现方式，示例代码如下所示：

```cpp
#include <iostream>
using namespace std;
void *mymemcpy1(void *dst, const void *src, size_t num)
{
        if (dst == NULL || src == NULL)
                return NULL;
        const char* psrc = (char *)src;
        char* pdst = (char *)dst;
        while (num-->0)
                *pdst++ = *psrc++;
        return dst;
}
int main()
{
        char src[] = "abc";
        char* dest = new char[4];
        dest = (char*)mymemcpy1(dest, src, 4);
        printf("%s\n", dest);
        delete[] dest;
        return 0;
}
```

程序的运行结果为：

```
Abc
```

以上这种实现方式显然没有考虑内存重叠的问题，如果源字符串 src 与目标字符串 dst 有重叠，那么上述程序将会有意想不到的结果。例如，把 main 函数换成如下的写法。

```cpp
int main()
{
        char src[] = "abc";
        char *dest = src + 1;
        dest = (char*)mymemcpy1(dest, src, 4);
        printf("%s\n", dest);
        return 0;
}
```

此时，程序会有意想不到的结果，如图 34 所示。

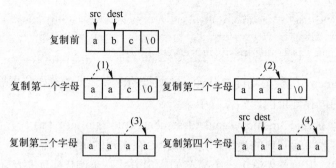

图 34　字符串复制示意图 1

在图 33 中，源字符串 src 与目标字符串 dest 存在重叠，当复制第一个字符 "a" 的时候，源字符串 src 的第二个字符也被修改了（"b" 被修改成了 "a"），因此，当复制第二个字符的时候已经出错了（本来应该复制的是字符 "b"，但实际上却复制了字符 "a"）。更严重的问题是在复制第三个字符的时候把源字符串的结束符 "\0" 也给替换掉了，因此，导致在复制第四个字符的时候，应该是复制一个结束符 "\0"，但实际上却复制了一个字符 "a"，这就导致复制后，dest 字符是无法确定的，因为无法确定下一个字符 "\0" 出现的位置。

但是，在调用系统函数 memcpy 的时候，程序的输出结果依然是 abc，说明上面这个程序还不完整，主要是没有考虑内存重叠的问题，处理内存重叠的主要思路如下。

（1）当源内存的首地址大于目标内存的首地址时，从源内存的首地址开始复制。

（2）当源内存的首地址小于目标内存的首地址时，从源内存的首地址加待复制字节的长度的地址开始逆序复制。

下面给出第二种情况的实现示意图，如图 35 所示。

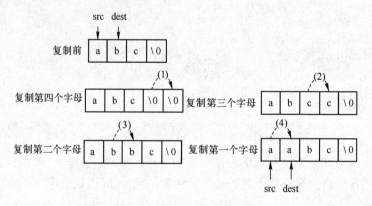

图 35　字符串复制示意图 2

从图 35 中可以看出，在这种情况下，如果从字符串的结尾开始倒着复制，那么就能得到正确的结果。实现代码如下：

```cpp
#include <iostream>
using namespace std;
void * mymemcpy2(void *dst, const void *src, size_t num)
{
    if (dst == NULL || src == NULL)
```

```
            return NULL;
        char *pdst = (char *)(dst);
        const char *psrc = (char *)(src);
        //dst 与 src 有重叠且 dst 指向 src 中的元素，因此，需要对 src 从后向前复制
        if (pdst > psrc && pdst < psrc + num)
        {
                for (size_t i = num - 1; i != -1; i--)
                {
                        pdst[i] = psrc[i];
                }

        }//src 指向 dst 中的元素或者没有重叠，因此，对 src 从前向后复制
        else
        {
                for (size_t i = 0; i < num; i++)
                {
                        pdst[i] = psrc[i];
                }
        }
        return dst;
    }
    int main()
    {
        char src[] = "abc";
        char *dest = src + 1;
        dest = (char*)mymemcpy2(dest, src, 4);
        printf("%s\n", dest);
        return 0;
    }
```

程序的运行结果为：

```
abc
```

对于这个函数的实现，除了要保证代码的正确性，还需要特别注意以下几个方面的内容。

（1）对异常进行判断：判断 src 与 dst 是否为空指针。

（2）src 指针要用 const 修饰，以避免无意中修改 src。

（3）在实现的时候，需要把 void*转换成能进行操作的数据类型，例如 char*。

（4）函数为什么还需要返回值？因为这样可以支持链式表达。

（5）需要特别考虑指针重叠的情况。

真题详解 13　某大数据服务商 iOS 应用开发工程师笔试题详解

一、单项选择题

1. 答案：B。

2．答案：C。

分析：要实现不停地下雨的功能就需要一个计时器来刷新画面，这里就要对比 NSTimer 和 CADisplayLink 两种方式。CADisplayLink 是一个可以实现以屏幕刷新率将内容画到屏幕上的定时器，它比 NSTimer 更加精确，适用场合也比较专一，主要用来做 UI 的反复重绘，例如：渲染视频播放和自定义动画引擎等。而 NSTimer 的使用范围就比较广泛了，可以在需要单次或者循环定时处理的任务中使用。在 UI 相关的动画中使用 CADisplayLink 比起用 NSTimer 的好处是不需要再额外关心屏幕的刷新频率，因为它本身就是跟屏幕刷新同步的。

所以，本题的答案为 A。

3．答案：D。

4．答案：A。

分析：timerWithTimeInterval 创建的 timer 并没有自动添加到当前的 RunLoop 中，需要手动添加，添加的方法为：

```
[[NSRunLoop currentRunLoop] addTimer: myTimer forMode:NSDefaultRunLoopMode];
```

若使用 scheduledTimerWithTimeInterval 方法创建 timer，默认就会被加入到当前 RunLoop 中。

所以，本题的答案为 A。

5．答案：B。

分析：本题考查的是对类别 Category 的用法理解。

选项 A 说法正确，类别就是用来扩展已有类的新方法的。

选项 B 说法错误，类别并不能修改或删除原有的方法，当然同名的扩展方法会意外覆盖已有的方法，而这种情况是要尽量避免的，否则会有严重的潜在隐患。此外类别也不能往类中添加新的实例变量。

选项 C 说法正确，将类的实现分散到多个不同文件或多个不同框架中是类别的主要优点。

选项 D 说法正确，这个选项的意思是如果原类的.m 实现文件中有个实现了但未在头文件中声明的方法，那么在外部是无法被调用的，但可以在类别中声明这个方法，然后就可以在外部正常使用了。

所以，本题的答案为 B。

6．答案：C。

完整过程：源码 ->（扫描）-> 标记 ->（语法分析）-> 语法树 ->（语义分析）-> 标识语义后的语法树 ->（源码优化）-> 中间代码 ->（代码生成）-> 目标机器代码 ->（目标代码优化）-> 最终目标代码。

7．答案：A。

8．答案：B。

9．答案：C。

10．答案：A。

分析：本题考查的是关键字 sizeof 的知识。

sizeof 是 C/C++语言的关键字，它以字节的形式给出了其操作数的存储大小。对于本题而言，p 是一个指针，在 32 位环境下，指针只占用 4 个字节。所以，选项 A 正确。

如果题目改成 int p[10]，那么 sizeof(p) 的值则是 40，因为此时 p 是一个数组类型，数组中存放了 10 个 int 类型的元素，在 32 位环境下，每个 int 类型的变量占用 4 个字节，因此，这个数组将会占用 40 个字节。

所以，本题的答案为 A。

引申：在程序员笔试中经常会考察结构体变量的 sizeof 的值，而这类题求职者经常容易做错。下面重点介绍 struct 的 sizeof 值的求解方法。

struct 是一种复合数据类型，其构成元素既可以是基本数据类型，例如：int、double、float、short、char 等，也可以是复合数据类型，例如：数组、struct、union 等数据单元。

一般而言，struct（结构体）的 sizeof 是所有成员对齐后长度相加，而 union（联合体）的 sizeof 取的是最大的成员变量长度。

在结构体中，编译器为结构体的每个成员按其自然边界（Alignment）分配空间。各个成员按照它们被声明的顺序在内存中顺序存储，第一个成员的地址和整个结构体的地址相同。

字节对齐也称为字节填充，它是 C/C++编译器的一种技术手段，主要是为了在空间与时间复杂度上达到平衡。简单地讲，是为了在可接受的空间浪费的前提下，尽可能地提高对相同运算过程的最少（快）处理。字节对齐的作用不仅便于 CPU 的快速访问，使 CPU 的性能达到最佳，同时合理地利用字节对齐可以有效地节省存储空间。例如 32 位计算机的数据传输值是 4B，64 位计算机的数据传输值是 8B，这样，在默认的情况下，编译器会对 struct 进行 4 的倍数（32 位机）或 8 的倍数（64 位机）的数据对齐。对于 32 位机来说，4B 对齐能够使 CPU 访问速度提高，例如一个 long 类型的变量，如果跨越了 4B 边界存储，那么 CPU 要读取两次，这样效率就低了，但需要注意的是，如果在 32 位计算机中使用 1B 或者 2B 对齐，那么不仅不会提高效率，反而会使变量访问速度降低。

在默认情况下，编译器为每一个变量或数据单元按其自然对界条件分配空间。一般地，可以通过下面的方法来改变默认的对界条件。

（1）使用伪指令#pragma pack (n)，C 语言编译器将按照 n 个字节对齐。

（2）使用伪指令#pragma pack ()，取消自定义字节对齐方式。

（3）另外，还有如下的一种方式：_attribute((aligned (n)))，让所作用的结构体成员对齐在 n 个字节自然边界上。如果结构体中有成员的长度大于 n，那么按照最大成员的长度来对齐。_attribute_ ((packed))，取消结构在编译过程中的优化对齐，按照实际占用字节数进行对齐。

例如如下数据结构：

```
struct test
{
    char x1;
    short x2;
    float x3;
    char x4;
};
```

由于编译器默认情况下会对 struct 做边界对齐，结构的第一个成员 x1，其偏移地址为 0，占据了第 1 个字节，第二个成员 x2 为 short 类型，其起始地址必须 2B 对界，因此，编译器在 x2 和 x1 之间填充了一个空字节。结构的第三个成员 x3 和第四个成员 x4 恰好落在其自然边界地址上，在它们前面不需要额外的填充字节。在 test 结构体中，成员 x3 要求 4B 对界，是该结构所有成员中要求的最大边界单元，因而 test 结构的自然对界条件为 4B，所以编译器在成员 x4 后面填充了 3 个空字节。整个结构所占据空间为 12B。

再例如有如下数据结构：

```
struct s1
{
    short d;
    int a;
    short b;
}a1;
```

在 32 位机器下，short 型占 2 个字节，int 型占 4 个字节，所以，为了满足字节对齐的要求，变量 d 除了自身所占用的 2 个字节外，还需要再填充 2 个字节，变量 a 占用 4 个字节，变量 b 除了自身占用的 2 个字节，还需要 2 个填充字节，所以，最终 s1 的 sizeof 值为 12。

字节对齐的细节和编译器实现相关，但一般而言，满足以下三个准则。

（1）结构体变量的首地址能够被其最宽基本类型成员的大小所整除。

（2）结构体每个成员相对于结构体首地址的偏移量（Offset）都是成员大小的整数倍，如有需要，编译器会在成员之间加上填充字节。

（3）结构体的总大小为结构体最宽基本类型成员大小的整数倍，如有需要，编译器会在最末一个成员之后加上填充字节。

需要注意的是，基本类型是指前面提到的像 char.short.int.float.double 这样的内置数据类型，这里所说的"数据宽度"就是指其 sizeof 的大小，在 32 位机器上，这些基本数据类型的 sizeof 大小分别为 1，2，4，4，8。由于结构体的成员可以是复合类型，所以，在寻找最宽基本类型成员时，应当包括复合类型成员的子成员，而不是把复合成员看成是一个整体，例如一个结构体中包含另外一个结构体成员，那么此时最宽基本类型成员不是该结构体成员，而是取基本类型的最宽值。但在确定复合类型成员的偏移位置时，则是将复合类型作为整体看待，即复杂类型（如结构体）的默认对齐方式是它最长的成员的对齐方式，这样在成员是复杂类型时，可以最小化长度，达到程序优化的目的。

11．答案：B。

分析：本题考查的是排序算法知识。

读者要想解答出本题，必须对各种排序算法的原理有着较为深刻的认识。以下将分别对这几种排序算法进行介绍与分析。

对于选项 A，选择排序是一种简单直观的排序算法，它的基本原理如下：对于给定的一组记录，经过第一轮比较后得到最小的记录，然后将该记录与第一个位置的记录进行交换；接着对不包括第一个记录以外的其他记录进行第二轮比较，得到最小的记录并与第二个记录进行位置交换；重复该过程，直到进行比较的记录只有一个时为止。

对于选项 B，快速排序是一种非常高效的排序算法，它采用"分而治之"的思想，把大的拆分为小的，小的再拆分为更小的。其原理为：对于一组给定的记录，通过一趟排序后，将原序列分为两部分，其中前部分的所有记录均比后部分的所有记录小，然后再依次对前后两部分的记录进行快速排序，递归该过程，直到序列中的所有记录均有序为止。

对于选项 C，希尔排序也称为"缩小增量排序"，它的基本原理如下：首先，将待排序的元素分成多个子序列，使得每个子序列的元素个数相对较少，对各个子序列分别进行直接插入排序，待整个待排序序列"基本有序后"，再对所有元素进行一次直接插入排序。希尔排序也是形成部分有序的序列。

对于选项 D，归并排序是利用递归与分治技术将数据序列划分成为越来越小的子序列（子序列指的是在原来序列中找出一部分组成的序列），再对子序列排序，最后再用递归步骤将排好序的子序列合并成为越来越大的有序序列。归并排序会在第一趟结束后，形成若干个部分有序的子序列，并且长度递增，直到最后的一个有序的完整序列。

本题中，很容易发现，第一个序列前 4 个数都小于等于 25，而后 5 个数都大于 25，很显然满足快速排序的方法，而且根据以上对各种排序算法的分析可知，选项 B 正确。

所以，本题的答案为 B。

二、简答题

1．答案：

sprintf：将格式化的数据写入字符串。

strcpy：字符串复制。

memcpy：内存的复制。

2．答案：NSTimer 在哪个线程中创建就在哪个线程中运行。但是只有把创建的 NSTimer 对象放入当前线程的已经启动的 Runloop 中定时器才能运行。

可以通过[NSRunLoop currentRunLoop]来获取当前线程的 Runloop，Runloop 在主线程中默认是开启的，而在子线程中默认是关闭的，需要手动启动 Runloop。

使用 scheduledTimerWithTimeInterval 方法创建的 NSTimer 会自动加入到当前 Runloop 中，Runloop 的 mode 为默认的；而使用 timerWithTimeInterval 方法创建的 NSTimer 需要手动添加到当前 Runloop 中并指定其 mode。

3．答案：

相同点：load 和 initialize 都是为了给应用程序运行前提供运行环境，并且每个类中不管是父类还是子类最多只会调用一次。

不同点：load 方法在某个类文件被引用时调用，子类会自动调用父类的 load 方法；initialize 是在类或者其子类的第一个方法被调用前调用。所以如果类没有被引用进项目，那么就不会有 load 调用；但即使类文件被引用进来，但是没有使用，那么 initialize 也不会被调用。

三、编程题

1．答案：首先找到两个字符串相同的路径（/aihoo/app），然后对于剩下的不同的目录结构进行（a=" /a/b/c/d/new.c"，b=" /1/2/test.c'）操作，对于 a 中的每一个目录结构，在 b 前面加"../"。对于本题而言，除了相同的目录前缀外，a 还有四级目录 a/b/c/d，因此，只需要在 b=" /1/2/test.c'前面增加 4 个 "../" 得到 "../../../../1/2/test.c" 就是 b 相对 a 的路径，实现代码如下：

```cpp
#include<iostream>
#include<cstring>
using namespace std;
```

```
char* getRelativePath(char* path1, char* path2, char* relativePath)
{
    if (path1 == NULL || path2 == NULL)
    {
        cout << "参数不合法" << endl;
        return NULL;
    }
    //用来指向两个路径中不同目录的起始路径
    char* diff1 = path1;
    char* diff2 = path2;
    while (*path1 != '\0' && *path2 != '\0')
    {
        //如果目录相同，那么往后遍历
        if (*path1 == *path2)
        {
            if (*path1 == '/')
            {
                diff1 = path1;
                diff2 = path2;
            }
            path1++;
            path2++;
        }
        else                                        //不同的目录
        {
                                                    //把 path1 非公共部分的目录转换为../
            diff1++;                                //跳过目录分隔符/
            while (*diff1 != '\0')
            {                                       //碰到下一级目录
                if (*diff1 == '/')
                {
                    strcat(relativePath, "../");
                }
                diff1++;
            }
            //把 path2 的非公共部分的路径加到后面
            diff2++;
            strcat(relativePath, diff2);
            break;
        }
    }
    return relativePath;
}
int main()
{
    char a[] = "/qihoo/app/a/b/c/d/new.c";
    char b[] = "/qihoo/app/1/2/test.c";
    char relativePath[1024] = { 0 };
    cout << getRelativePath(a, b, relativePath) << endl;
```

```
        return 0;
    }
```

程序的运行结果为：

```
../../../../1/2/test.c
```

2. 答案：

要想实现反向 DNS 查找缓存，主要需要完成如下功能。

（1）将 IP 地址添加到缓存中的 URL 映射。

（2）根据给定 IP 地址查找对应的 URL。

对于本题的这种问题，常见的一种解决方案是使用散列法（使用 hashmap 来存储 IP 地址与 URL 之间的映射关系），由于这种方法相对比较简单，这里就不做详细介绍了。下面重点介绍另外一种方法：Trie 树。这种方法的主要优点如下：

（1）使用 Trie 树，在最坏的情况下的时间复杂度为 O(1)，而散列方法在平均情况下的时间复杂度为 O(1)。

（2）Trie 树可以实现前缀搜索（对于有相同前缀的 IP 地址，可以寻找所有的 URL）。

当然，由于树这种数据结构本身的特性，所以使用树结构的一个最大的缺点就是需要耗费更多的内存，但是对于本题而言，这却不是一个问题，因为 Internet IP 地址只包含 11 个字母（0～9 和.）。所以，本题实现的主要思路为：在 Trie 树中存储 IP 地址，而在最后一个结点中存储对应的域名。实现代码如下：

```c
#include<stdio.h>
#include<stdlib.h>
#include<string.h>

#define TRUE 1
#define FALSE 0
typedef int bool;

/* IP 地址最多有 11 个不同的字符 */
#define CHAR_COUNT 11

/* IP 地址最大的长度 */
#define MAX_IP 50
int getIndexFromChar(char c) { return (c == '.')? 10: (c - '0'); }
char getCharFromIndex(int i) { return (i== 10)? '.' : ('0' + i); }
/* Trie 树的结点 */
struct trieNode
{
    bool isLeaf;
    char *url;
    struct trieNode* child[CHAR_COUNT];
}trieNode;
typedef struct trieNode* trieNodeP;
/* 创建一个新的 Trie 树结点 */
trieNodeP newTrieNode(void)
```

```
{
    trieNodeP newNode = (trieNodeP )malloc(sizeof(trieNode));
    newNode->isLeaf = FALSE;
    newNode->url = NULL;
     int i;
    for (i=0; i<CHAR_COUNT; i++)
        newNode->child[i] = NULL;
    return newNode;
}
/* 把一个 IP 地址和相应的 URL 添加到 Trie 树中，最后一个结点是 URL */
void insert(trieNodeP root, char *ip, char *url)
{
    /* IP 地址的长度 */
    int len = strlen(ip);
    trieNodeP pCrawl = root;
    int level;
    for (level=0; level<len; level++)
    {
        /* 根据当前遍历到的 IP 中的字符，找出子节点的索引 */
        int index = getIndexFromChar(ip[level]);
        /* 如果子节点不存在，那么创建一个 */
        if (!pCrawl->child[index])
            pCrawl->child[index] = newTrieNode();
        /* 移动到子节点 */
        pCrawl = pCrawl->child[index];
    }
    /* 在叶子结点中存储 IP 对应的 URL */
    pCrawl->isLeaf = TRUE;
    pCrawl->url = (char*)malloc(strlen(url) + 1);
    strcpy(pCrawl->url, url);
}

/* 通过 IP 地址找到对应的 URL */
char  *searchDNSCache(trieNodeP root, char *ip)
{
    trieNodeP pCrawl = root;
    int    len = strlen(ip);
    int level;
    // 遍历 IP 地址中所有的字符.
    for (level=0; level<len; level++)
    {
        int index = getIndexFromChar(ip[level]);
        if (!pCrawl->child[index])
            return NULL;
        pCrawl = pCrawl->child[index];
    }
    /* 返回找到的 URL */
    if (pCrawl!=NULL && pCrawl->isLeaf)
        return pCrawl->url;
    return NULL;
```

```
}
int main()
{
    /* Change third ipress for validation */
    char ipAdds[][MAX_IP] = {"10.57.11.127", "121.57.61.129",
                             "66.125.100.103"};
    char url[][50] = {"www.samsung.com", "www.samsung.net",
                      "www.google.in"};
    int n = sizeof(ipAdds)/sizeof(ipAdds[0]);
    trieNodeP root = newTrieNode();
    int i;
    /* 把 IP 地址和对应的 URL 插入到 Trie 树中 */
    for (i=0; i<n; i++)
        insert(root,ipAdds[i],url[i]);
    char ip[] = "121.57.61.129";
    char *res_url = searchDNSCache(root, ip);
    if (res_url != NULL)
        printf("找到了 IP 对应的 URL:\n%s --> %s\n",
               ip, res_url);
    else
        printf("没有找到对应的 URL\n");
    return 0;
}
```

程序的运行结果为：

```
找到了 IP 对应的 URL:
121.57.61.129 --> www.samsung.net
```

显然，由于上述算法中涉及的 IP 地址只包含特定的 11 个字符（0～9 和.），所以，该算法也有一些异常情况未处理，例如不能处理用户输入的不合理的 IP 地址的情况，有兴趣的读者可以继续朝着这个思路完善后面的算法。细心的读者可能会发现上面的代码在构建 Trie 树的过程中申请了很多结点，这些结点在程序结束后却没有释放，把这个释放空间的代码留给读者来完成，这样可以帮助读者更好地理解上面的代码。

真题详解 14　某知名社交平台 iOS 开发工程师笔试题详解

一、问答题

1. 答案："懒加载"也被叫作"延迟加载"，它的核心思想是把对象的实例化尽量延迟，直到真正用到的时候才将其实例化，而不是在程序初始化的时候就预先将对象实例化。这样做的好处是可以减轻大量对象被实例化时对资源的消耗。另外，"懒加载"可以将对象的实例化代码从初始化方法中独立出来，从而提高代码的可读性，以便于代码能够更好地被组织。

最典型的一个应用"懒加载"的例子是在对象的 getter 方法中实例化对象的时候，例如 getter 方法被重写，使得在第一次调用 getter 方法时才实例化对象并将实例化的对象返回。判

断是否是第一次调用 getter 方法是通过判断对象是否为空来实现的。"懒加载"的 getter 方法的实现代码如下:

```
/* getter*/
- (NSObject *)object {
    if (!_object) {
        _object = [[NSObject alloc] init];
    }
    return _object;
}
```

这种实现方法的缺点是使得 getter 方法产生副作用,也就是破坏了 getter 方法的纯洁性,因为按照约定和习惯,getter 方法就是作为接口简单地将需要的实例对象返回给外部,这里对 getter 方法的第一次调用添加了懒加载模式,在使用者不知情的情况下会有潜在的隐患。

2. 答案:@class 相当于只是在头文件声明一下要用到的类的头文件(前向声明),告诉编译器有这样一个类的定义但暂时不要将类的实现引入,让该类定义的变量能够编译通过,直到运行起来时才去查看类的实现文件。但实际上这样也只能起到在头文件声明该类实例变量的作用,在.m 文件中如果用到类的实现细节(属性和方法),那么还是要通过#import 再次引入类的头文件。

使用@class 的好处是将头文件的引入延迟了,至少延迟到了.m 实现文件中,这也符合"直到真正用到的时候再确定引入"的动态思想,尽量往后拖延,更重要的是这样也可以有效地避免头文件的重复引入甚至循环引用等问题。

3. 答案:当一个对象能处理一个消息时,就会执行正常的消息传递步骤。但如果一个对象无法处理这个消息时,那么就会进入消息转发。默认情况下,如果是以[object message]的方式调用方法,当 object 无法响应 message 时,那么编译器会报错。但如果是以 performSelector 的形式来调用,那么编译器在编译时还无法确定类中到底会不会有这个方法的实现。如果没有该方法的实现,那么就会导致程序崩溃。示例代码如下:

```
/* person 类中并不存在 eat 方法 */
Person *aperson = [[Person alloc]init];
[aperson performSelector:@selector(eat)];
```

控制台打印结果如下:

```
[Person eat]: unrecognized selector sent to instance 0x600000029800
```

上述这段异常信息实际上是由 NSObject 的"doesNotRecognizeSelector:"方法所抛出的,此异常信息表明 Person 类的实例对象无法响应 eat 方法。在示例中,消息转发过程以程序的崩溃而结束,但是开发者可以利用 runtime,在消息转发过程中采取一些措施,而避免程序的崩溃。当然,先要理解消息转发机制的原理。消息转发机制基本分为三个阶段。

(1)动态方法解析

对象在收到无法解读的消息后,将调用其所属类的下列类方法:

```
+ (BOOL)resolveInstanceMethod:(SEL)sel
```

或者

```
+ (BOOL)resolveClassMethod:(SEL)sel
```

这两个方法的参数就是那个未知的方法，返回值都是 Boolean 类型，表示这个类能否动态地添加一个新的方法来处理这条消息。在这里可以新增一个处理该消息的方法。

使用这种方法的前提是：相关的方法的实现代码已经写好，只等着运行期动态插入类的 MethodList 中就可以了。此方案常用来实现@dynamic 属性，示例代码如下：

```
/* 在控制器中调用 Person 类的实例方法 eat，但是 eat 方法没有实现 */
Person *aperson = [[Person alloc]init];
[aperson performSelector:@selector(eat)];
/* 在 Person 类中为 eat 动态添加方法的实现 */
+ (BOOL)resolveInstanceMethod:(SEL)sel {
NSString *str = NSStringFromSelector(sel);
if ([str isEqualToString:@"eat"]) {
IMP imp = method_getImplementation(class_getInstanceMethod(self, @selector(breakfast)));
class_addMethod(self, @selector(eat),imp , "");
}
return [super resolveInstanceMethod:sel];
}
- (void)breakfast {
NSLog(@"我吃了早餐了");
}
```

程序的打印结果如下所示：

```
2016-11-05 18:25:51.897 01[11777:779796] 我吃了早餐了
```

在示例代码中，先将消息转化为字符串，然后检测其是否能够表示 eat 方法。若是 eat 方法，则为其设置方法的实现。程序的打印结果表明，已经成功地拦截了消息转发并对未知消息（eat）进行了处理。

（2）备用接收者

如果在上一步中无法处理消息，那么当前接收者还有第二次机会来处理未知消息，在这一步，runtime 会调用如下方法：

```
- (id)forwardingTargetForSelector:(SEL)aSelector
```

方法参数代表未知消息，如果当前接收者能找到备用接收者，那么将其返回，如果找不到，那么就返回 nil。通过此方法可以模拟出"多重继承"的一些特性。在一个对象内部，可能还有一系列其他的对象，该对象可通过此方法将能够处理未知消息的相关内部对象返回，这样的话，在外界看来，好像是该对象亲自处理了这些消息似的。示例代码如下所示：

```
/* 新建一个 PersonHelper 类 */
@implementation PersonHelper
@interface PersonHelper : NSObject
- (void)eat;
@end
```

```
- (void)eat {
NSLog(@"别人帮我吃东西");
}
@end
/* 在 Person.m 中设置 PersonHelper 类的实例为属性 */
@interface Person ()
@property (nonatomic, strong) PersonHelper *helper;
@end
@implementation Person
- (instancetype)init {
if (self = [super init]) {
_helper = [[PersonHelper alloc]init];
}
return self;
}
/* 实现 forwardingTargetForSelector:方法 */
- (id)forwardingTargetForSelector:(SEL)aSelector {
NSString *str = NSStringFromSelector(aSelector);
if ([str isEqualToString:@"eat"]) {
return _helper;
}
return [super forwardingTargetForSelector:aSelector];
}
@end
/* 在控制器中执行 eat 方法 */
Person *aperson = [[Person alloc]init];
[aperson performSelector:@selector(eat)];
```

以上程序的打印结果如下所示：

```
2016-11-05 18:45:25.870 01[11892:788458]  别人帮我吃东西
```

程序打印结果表明，已经成功地在第二步中将消息转发给其他对象来执行了。这里需要注意，开发者无法操作通过这一步所转发的消息。若是想在发送给备用接收者之前先修改消息内容，那就必须采用完整的消息转发机制来操作。

（3）完整的消息转发机制

如果以上两步都无法处理未知消息，那么唯一能做的就是启用完整的消息转发机制。此时会调用如下方法：

```
- (void)forwardInvocation:(NSInvocation *)anInvocation
```

这里要创建 NSInvocation 对象，把与尚未处理的那条消息有关的全部细节都封装于其中。此对象包含选择子、目标（Target）及参数。在触发 NSInvocation 对象时，消息派发系统将消息指派给目标对象。当然，从这个角度看来，这一方法与第二步中的备用接收者的实现效果相等。但是事实上可以在触发消息前，先以某种方式改变消息内容，例如追加另外一个参数，或者改变消息名称等。此外，若发现某个消息不应由本类处理，则应调用父类同名方法，以便继承体系中的每个类都有机会处理此请求。

在使用 forwardInvocation:方法前，必须重写以下方法：

```
- (NSMethodSignature *)methodSignatureForSelector:(SEL)aSelector
```

消息转发机制使用从这个方法中获取的信息来创建 NSInvocation 对象。因此开发者必须重写这个方法，为未知消息提供一个合适的方法签名。示例代码如下所示：

```
/* 在 Person.m 中实现完整的消息转发 */
- (NSMethodSignature *)methodSignatureForSelector:(SEL)aSelector {
NSMethodSignature *signature = [super methodSignatureForSelector:aSelector];
if (!signature && [_helper methodSignatureForSelector:aSelector]) {
    signature = [_helper methodSignatureForSelector:aSelector];
}
return signature;
}
- (void)forwardInvocation:(NSInvocation *)anInvocation {
if ([_helper respondsToSelector:anInvocation.selector]) {
    [anInvocation invokeWithTarget:_helper];
}
}
```

以上程序的打印结果如下：

```
2016-11-05 19:08:13.465 01[11951:796216] 别人帮我吃东西
```

默认情况下，NSObject 的 forwardInvocation：方法的实现只是简单调用了 doesNotRecognizeSelector：方法，它不会转发任何消息。从某种意义上讲，forwardInvocation：方法类似一个通知中心，可以将所有未知消息都派发出去。通过 runtime 的消息转发机制，开发者可以为程序动态地增加很多行为，这也是面试中常考的知识点。

4. 答案：面向对象方法先对需求进行合理分层，然后构建相对独立的业务模块，最后通过整合各模块，达到高内聚、低耦合的效果，从而满足客户要求。具体而言，它有三个基本特征：封装、继承和多态。

（1）封装是指将客观事物抽象成类，每个类对自身的数据和方法实行保护。类可以把自己的数据和方法只让可信的类或者对象操作，对不可信的类或者对象进行信息隐藏。C++中的类是一种封装手段，采用类来描述客观事物的过程就是封装，本质上是对客观事物的抽象。

（2）继承可以使用现有类的所有功能，而不需要重新编写原来的类，其目的是进行代码复用和支持多态。它一般有三种形式：实现继承、可视继承和接口继承。其中实现继承是指使用基类的属性和方法而不需要额外编码的能力；可视继承是指子窗体使用父窗体的外观和实现代码；接口继承仅使用属性和方法，实现滞后到子类实现。前两种（类继承）和后一种构成了功能复用的两种方式。通过继承创建的新类称为"派生类"或"子类"，被继承的类称为"父类""基类"或"超类"，而继承的过程就是从一般到特殊（具体）的过程。

（3）多态是指同一个实体同时具有多种形式，它主要体现在类的继承体系中，是将父对象设置成和一个或更多其子对象相等的技术，赋值以后，父对象就可以根据当前赋值给其子对象的特性以不同的方式运作。简而言之，就是允许将子类类型的指针赋值给父类类型的指针，在运行时根据实际的类型来决定调用哪个类的方法。

C++语言中的虚函数的作用主要是实现多态。多态技术可以让父类的指针有"多种形态"，这是一种泛型技术。所谓泛型技术，指的是试图使用不变的代码来实现可变的算法。例如，模板技术、运行时类型信息（Run-Time Type Information，RTTI）技术、虚函数技术，要么是试图做到在编译时决议，要么试图做到在运行时决议。

面向对象方法包括以下 6 个基本原则（其中，迪米特原则通常很少提及，所以，经常说的是 5 个基本原则）。

（1）单一职责原则（Single-Resposibility Principle）　一个类最好只做一件事，只有一个引起它变化的原因。单一职责原则可以看作低耦合、高内聚在面向对象原则上的引申，将职责定义为引起变化的原因，以提高内聚性来减少引起变化的原因。职责过多，可能引起它变化的原因就越多，这将导致职责依赖，相互之间就产生影响，从而大大损伤其内聚性和耦合度。通常意义下的单一职责，就是指只有一种单一功能，不要为类实现过多的功能点，以保证实体只有一个引起它变化的原因。

（2）开放封闭原则（Open-Closed Principle）　软件实体应该是可扩展而不可修改的。也就是说，在设计中，应该允许行为被扩展，而无须修改现有的代码。实现开放封闭原则的核心思想就是对抽象编程，而不对具体编程，因为抽象相对稳定。让类依赖于固定的抽象，所以，修改就是封闭的；而通过面向对象的继承和多态机制，又可以实现对抽象类的继承，通过重写其方法来改变固有行为，实现新的拓展方法，所以，就是开放的。

（3）里式代换原则（Liskov-Substituion Principle）　子类必须能够替换其基类。这一思想体现为对继承机制的约束规范，只有当子类能够替换基类时，才能保证系统在运行期内识别子类，这是保证继承复用的基础。里式代换原则是关于继承机制的设计原则，违反了里式代换原则就必然导致违反开放封闭原则。

（4）依赖倒置原则（Dependecy-Inversion Principle）　该原则指依赖于抽象。具体而言，指的就是高层模块不依赖于底层模块，二者都同时依赖于抽象；抽象不依赖于具体，具体依赖于抽象。

（5）接口隔离原则（Interface-Segregation Principle）　使用多个小的专门的接口，而不要使用一个大的总接口。接口应该是内聚的，应该避免"胖"接口。一个类对另一个类的依赖应该建立在最小的接口上，不要强迫依赖不用的方法，这是一种接口污染。

（6）迪米特原则（Law of Demeter）　对象与对象之间应该使用尽可能少的方法来关联，避免千丝万缕的关系。迪米特原则的主要目的是控制信息的过载。

5. 答案：虚拟内存简称虚存，是计算机系统内存管理的一种技术。它是相对于物理内存而言的，可以理解为"假的"内存。它使得应用程序认为它拥有连续可用的内存（一个连续完整的地址空间），允许程序员编写并运行比实际系统拥有的内存大得多的程序，这使得许多大型软件项目能够在具有有限内存资源的系统上实现。而实际上，它通常被分割成多个物理内存碎片，还有部分暂时存储在外部磁盘存储器上，在需要时进行数据交换。相比实存，虚存有以下好处。

（1）扩大了地址空间　无论段式虚存，还是页式虚存，或是段页式虚存，寻址空间都比实存大。

（2）内存保护　每个进程运行在各自的虚拟内存地址空间，互相不能干扰对方。另外，虚存还对特定的内存地址提供写保护，可以防止代码或数据被恶意篡改。

（3）公平分配内存　采用了虚存之后，每个进程都相当于有同样大小的虚存空间。

（4）当进程需要通信时，可采用虚存共享的方式实现。

不过，使用虚存也是有代价的，主要表现在以下几个方面的内容。

（1）虚存的管理需要建立很多数据结构，这些数据结构要占用额外的内存。

（2）虚拟地址到物理地址的转换，增加了指令的执行时间。

（3）页面的换入换出需要磁盘 I/O，这是很耗时间的。

（4）如果一页中只有一部分数据，那么会浪费内存。

二、程序设计题

1. 答案：本题中，可以采用两两比赛的方式找出最好的羽毛球员工，具体而言，就是将 1001 个员工两两分组，分成 500 组，然后剩下一个人，采用二者之间取优胜者的方法，即类似于归并排序的方式，比出优胜者后，让优胜者之间再比赛，主要是要考虑多余的那一名选手如何处理，必然要在第一次决出优胜者后加入比赛组。

过程如下：

（1）分成 500 组，1 人空出（500 次，淘汰 500 人）。

（2）250 组，空 1 人（250 次，淘汰 250 人）。

（3）125 组，空 1 人（125 次，淘汰 125 人）。

（4）63 组（63 次，淘汰 63 人）。

（5）31 组，空 1 人（31 次）。

（6）16 组（16 次）。

（7）8 组（8 次）。

（8）4 组（4 次）。

（9）2 组（2 次）。

（10）1 组（1 次，得出冠军）。

结果：

如果是两两比赛，那么次数是 500+250+125+63+31+16+8+4+2+1 = 1000 次。

如果是场次，那么次数是 10 场比赛。

如果只求两两比赛的次数，那么可以用另外一个简单的方法来考虑——每一场比赛只能淘汰一个人，只有比 1000 场比赛才能淘汰掉 1000 个人，从而剩下最后一个，一定是第一名。示例代码如下。

```
#include<iostream>
using namespace std;

int getRoundCount(int n)
{
    if (n<1)
    {
        cout << "输入参数不合理" << endl;
        return -1;
    }
    int num = 0;                    //比赛的场数
    int remain = 0;                 //剩余的人数
```

```
            int round = 0;                    //举行比赛的次数（每一轮淘汰赛算一次）
            for (; n>1; n = n / 2)
            {
                if (n % 2 != 0)
                {
                    if (remain == 0)
                        remain = 1;
                    else
                    {
                        remain = 0;
                        n++;
                    }
                }
                num += n / 2;
                round++;
            }
            cout << "比赛场次： " << num << ",比赛轮数： " << round << endl;
    }

    int main()
    {
        getRoundCount(1001);
        return 0;
    }
```

程序的运行结果为：

```
    比赛场次：1000,比赛轮数：10
```

2．答案：本题考查的是一个数学知识，也可以使用计算机思维进行解答。

根据题目意思可以得出以下三个结论。

1）对于每盏灯，当拉动的次数是奇数时，灯就是亮着的；当拉动的次数是偶数时，灯就是关着的。

2）每盏灯拉动的次数与其编号所含约数的个数有关，它的编号有几个约数，这盏灯就被拉动几次。

3）本题实际是求 1~100 这 100 个数中有哪几个数约数的个数是奇数。

由于最开始灯是灭的，因此，只有经过奇数次改变，开关状态的灯才是亮的，相对应的数学解释就是灯的编号有奇数个不同的约数，一个数的约数都是成对出现的，只有完全平方数约数的个数才是奇数个，例如，1 的约数为 1，4 的约数为 1、2、4，9 的约数为 1、3、9，以此类推，这 100 盏灯中有 10 盏灯是亮着的。它们的编号分别是 1、4、9、16、25、36、49、64、81、100。

实现代码如下。

```
    #include<iostream>
    using namespace std;

    //参数 n 为灯泡个数
```

```
        int getOnLightnber(int n)
        {
            int* a = new int[n];                    //申请一个长度为 n 的整型数组
            int count = 0;
            int i;
            for (i = 0; i <n; i++)
            {
                for (int j = 1; j <n; j++)
                {
                    if (i%j == 0)
                    {
                        if (a[i] == 1)
                            a[i] = 0;
                        else
                            a[i] = 1;
                    }
                }
            }
            for (i = 0; i <n; i++)                   //统计开着的灯的个数
            {
                if (a[i] == 1)
                    count++;
            }
            delete[] a;
            return count;
        }

        int main()
        {
            cout << "开灯的个数为：" << getOnLightnber(100) << endl;
            return 0;
        }
```

程序的运行结果为：

开灯的个数为：10

真题详解 15　某互联网金融企业 iOS 高级工程师 笔试题详解

一、问答题

1．答案：常见的使用 block 引起引用循环的情况为：在一个对象中强引用了一个 block，而在这个被引用的 block 中又强引用了该对象，此时就出现了该对象和该 block 的循环引用，以如下代码为例。

/* Test.h */

```
#import <Foundation/Foundation.h>
/* 声明一个名为 MYBlock 的 block，参数为空，返回值为 void */
typedef void (^MYBlock)();
@interface Test : NSObject
/* 定义并强引用一个 MYBlock */
@property (nonatomic, strong) MYBlock block;
/* 对象属性 */
@property (nonatomic, copy) NSString *name;
- (void)print;
@end
/* Test.m */
#import "Test.h"
@implementation Test
- (void)print {
    self.block = ^{
        NSLog(@"%@",self.name);
    };
    self.block();
}
@end
```

解决上面的引用循环的方法有以下两种：一是强制将一方指针设置成 nil，来破坏引用循环；二是将对象使用 __weak 或者 __block 修饰符修饰之后再在 block 中使用（注意是在 ARC 下）。

```
- (void)print {
    __weak typeof(self) weakSelf = self;
    self.block = ^{
        NSLog(@"%@",weakSelf.name);
    };
    self.block();
}
```

2．答案：unrecognized selector 错误主要发生在消息接收者无法正确响应发来的消息时，即无法找到消息对应的实现时。

unrecognized selector 错误指的是无法识别的 selector，即 receiver 无法处理发出的消息。根据消息传递机制和动态绑定机制可知，向接收者对象发送消息后，会根据其 isa 指针到其类对象的方法列表中以方法名为键找对应的方法实现，如果找不到，那么启动消息转发机制，但如果消息转发机制仍然无法弥补，那么就意味着接收者无法响应和处理该消息，在这种情况下就会报 unrecognized selector 错误导致程序崩溃。

3．答案：

MVC 的优点如下所示。

（1）代码具有低耦合的特性

耦合性，也称块间联系。指程序结构中各模块间相互联系紧密程度的一种度量。模块之间联系越紧密，其耦合性就越强，模块的独立性则越差。在 MVC 设计模式中，由于视图层、业务层和数据层的分离，每个模块之间相互独立，这样就允许更改视图层代码而不用重新编译模型和控制器代码，同样，一个应用程序的业务流程或者业务规则的改变只需要改动 MVC 的模型层即可。因为模型与控制器和视图相分离，所以很容易改变应用程序的数据层和业务规则。

（2）高重用性和可适用性

随着技术的不断进步，现在需要用越来越多的方式来访问应用程序。MVC 模式允许使用各种不同样式的视图来访问同一个服务器端的代码。它包括任何 Web（HTTP）浏览器或者无线浏览器（Wap），例如，用户可以通过电脑也可通过手机来订购某样产品，虽然订购的方式不一样，但处理订购产品的方式是一样的。由于模型返回的数据没有进行格式化，所以同样的构件能被不同的界面使用。例如，很多数据可能用 HTML 来表示，但是也有可能用 Wap 来表示，而这些表示所需的命令是改变视图层的实现方式，而控制层和模型层无须做任何改变。

（3）较低的生命周期成本和高可维护性

MVC 模式使视图层和业务逻辑层分离，使得应用更易于维护和修改，开发和维护用户接口的技术含量降低，技术人员只要关心指定模块的代码逻辑即可。

（4）有利于软件工程化管理

由于不同的层各司其职，每一层不同的应用具有某些相同的特征，有利于通过工程化、工具化管理程序代码。

MVC 的缺点如下所示。

（1）增加了系统结构和实现的复杂性　MVC 设计模式适合用户界面和业务逻辑比较复杂的应用程序。对于简单的界面，严格遵循 MVC 设计模式，使模型、视图与控制器分离，会增加结构的复杂性，并可能产生过多的更新操作，降低运行效率。

（2）视图与控制器间的过于紧密的连接　虽然视图与控制器之间是相互分离的，但在实际开发中，视图与控制器却又是联系紧密的部件，视图没有控制器的存在，其应用是很有限的，反之亦然，这样就妨碍了它们的独立重用。

（3）视图对模型数据的低效率访问　依据模型操作接口的不同，视图可能需要多次调用才能获得足够的显示数据。对未变化数据不必要的频繁访问，也将损害操作性能。

（4）控制器臃肿　大量逻辑处理代码全部放入 ViewController 控制器中，加上要遵循很多协议，会导致其变得臃肿和混乱，难以维护和管理，也难以分离模块进行测试。

（5）缺少专门放网络逻辑代码的部分，导致网络逻辑处理也只能放在 Controller 控制器中，加剧了 Controller 控制器部分的臃肿问题。

4. 答案：这道题要求存储三类信息：用户信息、关系信息及用户之间的关系信息。涉及的表如表 10～表 12 所示。

（1）用户表：存储用户基本信息。

create table user_info(user_id int primary key, user_name varchar(30) ,user_age int);（这个主键可以使用数据库自增的方式来实现，不同的数据库定义的方法有所不同）。

表 10　用户表

user_id	user_name	user_age
1	James	18

（续）

user_id	user_name	user_age
2	Ross	25
3	Jack	50

（2）用户关系定义表：主要存储用户之间所有可能的关系。

```
create table relation_define(relation_id int primary key, relation_name varchar2(32));
```

表 11　用户关系定义表

relation_id	relation_name
1	同事
2	父子
3	朋友

（3）用户关系信息表：存储用户关系信息。

```
create table user_relation(user_id int, rel_user_id int,relation_id int );
```

表 12　用户关系信息表

user_id	rel_user_id	relation_id
1	2	1
2	3	2
1	3	3

上述三个表中数据表示 1（James）和 2 Ross 是同事关系，3（Jack）和 2（Ross）是父子关系，1（James）和 3（Jack）是朋友关系。

示例：查询用户 1 的社会关系。

```
select a.user_name,b.relation_name    from user_info a, relation_define b,
(select user_id,relation_id from user_relation where rel_user_id =1 union select rel_user_id as user_id,
relation_id from user_relation where user_id =1) c
where a.user_id=c.user_id and b.relation_id=c.relation_id
```

运算结果如表 13 所示。

表 13　运算结果

user_name	relation_name
Ross	同事
Jack	朋友

二、程序设计题

1．思路：根据 numStr 进行字符匹配，直接在 PhoneNo 中进行即可。把 numStr 所对应的字母，如"926"，可以组成 4×3×3 种组合，把相应的字符串存起来。

联系人列表 UserList<UserName, PhoneNo>中可以把姓氏按拼音存到一个数据表中，并且按照自己定义的一个映射表，得到姓氏所对应的数字串，然后再进行匹配。

答案：在查找联系人列表时有以下两种情况。

（1）判断输入的数字序列是否为某一个号码的子串，如果是，那么把这个联系人添加到查找结果中。

（2）找出数字序列对应的所有可能的字符串的组合，针对每个字符串组合，判断这个字符串是否是某个联系人姓名拼音的前缀，如果是，那么把这个联系人添加到查找结果中。

接下来主要的难点就是，如何根据输入的数字序列找出所有拼音的组合。下面介绍一种采用递归的实现方式，主要的思路为：对于第一个数字，可以分别取这个数字对应的字母，然后对于剩下的数字序列可以采用同样的方式，用递归的方法来完成不同字母的组合，实现代码如下。

```cpp
#include <iostream>
#include <cstdlib>
#include<map>
#include<string>

using namespace std;

#define N 3                                    //输入号码串长度
char c[][10] = { "", "", "ABC", "DEF", "GHI", "JKL", "MNO", "PQRS", "TUV", "WXYZ" };
                                               //存储各个数字代表的字符

int total[10] = { 0, 0, 3, 3, 3, 3, 3, 4, 3, 4 };    //各个数字所能代表的字符总数

map<string, string> UserList;                  //存储<姓名，电话号码>键值对
map<string, string> Dict;                      //存储<姓名，拼音>键值对
map<string, string> ResultList;                //存储查询结果<姓名，电话号码>

//初始化联系人信息
void initContactMap()
{
    UserList.insert(pair <string, string>("王二", "15329283716"));
    UserList.insert(pair <string, string>("万事通", "15329283717"));
    UserList.insert(pair <string, string>("流水", "15329283719"));
    UserList.insert(pair <string, string>("李四", "15329263711"));

    Dict.insert(pair <string, string>("王二", "WANGER"));
    Dict.insert(pair <string, string>("万事通", "WANSHITONG"));
    Dict.insert(pair <string, string>("流水", "LIUSHUI"));
    Dict.insert(pair <string, string>("李四", "LISI"));
}

//把 numStr 作为拼音的前缀查找满足条件的联系人
void getContact(char* numStr)
{
    map<string, string>::iterator it;
    for (it = Dict.begin(); it != Dict.end(); it++)
```

```
        {
                string name = it->first;
                string pingyin = it->second;
                //这个联系人名字的拼音的前缀为 numStr，添加到查找结果中
                if (pingyin.find(numStr, 0) == 0)
                {
                        ResultList.insert(pair <string, string>(name, UserList[name]));
                }

        }
}


/*找出数字对应的所有字母组合，然后根据字母在拼音表中查找联系人
*   number: 存储了当前输入的号码
*   pos: 当前处理的数字在 number 中的下标
*   ps: 存放数字对应的字符串
*   n: 输入号码的长度
*/
void RecursiveSearch(int *number, int pos, char *ps, int n)
{
        int i;
        for (i = 0; i<total[number[pos]]; ++i)
        {
                ps[pos] = c[number[pos]][i];
                //数字对应字符串的一种组合
                if (pos == n - 1)
                {
                        //根据字母的组合，在拼音表中找出满足条件的联系人信息
                        getContact(ps);
                }
                else
                        RecursiveSearch(number, pos + 1, ps, n);
        }
}


//根据输入的数字序列找出满足条件的联系人信息
void getContactByNumber(int * number)
{
        char* num = new char[N + 1];
        for (int i = 0; i<N; i++)
        {
                num[i] = number[i] + '0';
        }
        num[N] = '\0';
        map<string, string>::iterator it;
        for (it = UserList.begin(); it != UserList.end(); it++)
        {
                string name = it->first;
                string phone = it->second;
                //输入的数字序列是 phone 的子串，则把这个联系人信息添加到查找结果中
```

```
                    if (phone.find(num, 0) != string::npos)
                        ResultList.insert(pair <string, string>(name, phone));
            }
        }

    //根据输入的字符数字序列，查找联系人
    void getContactList(int * number, int n)
    {
        char ps[N + 1] = { 0 };
        getContactByNumber(number);
        RecursiveSearch(number, 0, ps, N);
    }

    //打印联系人列表
    void printResultList()
    {
        map<string, string>::iterator it;
        for (it = ResultList.begin(); it != ResultList.end(); it++)
        {
            string name = it->first;
            string phone = it->second;
            cout << name << ":" << phone << endl;
        }
    }

    int main()
    {
        int number[N] = { 9, 2, 6 }; //存储电话号码
        initContactMap();
        getContactList(number, 3);
        printResultList();
        return 0;
    }
```

程序的运行结果为：

```
李四：15329263711
万事通：15329283717
王二：15329283716
```

分析：前两个结果是通过数字序列对应的字母组合的拼音查找出来的，而最后一个结果是通过数字序列查找出来的。

真题详解 16　某知名银行 iOS 高级工程师笔试题详解

一、单选题

1. 答案：D。

分析：本题考查的是 Linux 操作系统的知识。

对于选项 A，w 命令用来显示当前登录的用户信息，所以，选项 A 错误。

对于选项 B，top 命令用来实时显示系统中各个进程的资源占用状况，所以，选项 B 错误。

对于选项 C，ps 命令用来列出系统中当前运行的那些进程，所以，选项 C 错误。

对于选项 D，uptime 命令主要用于获取主机运行时间和查询 Linux 系统负载等信息，可以显示系统现在时间、系统已经运行了多长时间、目前有多少登录用户、系统在过去的 1min、5min 和 15min 内的平均负载，所以，选项 D 正确。

所以，本题的答案为 D。

2．答案：B。

分析：本题考查的是操作系统的知识。

进程的状态有两种划分方式：三态模型与五态模型。

（1）三态模型：运行态、就绪态和阻塞（等待）态。

（2）五态模型：新建态、就绪态、运行态、阻塞态和终止态。

下面重点介绍三态模型中的各个状态。

（1）运行态：表明这个进程正在处理器上运行。

（2）就绪态：当一个进程获取到了除处理器以外的所有资源时，一旦处理器可用，这个进程就可以执行，处在这个状态下的进程的状态为就绪状态。

（3）阻塞态：当一个进程正在等待某一件事发生（如 I/O 事件）而暂停运行，就算处理器可用，这个进程也无法执行，处在这个状态下的进程的状态为阻塞状态。

所以，本题的答案为 B。

3．答案：C。

分析：本题考查的是 Linux 操作系统的知识。

umask 主要用来设置用户创建文件的默认权限（设置的是权限的补码），在计算新创建文件的默认权限时，应先写出文件最大的权限模式，然后从这个模式中拿走 umask 就可以得到新创建文件的默认权限。Linux 操作系统中的文件有三种权限：r（读）、w（写）、x（执行），分别用数字 4、2、1 代表。对于新创建的文件来说，最大的权限是 6，因为新创建的文件不能有执行权限，只能在创建后通过 chmod 命令（chmod 是 Linux 系统管理员最常用到的命令之一，它用于改变文件或目录的访问权限）给文件增加执行权限。因此，新创建的文件的最大权限模式为 666（-rw-rw-rw-），由于 unmask 设置为 244，因此，从 666 中拿去 244 后变为 422（-r---w--w-）。

所以，本题的答案为 C。

4．答案：B。

分析：本题考查的是计算机网络与通信的知识。

对于选项 A，随着网络技术的不断发展，IP 地址紧缺已经是一个非常突出的问题，网络地址转换正是为了解决这个问题而出现的。网络地址转换的作用是把内网的私有地址转化成外网的公有地址，使得内部网络上的（被设置为私有 IP 地址的）主机可以访问 Internet。当大量的内部主机只能使用少量的合法的外部地址时，就可以使用网络地址转换（Network Address Translation，NAT）把内部地址转化成外部地址，所以，选项 A 正确。

对于选项 B，地址转换实现了对用户透明的网络内部地址的分配，而不是外部，所以，选项 B 错误。

对于选项 C，地址转换只会对内网与公网地址进行映射，不会影响其他功能，所以，选项 C 正确。

对于选项 D，由于网络内部计算机在访问 Internet 时都会被映射为一个公网地址，因此，并没有把计算机实际的地址暴露在 Internet 中，所以，提供了一定的"隐私"，所以，选项 D 正确。

所以，本题的答案为 B。

5．答案：A。

分析：本题考查的是计算机网络与通信的知识。

本题中，"/27"表明 IP 地址的子网号为 27 位（子网掩码：11111111.11111111.11111111.11100000），然后把 IP 地址与这个子网掩码执行按位与（&）操作，就可以得到子网号，子网号相同的就在一个子网内。由于 IP 地址前面几位都是 192.168.1，因此，只需要考虑最后一位。

题目中 IP 地址最后一个位的十进制表示为 110，其对应的二进制位表示为 01101110，与子网掩码与的结果为 01100000；94 的二进制为 01011110，与子网掩码与的结果为 01000000；96 的二进制为 01100000，与子网掩码与的结果为 01100000；124 的二进制为 01111100，与子网掩码与的结果为 01100000；126 的二进制为 01111110，与子网掩码与的结果为 01100000。由此可见，选项 B、选项 C 与选项 D 的子网号与题目给出的 IP 地址的子网号相同，因此，它们属于同一个子网。

所以，本题的答案为 A。

6．答案：B。

分析：本题考查的是计算机网络与通信的知识。

ping 命令主要用来检测网络是否连通，其使用格式为：ping ip 地址。底层实现的原理为：ping 发送一个 ICMPECHO 包；接收 ICMP echo（ICMP 回声应答），因此，选项 B 正确。

对于选项 A，Internet 控制报文协议（Internet Control Message Protocol，ICMP）重定向报文是 ICMP 控制报文中的一种。在特定的情况下，当路由器检测到一台机器使用非优化路由时，它会向该主机发送一个 ICMP 重定向报文，请求主机改变路由。路由器也会把初始数据报向它的目的地转发，因此，选项 A 错误。

对于选项 C，源抑制报文（Source Quench Message）一般被接收设备用于帮助防止它们的缓存溢出。接收设备通过发送源抑制报文来请求源设备降低当前的数据发送速度。因此，选项 C 错误。

对于选项 D，当数据包无法被转发到目标结点或者上层协议时，路由器或者目标结点发送 ICMPv6 目标不可达差错报文，因此，选项 D 错误。

所以，本题的答案为 B。

7．答案：C。

分析：本题考查的是计算机网络与通信的知识。

传输层协议主要有 TCP 与 UDP。用户数据报协议（User Datagram Protocol，UDP）提供无连接的通信，不能保证数据包被发送到目标地址，应用于典型的即时传输少量数据的应用程序；而传输控制协议（Transmission Control Protocol，TCP）是一种面向连接（连接导向）的、可靠的、基于字节流的通信协议，它为传输大量数据或为需要接收数据许可的应用程序提供连接定向和可靠的通信。

TCP 与 UDP 都是常用的通信方式，在特定的条件下发挥着不同的作用。具体而言，TCP 和 UDP 的区别主要表现为以下几个方面。

（1）TCP 是面向连接的传输控制协议，而 UDP 提供的是无连接的数据报服务。

（2）TCP 具有高可靠性，确保传输数据的正确性，不出现丢失或乱序；UDP 在传输数据前不建立连接，不对数据报进行检查与修改，无须等待对方的应答，所以，它会出现分组丢失、重复、乱序，应用程序需要负责传输可靠性方面的所有工作。

（3）TCP 对系统资源要求较多，UDP 对系统资源要求较少。

（4）UDP 具有较好的实时性，工作效率较 TCP 高。

（5）UDP 段结构比 TCP 的段结构简单，因此，它的网络开销也小。

（6）TCP 通过滑动窗口来控制发送的速率，UDP 没有使用滑动窗口。

（7）UDP 主要用来传输视频、音频等可靠性要求低的情况，而 TCP 主要用于数据传输与文件下载等可靠性要求高的情况。

由此可见，UDP 提供了高的传输效率，所以，选项 C 正确。

所以，本题的答案为 C。

8．答案：D。

分析：本题考查的是计算机网络与通信的知识。

TCP 是一种面向连接的、可靠的、基于字节流的传输层通信协议，主要通过如下一些方式实现可靠传输。

（1）当 TCP 发出一个段后，它启动一个定时器，等待目的端确认收到这个报文段。如果不能及时收到一个确认，那么将重发这个报文段。当 TCP 收到发自 TCP 连接另一端的数据时，它将发送一个确认。

（2）TCP 将保持其首部和数据的检验和。这是一个端到端的检验和，目的是检测数据在传输过程中的任何变化。如果收到段的检验和有差错，那么 TCP 将丢弃这个报文段，同时，不确认收到此报文段。

（3）由于 TCP 报文段作为 IP 数据报来传输，而 IP 数据报的到达可能会失序，因此，TCP 报文段的到达也可能会失序。因此，TCP 将对收到的数据进行重新排序，将收到的数据以正确的顺序交给应用层，这就需要对报文进行编号，以确定报文的顺序。

由此可见，选项 D 正确。

对于选项 A，封装是为了提高传输效率，当个别包传输失败后，只需要重传失败的包即可，如果没有把一个大的包封装成多个小的包，那么当一个包出错时都需要重发整个包，所以，选项 A 错误。

对于选项 B，流量控制的目的是防止过多的数据注入网络中，这样可以使网络中的路由器或链路不致过载，所以，选项 B 错误。

对于选项 C，TCP 是面向连接的服务，而 UDP 才是面向无连接的服务，所以，选项 C 错误。

所以，本题的答案为 D。

9．答案：A。

分析：本题考查的是对 bash 变量的理解。

bash 是一个为 GNU（即 GNU is Not Unix 的递归缩写）计划编写的 Unix shell，它的名字是一系列缩写：Bourne-Again Shell，它是大多数 Linux 系统以及 Mac OS X v10.4 默认的 shell，它能运行于大多数 Unix 风格的操作系统之上，甚至被移植到了 Microsoft Windows 上的 Cygwin 系统中，以实现 Windows 的 POSIX 虚拟接口。此外，它也被 DJGPP 项目移植到了 MS-DOS 上。

bash 的命令语法是 Bourne shell 命令语法的超集。本题中，对于选项 A，$#用来表示执行 bash 程序时命令行参数的个数，所以，选项 A 正确。

对于选项 B，$$用来表示当前脚本运行的进程 ID，所以，选项 B 错误。

对于选项 C，$@用来表示参数列表，所以，选项 C 错误。

对于选项 D，$?命令表示函数或者脚本自身的退出状态，用于检查上一个命令、函数或者脚本执行是否正确，所以，选项 D 错误。

所以，本题的答案为 A。

10．答案：C。

分析：本题考查的是 bash 中对重定向的理解。

输出可以分为标准输出和标准错误输出，其中 2 代表标准错误输出，1 代表标准输出。重定向有两种方式：>demo.log 与>>demo.log。其中，>demo.log 把标准输出流重定向到 demo.log 文件中，这种方式会清空 demo.log 中的内容；而>>demo.log 也只把标准输出重定向到 demo.log，但不会清空 demo.log 中已有的内容。对于本题而言，bash demo.sh >demo.log，用来把标准输出定向到 demo.log 文件中，2&1 用来把标准错误重定向到标准输出。

所以，本题的答案为 C。

11．答案：C。

分析：本题考查的是对 bash 中赋值的理解。

bash 中赋值语句的写法为：变量名称=值（等号两边不能有空格），所以，选项 C 正确。

所以，本题的答案为 C。

12．答案：D。

分析：本题考查的是对 sed 命令的理解。

sed 是一种在线编辑器，一次处理一行内容，主要用来自动编辑一个或多个文件，简化对文件的反复操作。处理过程如下：把当前处理的行存储在临时缓冲区中，称为"模式空间"，然后用 sed 命令对缓冲区中的内容进行处理，处理完之后，把缓冲区的内容送往屏幕，接着去处理下一行，这样不断地重复，直到文件末尾，这种处理方式在默认情况下并没有改变文件的内容。

sed 的使用方式为：sed [-nefr] [动作]，其选项与参数如下。

-n：使用安静（Silent）模式。在一般 sed 的用法中，所有来自 STDIN 的资料一般都会被列出到屏幕上。但如果加上-n 参数后，那么只有经过 sed 特殊处理的那一行（或者动作）才会被列出来。

-e：一般使用方法为-e<script>或-expression=<script>，表示用选项中指定的 script 来处理文本文件。

-f：直接将 sed 的动作写在一个文件内。

-r：sed 的动作能支持延伸型正规表示法的语法。

-i：直接修改读取的文件内容，而不是输出到终端。

动作：[n1[,n2]]动作行为。

n1，n2：用来表示选择进行动作的行数，例如，如果想要后面的动作在 100～200 行之间进行，那么用 "100，200" 动作行为来表示。

下面介绍几种常用的动作行为。

a：在当前行后添加一行或多行。

c：用新文本替换当前行中的文本。

d：删除行。

i：在当前行之前插入文本。

p：打印这一行。

s：用一个字符串替换另外一个字符串。

g：取出暂存缓冲区的内容，将其复制到模式缓冲区。

例如，"1,20s/old/new/g" 就是把 1～20 行中的 old 替换成 new。

本题中，对于选项 A 和选项 C，a\ 和 d 分别是添加和删除的意思，显然是错误的，所以，选项 A 和选项 C 错误。

对于选项 B，sed '/ERP/p' demo.log，由于没有采用安静模式，因此，会打印 demo.log 中包含 ERP 的行。在默认情况下，sed 把所有行都打印到屏幕，如果某行匹配到模式，那么把该行另外再打印一遍，所以，选项 B 错误。

对于选项 D，sed -n '/ERP/p' demo.log，其中 "-n" 取消默认的输出，从而只把包含 "ERP" 的行打印出来，-p 是指打印行，demo.log 是指定的文件，所以，选项 D 正确。

所以，本题的答案为 D。

13. 答案：D。

分析：本题考查的是 Linux 操作系统的知识。

对于选项 A，.rpm 格式的文件需要用 rpm 命令来安装，所以，选项 A 错误。

对于选项 B，.tar.gz 格式的文件必须先用 tar 命令解压，解压后才能安装，所以，选项 B 错误。

对于选项 C，.tar.bz2 格式的文件也需要先用 tar 命令解压，解压后才能安装，所以，选项 C 错误。

对于选项 D，.deb 格式的文件需要用 dkpg 命令来安装，所以，选项 D 正确。

所以，本题的答案为 D。

14. 答案：D。

分析：本题考查的是有关链表的知识。

链表是一种物理存储单元上非连续、非顺序的存储结构，数据元素的逻辑顺序是通过链表中的指针链接次序实现的。链表由一系列结点（链表中每一个元素称为结点）组成，结点可以在运行时动态生成。每个结点包括两个部分：一个是存储数据元素的数据域；另一个是存储下一个结点地址的指针域。由此可见，可以通过结点的指针域找到下一个结点，存储地址是否连续并不重要。所以，选项 A、选项 B 和选项 C 均错误，选项 D 正确。

需要注意的是，数组与链表不同，对数组的访问是通过数组的下标来访问的，所以，对于数组而言，存储地址必须是连续的。

所以，本题的答案为 D。

15．答案：C。

分析：本题考查的是散列表的知识。

对于选项 A，对于散列表而言，散列冲突的问题需要解决，尤其是当数据量较大时，散列冲突的现象将更加明显，因此，不能在常数的时间找到特定记录，所以，选项 A 不正确。

对于选项 B，散列表中的数据既可以在内存中，也可以被映射到外存中（如文件）。所以，选项 B 不正确。

对于选项 C，在最坏的情况下，每个记录都有散列冲突，在这种情况下，查找的效率跟线性查找的效率是一样的，时间复杂度为 O(n)，所以，选项 C 正确。

对于选项 D，散列函数的选择跟字段 A 有直接的关系，根据 A 的数据类型的不同，需要选择不同的散列函数。散列函数的好坏对查找性能有着直接的影响，所以，选项 D 不正确。

所以，本题的答案为 C。

16．答案：C。

分析：本题考查的是数据库的知识。

在 SQL 中，内连接也称为自然连接，只有两个表相匹配的行才能在结果集中出现，返回的结果集是两个表中所有相匹配的数据，而舍弃不匹配的数据。由于内连接是从结果表中删除与其他连接表中没有匹配行的所有行，因此，内连接可能会造成信息的丢失。内连接的语法如下：

```
select fieldlist from table1 [inner] join table2 on table1.column=table2.column
```

内连接是保证两个表中的所有行都要满足连接条件。与内连接不同的是，外连接不仅包含符合连接条件的行，还包括左表（左外连接时）、右表（右外连接时）或两个连接表（全外连接）中的所有数据行。SQL 的外连接共有三种类型：左外连接（关键字为 LEFT OUTER JOIN）、右外连接（关键字为 RIGHT OUTER JOIN）、全外连接（关键字为 FULL OUTER JOIN）。外连接的用法和内连接一样，只是将 INNER JOIN 关键字替换为相应的外连接关键字即可。

内连接只显示符合连接条件的记录，外连接除了显示符合连接条件的记录（如若用左外连接）外，还显示左表中的记录。

例如，有学生表 A 和学生表 B 分别如表 14 和表 15 所示。

表 14　学生表 A

学　　号	姓　　名
0001	张三
0002	李四
0003	王五

表 15　学生表 B

学　　号	课　程　名
0001	数学
0002	英语

（续）

学　号	课程名
0003	数学
0004	计算机

对学生表 A 和学生表 B 进行内连接后的结果如表 16 所示。

表 16　内连接结果

学　号	姓　名	课程名
0001	张三	数学
0002	李四	英语
0003	王五	数学

对学生表 B 和学生表 A 进行左外连接后的结果如表 17 所示。

表 17　左外连接结果

学　号	姓　名	课程名
0001	张三	数学
0002	李四	英语
0003	王五	数学
0004	—	计算机

所以，本题的答案为 C。

17．答案：B。

分析：本题考查的是排序二叉树的知识。

排序二叉树的特点为：对于一个结点而言，所有左子树结点元素的值都小于这个结点元素的值，所有右子树结点的元素的值都大于这个结点元素的值，且左右子树都是排序二叉树。由于中序遍历的顺序为"左子树→根→右子树"，显然，中序遍历得到的序列是有序的，所以，选项 B 正确。

所以，本题的答案为 B。

18．答案：B。

分析：本题考查的是 JavaScript 隐式类型转换的知识。

当不同类型的数据参与运算时，JavaScript 会自动尝试类型转换，字符串与数字运算时，字符会被隐式地转换为数字后进行运算，所以，当执行 a%b 运算时，会先把 a="40"转换为整型，然后再执行计算，因此，计算结果为 5，所以，选项 B 正确。

所以，本题的答案为 B。

19．答案：C。

分析：本题考查的是对 CSS Sprites 技术的理解。

CSS Sprites 是把网页中的一些背景图片整合到一张图片文件中，再利用 CSS 的" background-image "" background-repeat "" background-position "的组合进行背景定位，

"background-position"可以用数字精确地定位出背景图片的位置。

当页面加载时，不是加载每个单独的图片，而是一次性加载整个组合图片。这样能大大减少 HTTP 请求的次数，从而减轻服务器的压力，同时缩短悬停加载图片所需要的时间延迟，使效果更流畅。从上面的分析可以发现，选项 A、选项 B、选项 D 正确。对于选项 C 而言，当采用 CSS Sprites 对图片进行合成时，合成后的图片比小图片更小，因此，选项 C 错误。

所以，本题的答案为 C。

20．答案：A。

分析：本题考查的是数据库的知识。

视图是由从数据库的基本表中选取出来的数据组成的逻辑窗口，不同于基本表，它是一个虚表，在数据库中，存放的只是视图的定义，而不是数据，这些数据仍然存放在原来的基本表结构中。只有在使用视图时才会执行视图的定义，从基本表中查询数据。

视图的作用非常多，主要有以下几点：首先，它可以简化数据查询语句；其次，它可以使用户从多角度看待同一数据；再次，它可以提高数据的安全性；最后，它提供了一定程度的逻辑独立性等。

通过引入视图机制，用户可以将注意力集中在其关心的数据上而非全部数据，这样就大大提高了用户效率与用户满意度，而且如果这些数据来源于多个基本表结构，或者数据不仅来源于基本表结构，还有一部分数据来源于其他视图，并且搜索条件又比较复杂，那么需要编写的查询语句就会比较烦琐，此时定义视图就可以使数据的查询语句变得简单可行。定义视图可以将表与表之间复杂的操作连接和搜索条件对用户不可见，即用户只需要简单地对一个视图进行查询，所以，增加了数据的安全性，但不能提高查询的效率。

对于选项 A，视图可以被定义为多个表的连接，也可以被定义为只有部分列可见，或满足条件的部分行可见，因此，有更强的定义功能，所以，选项 A 正确。

对于选项 B，视图有的操作，表都有，视图一般被用来查找，所以，选项 B 错误。

对于选项 C，视图的数据控制能力要强于表。视图可以被定义为多个表的连接，也可以被定义为只有部分列可见，或满足条件的部分行可见。通过定义不同的存储过程，并授予不同的权限，可以很灵活地对数据进行控制，所以，选项 C 错误。

对于选项 D，自然也就错了。

所以，本题的答案为 A。

21．答案：D。

分析：本题考察的是属性内存管理语义修饰符 weak 和 assign 的区别。

weak 是用来修饰对象的，表示弱引用，可以防止引用循环。另外 weak 可以将修饰的指针自动置 nil，避免野指针的问题。weak 修饰基本数据类型编译器会报错：Property with 'weak' attribute must be of object type。

assign 既可以修饰对象，也可以修饰基本数据类型。修饰对象时相当于 MRC 中使用的 unsafe_unretained 修饰符，但是不安全可能导致野指针的出现。

选项中只有 D 中的 NSString 是对象，其他都属于基本数据类型。其中 NSInteger 要注意不是对象，而是对 int 的封装，可以自动兼容 32 位系统和 64 位系统，推荐使用 NSInteger 代替 int。

所以，本题的答案为 D。

22. 答案：A。

分析：本题考查的是 iOS 中的几个沙盒目录的理解。

iOS 开发中常见的沙盒目录主要有：Document 目录、tmp 目录以及 Library 目录。它们的作用和用法如下。

（1）Documents 目录

Documents 目录主要用于存储非常大的文件或需要非常频繁更新的数据，目录中的文件能够进行 iTunes 或 iCloud 的备份。获取 Documents 目录的代码如下所示：

```
/* 获取 Documents 目录 */
NSString *documents = [NSSearchPathForDirectoriesInDomains(NSDocumentDirectory, NSUser
DomainMask, YES) lastObject];
```

（2）Library 目录

在 Library 目录下分别有 Preferences 和 Caches 目录，其中，Preferences 目录主要用于存放应用程序的设置数据，能进行 iTunes 或 iCloud 备份，通常保存应用的设置信息。而 Caches 目录主要用于存放数据缓存文件，不能进行 iTunes 或 iCloud 备份，适合存储体积大、不需要备份的非重要数据。获取 Caches 目录的代码如下：

```
/* 获取 Caches 目录 */
NSString *cacheDirectory = [NSSearchPathForDirectoriesInDomains(NSCachesDirectory, NSUser
DomainMask, YES) lastObject];
```

（3）tmp 目录

tmp 目录是应用程序的临时目录。里面的文件不能进行 iTunes 或 iCloud 备份，而且这里面的文件随时可能会被系统清除。获取 tmp 目录的代码如下：

```
/* 获取 tmp 目录 */
NSString *tmpDirectory = NSTemporaryDirectory();
```

需要注意的是，虽然不能直接访问其他应用程序中的数据，但是可以借助 iOS 提供的特定的 API 访问一些特殊应用，例如联系人应用等。

由此可见，只有 Documents 目录和 Library/Preferences 目录可以通过 iTunes/iCloud 同步，只有选项 A 是正确的。

所以，本题的答案为 A。

二、多选题

1. 答案：B、D。

分析：本题考查的是对硬链接的理解。

Linux 链接分两种：一种被称为硬链接（Hard Link）；另一种被称为符号链接（Symbolic Link）。

硬链接实际上是为文件新建一个别名，链接文件和原文件实际上是同一个文件，也就是说，硬链接是一个文件的一个或多个文件名。在 Linux 操作系统的文件系统中，每个文件都会有一个编号，被称为索引结点号（Inode Index）。在 Linux 操作系统中，硬链接的实现方式是使多个文件名指向同一索引结点，从而使得一个文件可以拥有多个有效的路径名。硬链接就是让多个不在或者同在一个目录下的文件名，同时能够修改同一个文件，其中一个修改后，所有与其有硬链接的文件都一起修改了。需要注意的是，硬链接是不能跨文件系统的。

符号链接也叫软链接，它非常类似于 Windows 的快捷方式，是一个特殊的文件。在符号链接中，文件实际上是一个文本文件，其中包含另一文件的位置信息。需要注意的是，符号链接是可以跨文件系统的。

所以，本题的答案为 B、D。

2. 答案：C、D。

分析：本题考查的是对正则表达式的理解。

*表示匹配 0 个或多个，本题中，表达式 A*B 表示先匹配 0 个或多个字符 "A"，然后再匹配一个字符 "B"。所以，选项 C 和选项 D 正确。

对于选项 A，没有字符 "B"，因此，无法匹配，所以，选项 A 错误。

对于选项 B，字符 "C" 是无法匹配的，所以，选项 B 错误。

所以，本题的答案为 C、D。

3. 答案：A、B。

分析：本题考查的是对 html 行内元素的理解。

块级元素会独占一行，默认情况下，其宽度自动填满其父元素宽度。行内元素不会独占一行，相邻的行内元素会排列在同一行里，直到一行排不下，才会换行，其宽度随元素的内容而变化。

常见的行内元素有 a（锚点）、abbr（缩写）、acronym（首字）、b（粗体）、big（大字体）、br（换行）、cite（引用）、font（字体设定）、i（斜体）、img（图片）、input（输入框）、kbd（定义键盘文本）、label（表格标签）、q（短引用）、s（删除线）、samp（定义范例计算机代码）、select（项目选择）、small（小字体文本）、span（常用内联容器，定义文本内区块）、strike（删除线）、strong（粗体强调）、sub（下标）、sup（上标）、textarea（多行文本输入框）、tt（电传文本）、u（下画线）和 var（定义变量）。

常见的块级元素有 address（地址）、blockquote（块引用）、center（居中对齐块）、dir（目录列表）、div（图层，常用块级元素，也是 css layout 的主要标签）、dl（定义列表）、fieldset（form 控制组）、form（交互表单）、h1（大标题）、h2（副标题）、h3（3 级标题）、h4（4 级标题）、h5（5 级标题）、h6（6 级标题）、hr（水平分隔线）、isindex（输入提示）、menu（菜单列表）、noframes（frames 可选内容，对于不支持 frame 的浏览器显示此区块内容）、noscript（可选脚本内容，对于不支持 script 的浏览器显示此内容）、ol（排序表单）、p（段落）、pre（格式化文本）、table（表格）及 ul（无序列表）。

本题中，选项 A 与选项 B 中的内容为行内元素，选项 C 与选项 D 为块级元素。

所以，本题的答案为 A、B。

4. 答案：A、C。

分析：本题考查的是对数据库索引的理解。

索引是对数据库表中一列或多列的值进行排序的一种结构，使用索引可快速访问数据库表中的特定信息。数据库中索引可以分为两种类型：聚簇（聚集索引）索引和非聚簇索引（非聚集索引）。

聚集索引：表数据按照索引的顺序来存储，也就是说，索引项的顺序与表中记录的物理顺序一致。对于聚集索引，叶子结点即存储了真实的数据行，不再有另外单独的数据页。正因为索引的数据需与数据物理存储的顺序一致，在一张表上最多只能创建一个聚集索引。

非聚集索引：表数据存储顺序与索引顺序无关。对于非聚集索引，叶结点包含索引字段值及指向数据页、数据行的逻辑指针。为了提高索引的性能，一般采用 B 树来实现。

所以，本题的答案为 A、C。

5．答案：B、D。

分析：本题考查的是对 Web 相关知识点的理解。

对于选项 A，静态网站是指全部由 HTML 代码格式页面组成的网站，所有内容包含在网页文件中。静态网站中的网页是固定的，且每个网页都有固定的统一资源定位符（Uniform Resource Locator，URL），显然，可以通过更改静态网页中的内容来更改网站的内容，所以，选项 A 不正确。

对于选项 B，对于大型的网站而言，为了能够响应大量用户的访问，一般都需要多个 Web 服务器来实现，为了实现负载均衡，需要把不同用户的请求根据特定的策略分配到不同的 Web 服务器上来响应用户请求，例如，内容分发网络（Content Delivery Network，CDN）技术利用全局负载均衡技术将用户的访问指向离用户最近的工作正常的流媒体服务器上，由流媒体服务器直接响应用户的请求，所以，选项 B 正确。

对于选项 C，127.0.0.1 与 localhost 是等价的，可以用来访问本地站点，所以，选项 C 不正确。

对于选项 D，这些都是属于 Web 站点入侵方式，所以，选项 D 正确。

所以，本题的答案为 B、D。

6．答案：A、C。

分析：本题考查的是对 Objective-C 中 isa 指针的理解。

Objective-C 实例对象的 isa 指针指向它的类对象。Objective-C 中有三个层次的对象：实例对象（Instance Object）、类对象（Class）和元类（Meta Class）。Class 即自定义的类，是实例对象的类对象，而类对象又是其对应元类的实例对象。它们的关系如图 36 所示。

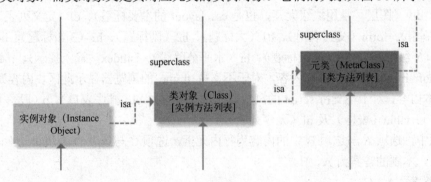

图 36　实例对象、类对象、元类之间的关系

isa 指针的作用是通过它可以找到对应类对象或元类中的方法（对象可接收的方法列表），例如，实例对象可以在其类对象中找到它的实例方法，Class 对象可以从元类中找到它的类方法。此外特别地，元类的 isa 指针指向的是根元类（Root Meta Class），而根元类也有 isa 指针，指向的是其本身。

选项 A 说法正确，实例对象是类对象的实例，实例对象的 isa 指向其类对象。

选项 B 后半句说法错误，类对象的 isa 指针指向其元类，而不是其父亲（类和元类的 superclass 指针才指向它们的父亲）。

选项 C 说法正确，Objective-C 中的类即类对象，是其元类的实例。

选项 D 后半部分说法错误，元类的 isa 指针指向的是根元类，但根元类的 isa 指针指向的是其本身，而不是 NSObject。

所以，本题的答案为 A、C。

三、填空题

1．答案：5。

这 5 种形态如图 37 所示。

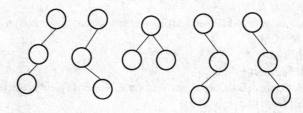

图 37　三节点二叉树的 5 种形态

2．答案：12。

要使得二叉树的高度最低，就需要把二叉树每一层都排满，即排成一个完全二叉树，高度为 k 的完全二叉树最多有 2k-1 个结点。当 k=11 时，2k-1=2047<4000；当 k=12 时，2k-1= 4095>4000。因此，树的最低高度为 12，且最后一层结点的个数为 4000-2017=1983。

3．答案：-*+ABC*-DE+FG。

前缀表达式，也称为"波兰式"，指的是不含括号的算术表达式，而且它是将运算符写在前面，操作数写在后面的表达式，例如，前缀表达式-1+2 3，它等价于算术表达式 1- (2+3)。

根据以上分析可知，本题的表达式的前缀表达式为-*+ABC*-DE+FG。

四、简答题

1．答案：Objective-C 中类别特性的作用如下所示。

（1）可以将类的实现分散到多个不同文件或多个不同框架中（扩充新的方法）。

（2）可以创建对私有方法的前向引用。

（3）可以向对象添加非正式协议。

Objective-C 中类别特性的局限性如下。

（1）类别只能向原类中添加新的方法，且只能添加而不能删除或修改原方法，不能向原类中添加新的属性。

（2）类别向原类中添加的方法是全局有效的而且优先级最高，如果和原类的方法重名，那么会无条件覆盖掉原来的方法，造成难以发现的潜在危险，因此使用类别添加方法一定注意保证是单纯的添加新方法，避免覆盖原来的方法（可以通过添加该类别的方法前缀来防止冲突）。例如，在多人协作开发的过程中，如果团队中有人在其他成员不知情的情况下使用类别将它写在类中的方法覆盖了，那么这会使得项目在运行时出现意想不到的问题，并且难以发现和纠正问题。

2．答案：NSNotification 默认在主线程中通知是同步的，当通知产生时，通知中心会一直等待所有的观察者都收到并且处理通知结束，然后才会返回到发送通知的地方继续执行后面的代码。但可以将通知的发送或者将通知的处理方法放到子线程中从而避免通知阻塞。其中通知的发送可以添加到 NSNotificationQueue 异步通知缓冲队列中，也不会导致通知阻塞。NSNotificationQueue 是一个通知缓冲队列，通常以 FIFO 先进先出的规则维护通知队列的发送，向通知队列添加通知有三种枚举类型：NSPostASAP、NSPostWhenIdle 和 NSPostNow，分别表示尽快发送、空闲时发送和现在立刻发送，可以根据通知的紧急程度进行选择。

下面示例验证默认通知是同步的。

```
/* 自定义消息的名称 */
#define MYNotificationTestName @"NSNotificationTestName"
/* 1.注册通知的观察者 */
[[NSNotificationCenter defaultCenter] addObserver:self selector:@selector(process) name:
MYNotificationTestName object:nil];
/* 2.发出通知给观察者 */
NSLog(@"即将发出通知！");
[[NSNotificationCenter defaultCenter] postNotificationName:MYNotificationTestName object:nil];
NSLog(@"发出通知处的下一条代码！");
/*3.处理收到的通知*/
– (void)process {
    sleep(10); // 假设处理需要 10s
    NSLog(@"通知处理结束！");
}
```

程序的打印结果为：

```
2017-01-21 22:21:30.501 SingleView[4579:146073] 即将发出通知！
2017-01-21 22:21:40.572 SingleView[4579:146073] 通知处理结束！
2017-01-21 22:21:40.572 SingleView[4579:146073] 发出通知处的下一条代码！
```

打印"即将发出通知"后，等了 10s 之后才打印出"通知处理结束"，然后才打印出@"发出通知处的下一条代码！"，这是等到通知处理结束才打印出来的，说明通知是同步的。

可以通过将通知的发送语句或者通知的处理语句放到子线程实现通知的异步。

将通知的发送语句放到子线程：

```
NSLog(@"即将发出通知！");
dispatch_async(dispatch_get_global_queue(0, 0), ^{
    [[NSNotificationCenter defaultCenter] postNotificationName:MYNotificationTestName object:nil];
});
NSLog(@"发出通知处的下一条代码！");
```

或者：

```
NSLog(@"即将发出通知！");
/* 将通知放到通知异步缓冲队列 */
NSNotification *notification = [NSNotification notificationWithName:MYNotificationTestName
object:nil];
[[NSNotificationQueue defaultQueue] enqueueNotification:notification postingStyle:NSPostASAP];
```

```
        NSLog(@"发出通知处的下一条代码！");
```

将通知的处理放到子线程：

```
    /* 处理收到的通知*/
    - (void)process {
        dispatch_async(dispatch_get_global_queue(0, 0), ^{
            sleep(10);                                    // 假设处理需要 10s
            NSLog(@"通知处理结束！");
        });
    }
```

执行结果变为：

```
    2017-01-21 22:31:09.259 SingleView[4711:151180] 即将发出通知!
    2017-01-21 22:31:09.260 SingleView[4711:151180] 发出通知处的下一条代码!
    2017-01-21 22:31:19.290 SingleView[4711:151252] 通知处理结束!
```

3. 答案：隐式动画是 UIKit 动画的基础，是 iOS 中创建动态 UI 界面的最直接的一种方式。开发者通过直接设定 UI 元素的一些可见属性的目标值，例如：frame、bounds、center、transform、alpha、backgroundColor、contentStretch 等，即可自动生成属性变化的过渡动画。例如设置视图的目标位置为 P1，即可自动生成从视图当前位置移动到 P1 的平滑动画。隐式动画是一种默认动画，动画是线性的，可以满足基本的需求，但对于一些复杂的动画，例如让视图沿曲线移动，隐式动画就无能为力了，需要定义显式动画来实现。

例如视图 view 位于屏幕外，通过执行下面的隐式动画，view 可以平滑地移入当前视图中央，动画时间为 0.5s，动画结束时在回调内可以紧接着进行其他的操作，例如继续进行下一个动画等。

```
    /* 隐式动画，视图平滑移入当前视图中央 */
    [UIView animateWithDuration:0.5 animations:^{
        view.center = self.view.center;
    } completion:^(BOOL finished) {
        // 动画结束回调...
    }];
```

显式动画不像隐式动画那样默认从一个初始状态线性变化到目标状态，而是需要显式地定义完整的动画流程，这样略微复杂的同时会更加灵活，可以实现更加复杂的动画效果。例如，隐式动画只能实现直线平移效果，而显式动画则可以显式地定义任意的曲线路径，让视图沿着曲线移动。简单说，显式动画就是要显式地定义动画对象，设置动画对象的各个状态和值，然后将动画对象应用到视图上，即可呈现动画的效果。

例如下面定义一个在 x 和 y 轴方向上（二维平面）不断缩放的动画对象，动画使视图层先放大 1.5 倍，动画结束后回到初始状态，如此循环。应用的时候将该动画对象添加到对应视图的 layer 层上即可。

```
    /* 定义基本动画对象(缩放动画) */
    CABasicAnimation *animation = [CABasicAnimation animationWithKeyPath:@"transformPath"];
    /* 设置动画目标状态, xy 平面放大 1.2 倍*/
```

```
CATransform3D scaleTransform = CATransform3DMakeScale(1.2, 1.2, 1);
animation.toValue = [NSValue valueWithCATransform3D:scaleTransform];
/* 动画持续时间 0.5s */
animation.duration = 0.5;
/* 动画不断循环重复 */
animation.repeatCount = HUGE_VALF;
/* 自动逆动画 */
animation.autoreverses = YES;
/* 动画结束移除之前动画对视图的影响，回到初始状态 */
animation.removedOnCompletion = NO;
animation.fillMode = kCAFillModeForwards;
/* 应用动画 */
[view.layer addAnimation: animation forKey:@"animationScaleKey"];
```

4．答案：在移动互联网时代，应用被反编译已经不是什么新鲜事，如何防止应用被反编译也成为了当下开发中重要的一个环节。尽管 Apple 对上架的应用做了加固处理，应用还是存在很多安全风险。iOS 应用存在哪些反编译安全风险呢？下面给出 4 个需要防范的反编译安全风险。

（1）内购破解的风险：插件法（仅越狱）、iTools 工具替换文件法（常见为存档破解）、八门神器修改。

（2）网络安全的风险：截获网络请求、破解通信协议并模拟客户端登录、伪造用户行为、对用户数据造成危害。

（3）应用程序函数 PATCH 破解的风险：利用 FLEX 补丁软件通过派遣返回值来对应用进行 PATCH 破解。

（4）源代码安全风险：通过使用 IDA 等反汇编工具对 IPA 进行逆向汇编代码，导致核心代码逻辑泄露与被修改，影响应用安全。

根据以上存在的几种反编译风险，下面给出几种解决方案。

（1）本地数据加密：将存储在 NSUserDefaults、sqlite 的文件数据加密，保护账号和关键信息。

（2）URL 编码加密：对程序中出现的 URL 进行加密，防止 URL 被静态分析。

（3）网络传输数据加密：对客户端传输数据进行加密，有效防止通过网络接口的拦截获取数据。

（4）方法体，方法名高级混淆：对应用程序的方法名和方法体进行混淆，保证源码被逆向后无法解析代码。

（5）程序结构混排加密：对应用程序逻辑结构进行打乱混排，保证将源码的可读性降到最低。

真题详解 17　某知名电脑厂商校招 iOS 笔试题详解

一、不定项选择题

1．答案：A、B、C、D。

分析：本题考查对深复制和浅复制的区别理解。浅复制只是复制了内存地址，也就是对内存空间的引用，此时多个指针指向同一个对象，任何一个指针修改对象都会对所有指针指向的对象产生影响；深复制是开辟新的空间并复制原空间相同的内容，新指针指向新空间内容，此时其中一个指针修改对象只会影响该指针所指向的自己的对象，对其他指针指向的对象没有影响。所以，以上选项中4种说法都正确。

所以，本题的答案为A、B、C、D。

2．答案：B、D。

分析：本题考查客户端数据持久化的方案。适合在客户端做持久化存储的必须是可以永久性存储在客户端的数据，除非用户自己手动将这些数据清除。

选项A中的Redis是一个开源的使用ANSI C语言编写、支持网络、可基于内存亦可持久化的日志型、Key-Value数据库，是一个网络服务数据库，不是用来做客户端数据持久化的。

选项B中的localStorage指的是本地存储，包括内存卡存储和手机内存存储，都是永久性存储。

选项C中的sessionStorage指的是临时会话数据，它的生命周期为当前窗口或标签页，窗口或标签页被关闭后会话数据会被自动清除，因此不适合做数据持久化。

选项D中的userData指的是用户数据，一般保存在手机内存中，也是永久存储。

所以，本题的答案为B、D。

3．答案：A、B、C。

分析：本题考查的是iOS中的常见导航模式，导航模式用来帮助用户快速切换页面的目录视图。

选项A中的平铺视图一般指的是通过UIScrollView和UIPageControl组合实现的手指滑动切换界面的导航视图，例如iPhone中自带的天气应用中，可以左右滑动切换不同城市的天气信息，同时底部会有一个动态指示当前界面位置的导航图标。

选项B中所说的标签导航在iOS应用中很常见，主要指的是使用UITabBarController实现的底部导航栏，几乎每个普通应用中都会出现。

选项C中的树形导航也很常见，例如使用UINavigationController和UITableView组合实现的页面多级跳转导航，以及九宫格导航等。

选项D中的模态视图是一种页面动态跳转的方法，不是一种导航模式。

所以，本题的答案为A、B、C。

4．答案：A、B、C、D。

分析：本题考查的是操作系统的知识。

进程间的通信方式主要有如下几种。

（1）管道

管道是一种两个进程间进行单向通信的机制。因为管道传递数据的单向性，管道又称为半双工管道。管道可以分为无名管道和命名管道。

1）无名管道是一种半双工的通信方式，它只能单向传输。除此之外，无名管道只能用在具有亲缘关系的进程之间进行通信（父子进程或者兄弟进程）。无名管道可以用pipe函数来创建。

2）命名管道由于给管道起了名字，因此，可以用于同一系统上任意两个线程之间的通信。命名管道的创建方式有两种，分别为命令mknod和系统调用函数mkfifo()。

命令行方式：mknod testNamedPipe p。

系统调用方式：mkfifo("testNamedPipe","rw");。

在命名管道创建好后，会在当前目录下生成名为"testNamedPipe"的有名管道。当有名管道创建好以后，就可以使用普通的 I/O 操作对管道进行操作了，如 read、write、close 等。

管道主要的缺点是：只支持单向数据流、只支持无格式的字节流、管道的缓存大小是有限的。

（2）信号

信号可以被看作在软件层次上对中断机制的一种模拟，它是一种异步的通信方式，主要用于通知进程有某事件发生。信号可以用来实现内核空间的进程与用户空间的进程之间的交互。一个进程收到一个信号，可以被等价地看作处理器收到一个中断请求。一般情况下，产生信号的方式有如下几种。

1）用户按下某些键，例如，按〈Ctrl+C〉组合键会产生 SIGINT 信号。

2）程序调用 intkill(pid_tpid,int sig)函数或在终端上执行 kill 命令都可以给指定的进程发送信号。

3）硬件的信号。例如，进程访问了非法的地址，内核就会生成对应的信号发送给指定线程。

4）程序检测到某些条件的发生，也可以通过信号的方式通知其他线程。

信号的主要缺点为：线程之间只是通过一个信号量来交互，信号承载的信息量太小。

（3）消息队列

消息队列是根据"生产者-消费者"原理实现的一种通信方式。具有写权限的进程可以向消息队列中添加消息，而具有读权限的进程可以从消息队列中读取消息。消息队列的这种实现方式很好地克服了前面两种通信方式的缺点。

（4）共享内存

共享内存是一种非常常用的、高效的通信方式。采用共享内存的技术可以使多个进程能够访问同一块内存空间。但是，正是由于同一块内存可以被多个进程同时访问，因此，在对共享内存中的数据进行访问时需要进行同步控制。一般都通过信号量或互斥锁来实现共享内存操作的同步。

（5）内存映射

内存映射通过把一个共享文件映射到进程内部的地址空间，来达到多进程通信的目的。

（6）信号量

信号量是一个计数器，可以用来控制多个进程对共享资源的访问。它常作为一种锁机制，防止某进程正在访问共享资源时，其他进程也访问该资源。因此，主要作为进程间以及同一进程内不同线程之间的同步手段。

（7）套接字（Socket）

这是一种使用广泛的通信方式，与其他进程通信方式不同，套接字不仅可以用于不同进程与线程之间的通信，还可以用于不同机器上进程或线程之间的通信。

所以，本题的答案为 A、B、C、D。

5. 答案：C。

分析：本题考查的是内存管理的知识。

一个 C/C++编译的程序所占用的系统内存一般分为 BSS 段、数据段、代码段、堆和栈，如图 38 所示。

（1）由符号起始的区块（Block Started by Symbol，BSS）段：BSS 段通常是指用来存放程序中未初始化的全局数据和静态数据的一块内存区域。BSS 段属于静态内存分配，程序运行结束后，静态变量资源由系统自动释放。

（2）数据段（Data Segment）：数据段通常是指用来存放程序中已初始化的全局变量的一块内存区域。数据段也属于静态内存分配。因此，BBS 段与数据段都属于静态区（全局区）。

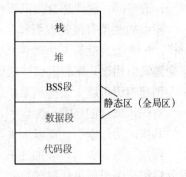

图 38　程序所占用的系统内存

（3）代码段（Code Segment/Text Segment）：代码段有时也称为"文本段"，通常是指用来存放程序执行代码（包括类成员函数和全局函数以及其他函数代码）的一块内存区域，这部分区域的大小在程序运行前就已经确定，并且内存区域通常是只读的，某些架构也允许代码段为可写，即允许修改程序。在代码段中，也有可能包含一些只读的常数变量，如字符串常量。这个段一般是可以被共享的，如在 Linux 操作系统中，打开了两个 Vi 来编辑文本，那么一般来说，这两个 Vi 是共享一个代码段的。

（4）堆（Heap）：堆用于存放进程运行中被动态分配的内存段，它的大小并不固定，可动态扩张或缩减。当进程调用 malloc 或 new 等函数分配内存时，新分配的内存就被动态添加到堆上（堆被扩张），当利用 free 或 delete 等函数释放内存时，被释放的内存从堆中被删除（堆被缩减）。堆一般由程序员分配释放，若程序员不释放，则程序运行结束时可能由操作系统自己回收。需要注意的是，此处的堆与数据结构中的堆不是一回事，分配方式类似于链表。

（5）栈（Stack）：栈用于用户存放程序临时创建的局部变量，一般包括函数括号"{}"中定义的变量（但不包括 static 声明的变量，static 意味着在数据段中存放变量）。除此之外，在函数被调用时，其参数也会被压入发起调用的进程栈中，并且等到调用结束后，函数的返回值也会被存放回栈中。栈由编译器自动分配释放，用于存放函数的参数值、局部变量的值等。其操作方式类似于数据结构中的栈。栈内存分配运算内置于处理器的指令集中，一般使用寄存器来存取，效率很高，但是分配的内存容量有限。

所以，本题的答案为 C。

6. 答案：B。

分析：本题考查的是数据库的知识。

主关键字（主键，Primary Key）是表中的一个或多个字段，它的值用于唯一地标识表中的某一条记录。在两个表的关系中，外键用来在一个表中引用来自于另一个表中的特定记录。主关键字是一种唯一关键字，是表定义的一部分。一个表不能有多个主关键字，且主关键字的列不能包含空值。

索引是一种提高数据库查询速度的机制，它是一个在数据库的表或视图上按照某个关键字段的值，升序或降序排序创建的对象，当用户查询索引字段时，它可以快速地执行检索操作，借助索引，在执行查询时不需要扫描整个表就可以快速地找到所需要的数据。一条索引记录包含键值和逻辑指针。创建索引时，系统分配一个索引页。在表中插入一行数据，同时也向该索引页中插入一行索引记录。由此可以看出，索引在提高查询效率的同时也增加了插入操作的时间，因此适合在以查询为主的场景使用。

索引的类型有聚簇索引和非聚簇索引。聚簇索引是表中行的物理顺序与键值的逻辑顺序一样，一个表只能有一个聚簇索引。非聚簇索引是数据存储与索引存储不在同一个地方。与非聚簇索引相比，聚簇索引一般情况下可以获得更快的数据访问速度。

创建索引可以大大提高系统的性能，主要表现为以下几个方面。

首先，通过创建唯一性索引，可以保证数据库表中每一行数据的唯一性。

其次，通过索引，可以大大加快数据的检索速度。

再次，通过索引可以加速表和表之间的连接，从而有效实现数据的完整性，然后，在使用分组和排序子句进行数据检索时，可以显著减少查询中分组和排序的时间。

最后，通过使用索引，可以在查询的过程中，使用优化隐藏器，提高系统的性能。

索引可以有效地提高查询效率，那么为什么不因此而将所有的列都建立索引呢？其实索引尽管可以带来方便，但并非越多越好，过多的索引也会带来许多不利的问题。

首先，创建索引和维护索引要耗费时间、空间，当数据量比较小时，这种问题还不够突出，而当数据量比较大时，这种缺陷会比较明显，效率会非常低下。

其次，除了数据表占数据空间之外，每一个索引还需要占用一定的物理空间，如果要建立聚簇索引，那么需要的空间就会更大，从而造成不必要的空间浪费。

最后，当对表中的数据进行增加、删除和修改时，索引也要进行动态的维护，从而降低了数据的维护速度。

通过以上分析发现，如果需要提高查询速度，那么可以在经常被查询的字段上创建索引来提高查询效率。对于 Name（姓名）和 Age（年龄），通常而言，姓名是被查询得更多的字段，因此，通过在 Name 字段上增加索引可以提高查询效率，所以，选项 B 正确。

所以，本题的答案为 B。

7. 答案：B。

分析：本题考查的是计算机网络与通信的知识。

本题解题的关键是弄懂 IP 地址的原理。互联网上的每台主机都有一个 IP 地址，IP 地址包含网络号和主机号，并且这种组合是唯一的。所有 IP 地址（主要说的是 IPv4）都是 32 位的长度。在过去几十年来，IP 地址被分成了五大类，分别为 A 类、B 类、C 类、D 类和 E 类，如图 39 所示。

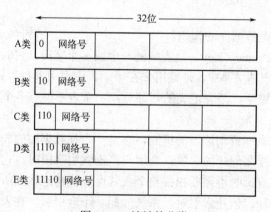

图 39 IP 地址的分类

131 用二进制表示为 10000011，显然，它是 B 类地址，所以，选项 B 正确。

所以，本题的答案为 B。

8. 答案：C。

分析：本题考查的是编译原理的知识。

计算机中一共定义了 4 种文法，具体介绍如下。

（1）0-型文法（短语结构文法）　0 型文法的能力相当于图灵机。任何 0 型语言都是递归可枚举的；反之，递归可枚举集必定是一个 0 型语言。

（2）1-型文法（上下文相关文法）　αAβ→αBβ 一样的形式。这里的 A 是非终结符号，而 α、β 和 B 是包含非终结符号与终结符号的字符串，即 A 只有出现在 α1α2 的上下文中，才允许用 B 替换。

（3）2-型文法（上下文无关文法）　文法的产生式为：A→α，其中，A 是非终结符号，α 是包含非终结符号与终结符号的字符串。

（4）3-型文法（正规文法）　这种文法要求产生式的左侧只能包含一个非终结符号，产生式的右侧只能是空串、一个终结符号或者一个非终结符号后随一个终结符号；如果所有产生式的右侧都不含初始符号 S，那么规则 S→ε 也允许出现。这种文法规定的语言可以被有限状态自动机接收，也可以通过正则表达式来获得。正规语言通常用来定义检索模式或者程序设计语言中的词法结构。

在 4 种文法的基础上定义了 4 种语言。

（1）0-型文法产生的语言称为 0-型语言。

（2）1-型文法产生的语言称为 1-型语言，也称作"上下文有关语言"。

（3）2-型文法产生的语言称为 2-型语言，也称作"上下文无关语言"。

（4）3-型文法产生的语言称为 3-型语言，也称作"正规语言"。

表 18 给出 4 种文法的特点以及对应的语言。

表 18　计算机中的 4 种文法

文　法	语言类型	语　言	自　动　机
0-型	0-型	递归可枚举语言	图灵机
1-型	1-型	上下文相关语言	线性有界非确定图灵机
2-型	2-型	上下文无关语言	非确定下推自动机
3-型	3-型	正规语言	有限状态自动机

由表 18 的分析可知，下推自动机属于 2-型语言，所以，选项 C 正确。

所以，本题的答案为 C。

9. 答案：D。

分析：本题考查的是宏的知识。

宏是一种语法替换，用于说明某一特定输入（通常是字符串）如何根据预定义的规则转换成对应的输出（通常也是字符串），使用带参数的宏只是进行简单的字符替换。通常，使用带参数的宏有以下几个特点。

（1）程序运行可能会稍微快些　一个函数调用在执行时通常会有些额外开销——存储上

下文信息、复制参数的值等，而一个宏的调用则没有这些运行开销。

（2）通用　与函数的参数不同，宏的参数没有类型。因此，只要预处理后的程序依然合法，宏可以接受任何类型的参数。例如，可以使用 MAX 宏从两个数中选出较大的一个，数的类型可以是 int、long int、float、double 等。

（3）编译后的代码通常会变大　每一处宏调用都会导致插入宏的替换列表，由此导致程序源代码增加（因此，编译后的代码数量变大）。宏被使用得越频繁，这种效果就越明显。当宏调用嵌套时，这个问题会相互叠加从而使程序变得更加复杂。

本题中，当调用函数 add(3,4)时，会把其替换成 3+4，因此，5×add(3,4)=5×3+4=19。正因如此，一般在宏定义时最好通过增加括号的方式来避免产生不期望的结果。如果本题中把宏定义改为：#define add(a,b) (a+b)，那么上述程序的运行结果为：5×(3+4)=35。

所以，本题的答案为 D。

引申：含参数的宏与函数有什么区别？

含参数的宏有时完成的是函数实现的功能，但是并非所有的函数都可以被含参数的宏所替代。具体而言，含参数的宏与函数的优缺点如下。

（1）函数调用时，先求出实参表达式的值，然后带入形参。而使用带参的宏只是进行简单的字符替换。

（2）函数调用是在程序运行时处理的，它需要分配临时的内存单元；而宏展开则是在编译时进行的，在展开时并不分配内存单元，也不进行值的传递处理，也没有"返回值"的概念。

（3）对函数中的实参和形参都要定义类型，二者的类型要求一致，如果不一致，那么应进行类型转换；而宏不存在类型问题，宏名无类型，它的参数也无类型，只是一个符号代表，展开时带入指定的字符即可。宏定义时，字符串可以是任何类型的数据。

（4）调用函数只可得到一个返回值，而使用宏可以设法得到几个结果。

（5）使用宏次数多时，宏展开后源程序会变得很长，因为每展开一次都使程序内容增长，而函数调用不使源程序变长。

（6）宏替换不占用运行时间，而函数调用会占运行时间（分配单元、保留现场、值传递、返回）。

（7）当参数每次用于宏定义时，它们都将重新求值，由于多次求值，具有副作用的参数可能会产生不可预料的结果。而参数在函数被调用前只求值一次，在函数中多次使用参数并不会导致多种求值过程，参数的副作用并不会造成任何特殊的问题。

一般来说，用宏来代表简短的表达式比较合适。

10．答案：B。

分析，本题考查的是计算机网络与通信的知识。

HTTP 有很多不同的返回值，下面只给出部分常见的返回值。

（1）2xx——成功

● 200 - OK：处理成功。

● 201 - Created：服务器已经创建了资源。

● 202 - Accepted：已经接受请求，但处理尚未完成。

● 203 - Non-Authoritative Information：文档已经正常地返回，但一些应答头可能不正确。

- 204－No Content：没有新文档，浏览器应该继续显示原来的文档。
- 205－Reset Content：没有新的内容，但浏览器应该重置它所显示的内容，用来强制浏览器清除表单中输入的内容。
- 206－Partial Content：客户发送了一个带有 Range 头的 GET 请求，服务器完成了它（HTTP 1.1 中的新功能）。

（2）4xx——客户端错误

- 401－Unauthorized：访问被拒绝，客户试图未经授权访问受密码保护的页面。
- 403－Forbidden：资源不可用，服务器理解客户的请求，但拒绝处理它。通常由服务器上文件或目录的权限设置导致。

（3）5xx——服务器错误

- 500－Internal Server Error：服务器遇到了意料不到的情况，不能完成客户的请求。
- 501－Not Implemented：服务器不支持实现请求所需要的功能，页眉值指定了未实现的配置。
- 502－Bad Gateway：服务器作为网关或者代理时，为了完成请求访问下一个服务器，但该服务器返回了非法的应答。
- 503－Service Unavailable：服务不可用，服务器由于维护或者负载过重而未能应答。
- 504－Gateway Timeout：网关超时，由作为代理或网关的服务器使用，表示不能及时地从远程服务器获得应答。

所以，本题的答案为 B。

11．答案：A。

分析：本题考查的是基本运算中的多进制数运算知识。

本题可以采用假设法来求解。假设采用的是六进制，那么计算过程为：$4 \times 5 = 20$，$20/6 = 3$，$20\%6 = 2$，因此，4×5 的结果等于 2，进位值为 3。接着计算 $1 \times 4 + 3$（进位值）$= 7$，由于 $7/6 = 1$，$7\%6 = 1$，因此，计算结果为 1，进位为 1，所以，计算结果为 112，符合题目预期，假设成立。

而选项 B、选项 C、选项 D 中的三种假设都不满足题意。根据排除法，只有选项 A 正确。

所以，本题的答案为 A。

12．答案：A。

分析：本题考查的是赫夫曼编码的知识。

赫夫曼编码（Huffman Coding）用到一种被称为"前缀编码"的技术，即任意一个数据的编码都不是另一个数据编码的前缀。而最优二叉树（即赫夫曼树，带权路径长度最小的二叉树）就是一种实现赫夫曼编码的方式。赫夫曼编码的过程就是构造赫夫曼树的过程，相应算法如下。

（1）有一组需要编码且带有权值的字母，如 a(4)、b(8)、c(1)、d(2)、e(11)，括号内分别为各字母相对应的权值。

（2）选取字母中权值较小的两个结点 c(1)和 d(2)组成一个新二叉树，其父亲结点的权值为这两个字母权值之和，记为 f(3)，然后将该结点加入原字母序列中（不包括已经选择的权值最小的两个字母），则剩下的字母为 a(4)、b(8)、e(11)、f(3)。此时得到的树如图 40 所示。

（3）重复进行步骤（2），直到所有字母都加入到二叉树中为止，最后得到的二叉树如图

41 所示。

图 40 选取结点 c 和 d 组成的二叉树

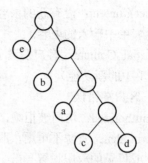

图 41 所有字母加入后得到的二叉树

如果用 0 表示左分支，1 表示右分支，那么得到的编码为：a(110)、b(10)、c(1110)、d(1111)、e(0)。

由于赫夫曼编码不是唯一的，对于本题而言，主要的思路为：对于每个选项而言，可以先画出二叉树结构图，然后判断其是否满足赫夫曼编码的条件。

选项 A 对应的二叉树结构如图 42 所示。

显然，满足赫夫曼编码的条件。

选项 B 对应的二叉树结构如图 43 所示。

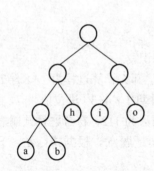

图 42 选项 A 对应的二叉树结构

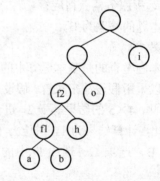

图 43 选项 B 对应的二叉树结构

对于这个二叉树而言，第一步选出权值小的两个结点 a：4 和 b：3，其父亲结点的权值为 f1：7，然后从列表里删除结点 a 和结点 b，增加结点 f1：{ o：12，h：7，i：10，f1：7}，接着选出权值较小的两个结点 h 和 f1，构造它们的父结点 f2：14。然后从列表里删除结点 h 与 f1，增加新结点 f2：{o：12，i：10，f2：14}，接下来应该选权值较小的两个结点 o 与 i，因此，结点 o 与 i 肯定是兄弟结点，这个二叉树不满足条件。因此，选项 B 错误。

同理，对于选项 C 和选项 D 可以采用同样的方法进行分析。

所以，本题的答案为 A。

13．答案：C、D。

分析：本题考查的是计算机网络与通信的知识。

开放系统互联（Open System Interconnection，OSI）七层网络模型又称为"开放式网络互联参考模型"，它是国际标准组织制定的一个指导信息互联、互通和协作的网络规范，"开放"

指的是只要遵循 OSI 标准，位于世界上任何地方的任何系统之间都可以进行通信；"开放"系统指的是遵循互联协议的实际系统，如电话系统。从逻辑上可以将其划分为七层模型，由下至上分别为物理层、数据链路层、网络层、传输层、会话层、表示层、应用层，其中上三层称为高层，用于定义应用程序之间的通信和人机界面。下四层称为底层，用于定义数据如何进行端到端的传输（End-to-End）、物理规范以及数据与光电信号间的转换。

以下是其分层示例。

应用层（Application）

表示层（Presentation）

会话层（Session）

传输层（Transport）

网络层（Network）

数据链路层（Data Link）

物理层（Physical）

具体而言，从上往下每一层的功能如下。

（1）应用层（Application Layer）

应用层也称为"应用实体"，一般指的是应用程序，该层主要负责确定通信对象，并确保由足够的资源用于通信。常见的应用层协议有 FTP、HTTP、SNMP 等。

（2）表示层（Presentation Layer）

表示层一般负责数据的编码以及转化，以确保应用层能够正常工作。该层是界面与二进制代码间互相转化的地方，同时该层负责进行数据的压缩、解压、加密、解密等，该层也可以根据不同的应用目的将数据处理为不同的格式，表现出来就是各种各样的文件扩展名。

（3）会话层（Session Layer）

会话层主要负责在网络中的两个结点之间建立、维护、控制会话，区分不同的会话，以及提供单工（Simplex）、半双工（Half Duplex）、全双工（Full Duplex）三种通信模式的服务。网络文件系统（Network File System，NFS）、远程过程调用（Remote Procedure Call，RPC）协议、X Windows 等都工作在该层。

（4）传输层（Transport Layer）

传输层是 OSI 模型中最重要的一层，它主要负责分割、组合数据，实现端到端的逻辑连接。数据在上三层是整体的，到了这一层开始被分割，这一层分割后的数据被称为"段（Segment）"。三次握手（Three-way Handshake）、面向连接（Connection-Oriented）或非面向连接（Connectionless-Oriented）的服务、流量控制（Flow Control）等都发生在这一层。工作在传输层的一种服务是 TCP/IP 套中的 TCP（传输控制协议），另一项传输层服务是 IPX/SPX 协议集的序列分组交换（Sequenced Packet Exchange，SPX）协议。常见的传输层协议有 TCP、UDP、SPX 等。

（5）网络层（Network Layer）

网络层的作用是将网络地址翻译为物理地址，并决定将数据从发送方路由到接收方，主要负责管理网络地址、定位设备、决定路由。路由器即工作在这一层。上层的数据段在这一层被分割，封装后叫作"包（Packet）"。包有两种：一种叫作"用户数据包（Data Packets）"，是上层传下来的用户数据；另一种叫作"路由更新包（Route Update Packets）"，是直接由路由器发出来的，用来和其他路由器进行路由信息的交换。常见的网络层协议有 IP、路由信息协议（Routing Information Protocol，RIP）、开放式最短路径优先（Open Shortest Path First，OSPF）等。

（6）数据链路层（Data Link Layer）

数据链路层为 OSI 模型的第二层，用于控制物理层与网络层之间的通信，主要负责物理传输的准备，包括物理地址寻址、CRC 校验、错误通知、网络拓扑、流量控制、重发等。MAC 地址和交换机都工作在这一层。上层传下来的包在这一层被分割封装后叫作"帧（Frame）"。常见的数据链路层协议有 SDLC、STP、帧中继、HDLC 等。

（7）物理层（Physical Layer）

物理层是实实在在的物理链路，它规定了激活、维持、关闭通信端点之间的机械特性、电气特性、功能特性以及过程特性，为上层协议提供了一个传输数据的物理媒体，负责将数据以比特流的方式发送、接收。常见的物理媒体有双绞线、同轴电缆等。属于物理层相关的规范有 EIA/TIARS-232、EIA/TIA RS-449、RJ-45 等。

所以，本题的答案为 C、D。

14．答案：C。

分析：本题考查的是栈结构的知识。

栈是一个"后进先出"的数据结构，可以根据这个特点进行分析。

对于选项 A，可以把字符 A、B、C、D、E 按顺序入栈，然后出栈，此时就可以得到选项 A 中的序列，所以，选项 A 正确。

对于选项 B，由于序列第一个元素为字符 D，因此肯定需要先把字符 A、B、C、D 入栈，然后，字符 D 出栈得到第一个元素字符 D；由于序列的下一个元素为字符 E，因此下一步需要把字符 E 入栈再出栈，此时就可以得到字符 E，接下来栈中的元素依次出栈得到序列 CBA，所以，选项 B 正确。

对于选项 C，序列第一个元素为字符 D，那么肯定需要先把字符 A、B、C、D 入栈，然后字符 D 出栈得到第一个元素字符 D；由于第二个元素为字符 C，因此下一步字符 C 出栈得到序列 DC，接下来序列为 E，那么需要把字符 E 入栈再出栈得到字符 E，此时栈中字符 A 在栈底，字符 B 在栈顶，只能得到出栈序列 BA，而无法得到序列 AB，因此，不可能得到输出序列 DCEAB，所以，选项 C 错误。

对于选项 D，字符 A、B、C、D、E 5 个元素，每个元素入栈后就马上出栈，就可以得到这个序列，所以，选项 D 正确。

所以，本题的答案为 C。

15．答案：B、D。

分析：本题考查的是线程的知识。

线程是指程序在执行过程中，能够执行程序代码的一个执行单元。

进程是指一段正在执行的程序。而线程有时也被称为"轻量级进程"，是程序执行的最小单元。一个进程可以拥有多个线程，各个线程之间共享程序的内存空间（代码段、数据段和堆空间）及一些进程级的资源（如打开的文件），但是各个线程拥有自己的栈空间，进程与线程的关系如图 44 所示。

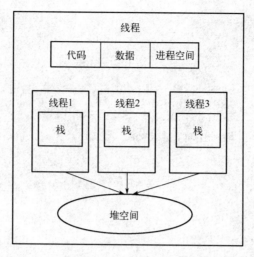

图 44　进程与线程的关系

具体而言，线程共享的内容包括代码段、数据段、堆空间、进程打开的文件描述符、进程的当前目录以及进程的用户 ID 和组 ID。

线程独占的资源包括栈、线程 ID、寄存器的值、错误返回码以及线程的新号屏蔽码。

所以，选项 B 与选项 D 正确，选项 A 与选项 C 错误。

所以，本题的答案为 B、D。

16．答案：D。

分析：本题考查的是面向对象的知识。

构造函数是一种特殊的函数，用来在对象实例化时初始化对象的成员变量。构造函数具有以下特点。

（1）构造函数名必须与类的名字相同，并且不能有返回值（返回值也不能为 void）。

（2）每个类可以有多个构造函数。当开发人员没有提供构造函数时，编译器会提供一个没有参数、默认的构造函数，但该构造函数不会执行任何代码。如果开发人员提供了构造函数，那么编译器就不会再创建默认的构造函数了。

（3）构造函数可以被重载，因此，一个类可以有多个构造函数。

（4）构造函数的主要作用是完成对象的初始化工作。

（5）构造函数不能被继承，但是构造函数能够被重载，可以使用不同的参数个数或参数类型来定义多个构造函数。

（6）在类的继承关系中，当父类没有提供无参数的构造函数时，子类的构造函数中必须显式地调用父类的构造函数，如果父类中提供了无参数的构造函数，那么此时子类的构造函数就可以不显式地调用父类的构造函数，在这种情况下编译器会默认调用父类的无参数的构造函数。当有父类时，在实例化对象时会先执行父类的构造函数，然后才执行子类的构造函数。

在继承关系中，当定义派生类对象时，构造函数的执行顺序如下：基类的构造函数→对象成员的构造函数→派生类本身的构造函数。

析构函数的执行顺序恰好和构造函数的执行顺序相反，当对象脱离其作用域时（如对象所在的函数已调用完毕），系统会自动执行析构函数，示例代码如下。

```
#include <iostream.h>
class C{
public:
        C(){
                cout << "C Construct" << endl;
        }
        ~C(){
                cout << "C Deconstruct" << endl;
        }
};

class Base {
public:
        Base()
        {
                cout << "Base Construct\n";
        }
        ~Base()
        {
                cout << "Base Destruct\n";
        }
};

class Derived : public Base {
private:
        C c;
public:
        Derived()
        {
                cout << "Derived Construct\n";
        }

        ~Derived()
        {
                cout << "Derived Destruct\n";
        }
};

void main()
{
        //定义派生类对象
        Derived obj;
}
```

程序的运行结果为：

```
Base Construct
C Construct
```

```
Derived Construct
Derived Destruct
C Deconstruct
Base Destruct
```

所以，本题的答案为 D。

二、问答题

1．答案：

（1）UIView 和 CALayer 是什么

CALayer 是动画中经常使用的一个类，它包含在 QuartzCore 框架中。CALayer 类在概念上和 UIView 类似，是一些被层级关系树管理的矩形块，同时也可以包含一些内容（像图片、文本或者背景色），管理子图层的位置。它们有一些方法和属性用来做动画和变换。使用 CoreAnimation 开发动画的本质就是将 CALayer 中的内容转化为位图从而供硬件操作。

CALayer 是一个比 UIView 更底层的图形类，是对底层图形 API（OpenGL ES）一层层封装后得到的一个类，用于展示一些可见的图形元素，保留了一些基本的图形化的操作，但同时由于相对高度的封装，操作使用变得很简单。CALayer 用于管理图形元素，甚至可以制作动画，它保留了一些几何属性，例如：位置、尺寸、图形变换等。一般的 CALayer 是作为 UIView 背后的支持角色，在创建了一个 UIView 的同时也存在一个相应的 CALayer，UIView 作为 CALayer 的代理角色去实现一些功能，例如常见的为 UIView 制作一个圆角，就会用到 UIView 背后的 layer 操作。

```
view.layer.cornerRadius = 10;
```

就是说 CALayer 可以通过 UIView 很方便地展示和操作 UI 元素，但是 CALayer 自身单独也可以展示和操作可见元素，且灵活度更高，它自身有一些可见可设置的属性，例如：背景色、border 边框、阴影等。

另外 UIView 简单说是一个可以在里面渲染可见内容的矩形框，并且重要的是它里面的内容可以和用户进行交互，UIView 可以对交互事件进行处理。除了其背后 CALayer 的图形操作支持，UIView 自身也有像设置背景色等最基本的属性设置。

（2）UIView 和 CALayer 的联系

UIView 和 CALayer 的主要联系上面已经提到，CALayer 在 UIView 背后提供更加丰富灵活的图形操作，UIView 作为 CALayer 的代理更加快速地帮助 CALayer 显示一些常用的 UI 元素并提供交互。

另外，UIView 类是所有视图的基类，CALayer 是图层类。事实上，UIView 和 CALayer 是平行的层级关系。每一个 UIView 都有一个 CALayer 实例的图层属性，视图的责任就是创建并管理图层，以确保当子视图在层级关系中被添加或者被移除的时候，与它们相关联的图层也同样在层级关系树中有相同的操作。

（3）UIView 和 CALayer 的区别

1）CALayer 无法响应用户事件　UIView 和 CALayer 的最明显区别在于它们的可交互性，即 UIView 可以响应用户事件，而 CALayer 则不可以，原因可以从这两个类的继承关系上看出（见图 45），UIView 是继承自 UIResponder 的，决定了 UIView 类及其子类能够通过响应链（iOS 通过视图层级关系来传递触摸事件）接收并响应用户事件。而 CALayer 直接继承于 NSObject 类，所以它不清楚具体的响应链，也就无法响应用户事件。

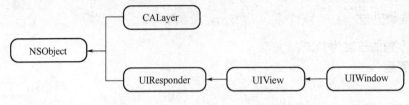

图 45　CALayer 和 UIView 继承关系

2）分工不同　UIView 类侧重于对显示内容的管理和整体布局，而 CALayer 侧重于显示内容的绘制、显示和动画。

3）所属框架不同　UIView 类是属于 UIKit.framework 框架的，UIKit 框架主要就是用来构建用户界面的。CALayer 类是属于 QuartzCore.framework 框架的，而且 CALayer 是作为一个低级的，可以承载绘制内容的底层对象出现在该框架的。

2．答案：简单地说，沙盒就是系统中应用程序的一块相对封闭的独立空间，需要通过特殊限制通道才能访问沙盒外系统中的资源。沙盒是一种为了系统安全而为安装的应用设置的一种访问屏障，限制应用程序访问系统文件、系统偏好、网络资源和硬件设备等，沙盒内的应用不会对系统的安全造成威胁。沙盒内是应用程序的内部空间，应用的内部空间即系统中该应用的沙盒目录，用来保存应用资源和数据等。应用程序只能访问自己的沙盒目录，而应用程序之间禁止数据的共享和访问。

为了帮助应用管理其数据，每一个沙盒目录都包含几个通用的子文件目录，用于放置应用文件。例如 iOS 开发中常见的 Document 目录、tmp 目录以及 Library 目录等。以下将针对它们进行重点分析。

（1）Documents 目录

Document 目录主要用于存储非常大的文件或需要非常频繁更新的数据，目录中的文件能够进行 iTunes 或 iCloud 的备份。获取 Document 目录的代码如下所示。

```
/* 获取 Document 目录 */
NSString *documents = [NSSearchPathForDirectoriesInDomains(NSDocumentDirectory, NSUserDomainMask, YES) lastObject];
```

（2）Library 目录

在 Library 目录下分别有 Preferences 和 Caches 目录，其中，Preferences 目录主要用于存放应用程序的设置数据，能进行 iTunes 或 iCloud 备份，通常保存应用的设置信息。而 Caches 目录主要用于存放数据缓存文件，不能进行 iTunes 或 iCloud 备份，适合存储体积大、不需要备份的非重要数据。获取 Caches 目录的代码如下。

```
/* 获取 Caches 目录 */
NSString *cacheDirectory = [NSSearchPathForDirectoriesInDomains(NSCachesDirectory, NSUserDomainMask, YES) lastObject];
```

（3）tmp 目录

tmp 目录是应用程序的临时目录。里面的文件不能进行 iTunes 或 iCloud 备份，而且这里面的文件随时可能会被系统清除。获取 tmp 目录的代码如下。

```
/* 获取 tmp 目录 */
NSString *tmpDirectory = NSTemporaryDirectory();
```

需要注意的是，虽然不能直接访问其他应用程序中的数据，但是可以借助 iOS 提供的特定的 API 访问一些特殊应用，例如联系人应用等。

获取各种沙盒路径的方法如下所示。

```
/* 1.获取 Home 目录路径: */
NSString *homeDir = NSHomeDirectory();
/* 2.获取 Documents 目录路径: */
NSArray *docpaths = NSSearchPathForDirectoriesInDomains(NSDocumentDirectory, NSUserDomainMask, YES);
NSString *docDir = [docpaths objectAtIndex:0];
/* 3.获取 Library/Caches 目录路径: */
NSArray *cachepaths = NSSearchPathForDirectoriesInDomains(NSCachesDirectory, NSUserDomainMask, YES);
NSString *cachesDir = [cachepaths objectAtIndex:0];
/* 4.获取 tmp 目录路径: */
NSString *tmpDir = NSTemporaryDirectory();
/* 5.获取应用程序包中资源文件路径(获取程序包中一个图片资源'img.png'的路径): */
NSString *imgPath = [[NSBundle mainBundle] pathForResource:@"img" ofType:@"png"];
UIImage *image = [[UIImage alloc] initWithContentsOfFile:imgPath];
```

3．答案：数据可以存放在 CPU 或者内存中。CPU 处理快，但是容量少；内存容量大，但是转交给 CPU 处理的速度慢。为此，需要 Cache（缓存）来做一个折中。最有可能的数据先从内存调入 Cache，CPU 再从 Cache 读取数据，这样会快许多。然而，Cache 中所存放的数据不是 50%有用的。CPU 从 Cache 中读取到有用数据称为"命中"。

由于主存中的块比 Cache 中的块多，所以当要从主存中调一个块到 Cache 中时，会出现该块所映射到的一组（或一个）Cache 块已全部被占用的情况。此时，需要被迫腾出其中的某一块，以接纳新调入的块，这就是替换。

Cache 替换算法有 RAND 算法、FIFO 算法、LRU 算法、OPT 算法和 LFU 算法。

（1）随机（RAND）算法

随机算法就是用随机数发生器产生一个要替换的块号，将该块替换出去，此算法简单、易于实现，而且它不考虑 Cache 块过去、现在及将来的使用情况。但是由于没有利用上层存储器使用的"历史信息"、没有根据访存的局部性原理，故不能提高 Cache 的命中率，命中率较低。

（2）先进先出（FIFO）算法

先进先出（First In First Out，简称 FIFO）算法是将最先进入 Cache 的信息块替换出去。FIFO 算法按调入 Cache 的先后决定淘汰的顺序，选择最早调入 Cache 的字块进行替换，它不需要记录各字块的使用情况，比较容易实现，系统开销小，其缺点是可能会把一些需要经常使用的程序块（如循环程序）也作为最早进入 Cache 的块替换掉，而且没有根据访存的局部性原理，故不能提高 Cache 的命中率。最早调入的信息可能以后还要用到，或者经常要用到，如循环程序。此法简单、方便，利用了主存的"历史信息"，但并不能说最先进入的就不经常使用，其缺点是不能正确反映程序局部性原理，命中率不高，可能出现一种异常现象。例如，Solar－16/65 机 Cache 采用组相连方式，每组 4 块，每块都设定一个两位的计数器，当某块被装入或被替换时该块的计数器清为 0，而同组的其他各块的计数器均加 1，当需要替换时就选择计数值最大的块被替换掉。

（3）近期最少使用（LRU）算法

近期最少使用（Least Recently Used，简称 LRU）算法是将近期最少使用的 Cache 中的信息块替换出去。LRU 算法是依据各块使用的情况，总是选择那个最近最少使用的块被替换。这种方法虽然比较好地反映了程序局部性规律，但是这种替换方法需要随时记录 Cache 中各块的使用情况，以便确定哪个块是近期最少使用的块。LRU 算法相对合理，但实现起来比较复杂，系统开销较大。通常需要对每一块设置一个称为计数器的硬件或软件模块，用以记录其被使用的情况。

实现 LRU 策略的方法有多种，例如计数器法、寄存器栈法及硬件逻辑比较法等，下面简单介绍计数器法的设计思路。

计数器法：缓存的每一块都设置一个计数器。计数器的操作规则如下。

1）被调入或者被替换的块，其计数器清"0"，而其他的计数器则加"1"。

2）当访问命中时，所有块的计数值与命中块的计数值要进行比较，如果计数值小于命中块的计数值，那么该块的计数值加"1"；如果块的计数值大于命中块的计数值，那么数值不变。最后将命中块的计数器清为"0"。

3）需要替换时，则选择计数值最大的块被替换。

（4）最优替换（OPT）算法

使用最优替换算法时必须先执行一次程序，统计 Cache 的替换情况。有了这样的先验信息，在第二次执行该程序时便可以用最有效的方式来替换，以达到最优的目的。

前面介绍的几种页面替换算法主要是以主存储器中页面调度情况的历史信息为依据的，它假设将来主存储器中的页面调度情况与过去一段时间内主存储器中的页面调度情况是相同的，显然，这种假设不总是正确的。最好的算法应该是选择将来最久不被访问的页面作为被替换的页面，这种替换算法的命中率一定是最高的，它就是最优替换算法。

要实现 OPT 算法，唯一的办法是让程序先执行一遍，记录下实际的页地址的使用情况。根据这个页地址的使用情况才能找出当前要被替换的页面。显然，这样做是不现实的。因此，OPT 算法只是一种理想化的算法，然而它也是一种很有用的算法。实际上，经常把这种算法用来作为评价其他页面替换算法好坏的标准。在其他条件相同的情况下，哪一种页面替换算法的命中率与 OPT 算法最接近，那么它就是一种比较好的页面替换算法。

（5）近期最少使用（LFU）算法

近期最少使用算法选择近期最少访问的页面作为被替换的页面。显然，这是一种非常合理的算法，因为到目前为止最少使用的页面，很可能也是将来最少访问的页面。该算法既充分利用了主存中页面调度情况的历史信息，又正确反映了程序的局部性。但是，这种算法实现起来非常困难，它要为每个页面设置一个很长的计数器，并且要选择一个固定的时钟为每个计数器定时计数。在选择被替换页面时，要从所有计数器中找出一个计数值最大的计数器。

三、算法设计与实现

1. 答案：

方法一 蛮力法

最容易想到的方法就是对这个给定的数加 1，然后判断这个数是不是"不重复数"，如果不是，那么继续加 1，直到找到"不重复数"为止。显然，这种算法的效率非常低下。

方法二 从右到左的贪心算法

例如，给定数字 11099，先对这个数字加 1，变为 11000；接着从右向左找出第一对重复的数字 00，对这个数字加 1，变为 11001；接着从右向左找出下一对重复的数 00，将其加 1，同时把这一位往后的数字变为 0101…串（当某个数字自增后，只有把后面的数字变成 0101…才是最小的数字），这个数字变为 11010，接着采用同样的方法，11010 变为 12010。根据这个思路给出实现思路如下。

（1）对给定的数加 1。

（2）循环执行如下操作：对给定的数从右向左找出第一对重复的数，对这个数字加 1，然后把这个数字后面的数变为 0101…以得到新的数。对于这个新得到的数，循环执行第（2）步操作，直到这个数是"不重复数"为止。

下面以 99120 为例介绍具体的实现方法，过程如图 46 所示。

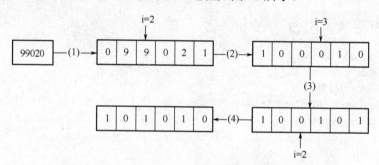

图 46 实现过程

（1）把数字加 1 并转换为字符串。

（2）从右向左找到第一组重复的数 99（数组下标为 i=3），然后把 99 加 1，变为 100，然后把后面的字符变为 01010…串，得到 100010。

（3）由于执行过程（2）后对下标为 2 的值进行了修改，因此，它可能与下标为 i=3 的值相同，因此，变量 i 自增变为 i=3，接着从 i 开始从右向左找出下一组重复的数字 00，对 00 加 1 变为 01，后面的字符变为 01010…串，得到 100101。

（4）同理，再执行完过程（3）后，使变量 i 自增变为 i=4，接着从下标 4 开始从右向左遍历找出下一组重复的数字 00（i=2），使用与过程（3）相同的方法后，数字变为 101010，这个数字就是最小的"不重复数"。

需要注意的是，在把数字转换成字符数组时，数组下标是从 1 开始的，下标为 0 的位置存储的值 "0"，主要是为了处理进位的问题。根据这个思路的实现代码如下。

```
#include <iostream>
#include <string.h>
#include <stdlib.h>
using namespace std;
/*
*函数功能：处理数字相加的进位
*输入参数：num 为字符数组，pos 为进行加 1 操作对应的下标位置
*/
void carry(char *num, int pos)
{
    for (; pos>0; pos--)
    {
        if (num[pos]>'9')
        {
            num[pos] = '0';
            num[pos - 1]++;
        }
    }
}
/*
*函数功能：获取大于 n 的最小不重复数
*输入参数：n 为正整数
*返回值：大于 n 的最小不重复数
*/
int findMinNonDupNum(int n)
{
    int count = 0;              //用来记录循环次数
    char* ch = new char[n];
    //char ch[15];
    sprintf(ch, "0%d", n + 1);  //把给定数字加1并转换为字符数组，数组首位的值为 "0"
    int len = strlen(ch) - 1;   //数字 n 的长度
    int i = len;                //从右向左遍历
    while (i>0)
    {
        count++;
        if (ch[i - 1] == ch[i])
        {
            ch[i]++;            //末尾数字加 1
            carry(ch, i);       //处理进位
            //把下标为 i 后面的字符串变为 0101…串
            for (int j = i + 1; j <= len; j++)
            {
                if ((j - i) % 2 == 1)
                    ch[j] = '0';
                else
                    ch[j] = '1';
            }
            //第 i 位加 1 后，可能会与第 i+1 位相等，i++用来处理这种情况
            i++;
        }
```

```
                else
                {
                    i--;
                }
        }
        cout << "循环次数为: " << count << endl;
        int num = atoi(ch);
        delete[] ch;
        return num;
}
int main()
{
        cout << findMinNonDupNum(23345) << endl;
        cout << findMinNonDupNum(1101010) << endl;
        cout << findMinNonDupNum(99010) << endl;
        cout << findMinNonDupNum(8989) << endl;
        return 0;
}
```

程序的运行结果为:

```
循环次数为: 7
23401
循环次数为: 11
1201010
循环次数为: 13
101010
循环次数为: 10
9010
```

方法三 从左到右的贪心算法

与第二种方法类似,只不过是从左到右开始遍历,如果碰到重复的数字,那么把其加 1,后面的数字变成 0101…串,实现代码如下。

```
#include <iostream>
#include <string.h>
#include<stdlib.h>
using namespace std;
/*
*函数功能: 处理数字相加的进位
*输入参数: num 为字符数组, pos 为进行加 1 操作对应的下标位置
*/
void carry(char *num, int pos)
{
        for (; pos>0; pos--)
        {
                if (num[pos]>'9')
                {
                        num[pos] = '0';
                        num[pos - 1]++;
```

```
            }
        }
    }
    /*
    *函数功能：获取大于 n 的最小不重复数
    *输入参数：n 为正整数
    *返回值：大于 n 的最小不重复数
    */
    int findMinNonDupNum(int n)
    {
        int count = 0;
        char ch[15];
//把给定数字加 1 并转换为字符数组，数组首位的值为"0"
        sprintf(ch, "0%d", n + 1);
        int len = strlen(ch) - 1;                    //数字 n 的长度
        int i = 2; //从左向右遍历
        while (i <= len)
        {
            count++;
            if (ch[i - 1] == ch[i])
            {
                ch[i]++;                             //末尾数字加 1
                carry(ch, i);                        //处理进位
                //把下标为 i 后面的字符串变为 0101…串
                for (int j = i + 1; j <= len; j++)
                {
                    if ((j - i) % 2 == 1)
                        ch[j] = '0';
                    else
                        ch[j] = '1';
                }
            }
            else
            {
                i++;
            }
        }
        cout << "循环次数为："  << count << endl;
        //把字符数组转换为数字返回
        return atoi(ch);
    }
    int main()
    {
        cout << findMinNonDupNum(23345) << endl;
        cout << findMinNonDupNum(1101010) << endl;
        cout << findMinNonDupNum(99010) << endl;
        cout << findMinNonDupNum(8989) << endl;
        return 0;
    }
```

程序的运行结果为：

```
循环次数为：5
23401
循环次数为：7
1201010
循环次数为：6
101010
循环次数为：5
9010
```

显然，第三种方法的循环次数少于第二种方法，因此，其性能要优于第二种方法。

2. 答案：最容易想到的方法为遍历字符串所有可能的子串（蛮力法），判断其是否为回文字符串，然后找出最长的回文子串。但是当字符串很长时，这种方法的效率是非常低下的，因此，这种方法不可取。下面介绍几种相对高效的方法。

方法一　动态规划

在采用蛮力法找回文子串时，其实有很多字符的比较是重复的，因此，可以把前面比较的中间结果记录下来以供后面使用，这就是动态规划的基本思想。那么，如何根据前面查找的结果，判断后续的子串是否为回文字符串？下面给出判断的公式，即动态规划的状态转移公式。

给定字符串"S0 S1 S2···Sn"，假设 $P(i, j)=1$ 表示"Si Si+1···Sj"是回文字符串，$P(i, j)=0$ 表示"Si Si+1···Sj"不是回文字符串，那么存在以下几点性质。

（1）$P(i, i) = 1$。

（2）如果 $Si = Si+1$，那么 $P(i, i+1)=1$；否则，$P(i, i+1)=0$。

（3）如果 $Si+1 = Sj+1$，那么 $P(i+1, j+1)=P(i, j)$。

根据这几个公式，实现代码如下。

```cpp
#include <iostream>
#include <string.h>
using namespace std;
/*
*函数功能：找出字符串最长的回文子串
*输入参数：str 为字符串，startIndex 与 len 为找到的回文字符的起始位置与长度
*/
void getLlongestPalindrome(char* str, int& startIndex, int& len)
{
    if (str == NULL)
        return;
    int n = strlen(str);                 //字符串长度
    if (n<1)
        return;
    startIndex = 0;
    len = 1;
    int i, j;
    //申请额外的存储空间记录查找的历史信息
    int** historyRecord = new int*[n];
```

```
        for (i = 0; i<n; i++)
        {
                historyRecord[i] = new int[n];
        }
        for (i = 0; i<n; i++)
        for (j = 0; j<n; j++)
                historyRecord[i][j] = 0;
        //初始化长度为 1 的回文字符串信息
        for (i = 0; i < n; i++)
        {
                historyRecord[i][i] = 1;
        }
        //初始化长度为 2 的回文字符串信息
        for (i = 0; i < n - 1; i++)
        {
                if (str[i] == str[i + 1])
                {
                        historyRecord[i][i + 1] = 1;
                        startIndex = i;
                        len = 2;
                }
        }
        //查找从长度为 3 开始的回文字符串
        for (int pLen = 3; pLen <= n; pLen++)
        {
                for (int i = 0; i < n - pLen + 1; i++)
                {
                        j = i + pLen - 1;
                        if (str[i] == str[j] && historyRecord[i + 1][j - 1])
                        {
                                historyRecord[i][j] = 1;
                                startIndex = i;
                                len = pLen;
                        }
                }
        }
        //释放存储空间
        for (i = 0; i<n; i++)
                delete[] historyRecord[i];
        delete[] historyRecord;
}
int main()
{
        char str[] = "abcdefgfedxyz";
        int startIndex = -1;
        int len = -1;
        getLlongestPalindrome(str, startIndex, len);
        if (startIndex != -1 && len != -1)
        {
                cout << "最长的回文子串为: ";
```

```
                for (int i = startIndex; i<startIndex + len; i++)
                        cout << str[i];
        }
        else
        {
                cout << "查找失败";
        }
        return 0;
}
```

程序的运行结果为：

最长的回文子串为：defgfed

算法性能分析：

这个算法的时间复杂度为 $O(n^2)$，空间复杂度也为 $O(n^2)$。

此外，还有另外一种动态规划的方法可用于实现最长回文字符串的查找。其主要思路为：对于给定的字符串 str1，求出对其进行逆序的字符串 str2，然后 str1 与 str2 的最长公共子串就是 str1 的最长回文子串。

方法二　中心扩展法

判断一个字符串是否为回文字符串的最简单的方法为：从字符串最中间的字符开始向两边扩展，通过比较左右两边字符是否相等就可以确定这个字符串是否为回文字符串。这种方法对于字符串长度为奇数和偶数的情况需要分别对待。例如，字符串"aba"，就可以从最中间位置的字符 b 开始向两边扩展；但是对于字符串"baab"，就需要从中间的两个字母开始分别向左右两边扩展。

基于回文字符串的这个特点，找回文字符串的主要思路为：对于字符串中的每个字符 C_i，向两边扩展，找出以这个字符为中心的回文字符串的长度。由于回文字符串的长度有奇偶性之分，因此这里需要分两种情况：①以 C_i 为中心向两边扩展；②以 C_i 和 C_{i+1} 为中心向两边扩展。

实现代码如下：

```
#include <iostream>
#include <string.h>
using namespace std;
/*
*函数功能：对字符串 str，以 C1 和 C2 为中心向两侧扩展，寻找回文子串
*输入参数：str 为字符串，C1 和 C2 为字符串的下标位置，
*startIndex 与 len 为找到的回文字符串的起始位置与长度
*/
void expandBothSide(char* str, int c1, int c2, int& startIndex, int& len)
{
        int n = strlen(str);
        while (c1 >= 0 && c2 < n && str[c1] == str[c2])
        {
                c1--;
                c2++;
```

```
        }
        startIndex = c1 + 1;
        len = c2 - c1 - 1;
}
/*
*函数功能：找出字符串中最长的回文子串
*输入参数：str 为字符串，startIndex 与 len 为找到的回文字符串的起始位置与长度
*/
void getLlongestPalindrome(char* str, int& startIndex, int& len)
{
        if (str == NULL)
                return;
        int n = strlen(str);
        if (n<1)
                return;
        startIndex = 0;                 //最长的回文字符串的起始坐标
        len = 1;                        //最长的回文字符串的长度
        int tmpStartIndex = -1;
        int tmpLen = -1;
        for (int i = 0; i < n - 1; i++)
        {
                //找回文字符串长度为奇数的情况（从第 i 个字符向两边扩展）
                expandBothSide(str, i, i, tmpStartIndex, tmpLen);
                if (tmpLen > len)
                {
                        len = tmpLen;
                        startIndex = tmpStartIndex;
                }
                //找回文字符串长度为偶数的情况（从第 i 和第 i+1 两个字符向两边扩展）
                expandBothSide(str, i, i + 1, tmpStartIndex, tmpLen);
                if (tmpLen > len)
                {
                        len = tmpLen;
                        startIndex = tmpStartIndex;
                }
        }
}
int main()
{
        char str[] = "abcdefgfedxyz";
        int startIndex = -1;
        int len = -1;
        getLlongestPalindrome(str, startIndex, len);
        if (startIndex != -1 && len != -1)
        {
                cout << "最长的回文字符串为：";
                for (int i = startIndex; i<startIndex + len; i++)
                        cout << str[i];
        }
        else
```

```
        {
                cout << "查找失败";
        }
        return 0;
    }
```

程序的运行结果为：

最长的回文字符串为：defgfed

算法性能分析：

这个算法的时间复杂度为 $O(n^2)$，空间复杂度也为 $O(1)$。

方法三　Manacher 算法

第二种方法需要对回文字符串长度为偶数与奇数的情况分开处理，而使用 Manacher 算法可以通过向相邻字符中插入一个分隔符，把回文字符串的长度都变为奇数，从而可以对这两种情况做统一处理。例如，对字符串"aba"插入分隔符后变为"*a*b*a*"，回文字符串的长度还是奇数。对字符串"aa"插入分隔符后变为"*a*a*"，回文字符串长度也是奇数。因此，采用这种方法后可以对这两种情况统一进行处理。

Manacher 算法的主要思路为：先在字符串中相邻的字符中插入分割字符，并在字符串的首尾也插入分割字符（字符串中不存在的字符，本例以*为例作为分割字符）；接着用另外一个辅助的数组 P 来记录以每个字符为中心对应的回文字符串的信息。P[i]记录了以字符串第 i 个字符为中心的回文字符串的半径（包含这个字符），那么以第 i 个字符为中心的回文字符串的长度为 $2 \times P[i]+1$，则 P[i]-1 就是这个回文字符串在原来字符串中的长度。例如，"*a*b*a*"对应的辅助数组 P 为{1, 2, 1, 4, 1, 2, 1}，最大值为 P[3]=4，那么原回文字符串的长度则为 4-1=3。

那么如何来计算 P[i]的值呢？如图 47 所示，可以分为 4 种情况来讨论。

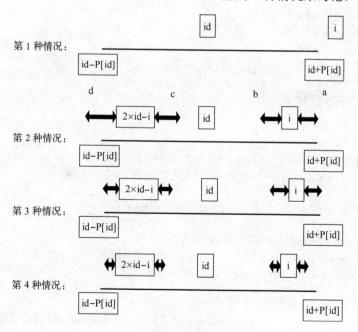

图 47　计算 P[i]的 4 种情况

假设在计算 P[i] 时，已经求出的 P[id]（id<i）使得 id+P[id] 的值最大，即以第 id 个字符为中心的回文字符串最右端的下标值最大。

（1）i 没有落到 P[id] 对应的回文字符串中（第 1 种情况）。此时因为没有参考的值，因此，只能把字符串第 i 个字符作为中心，向两边扩展来求 P[i] 的值。

（2）i 落到了 P[id] 对应的回文字符串中，此时可以把 id 当作对称点，找出 i 对称的位置 2×id-i，如果 P[2×id-i] 对应的回文字符串的左半部分有一部分落在 P[id] 内，另一部分落在 P[id] 外（第 2 种情况），那么 P[i]= id+P[id]-i，也就是 P[i] 的值等于 P[id] 与 P[2×id-i] 重叠部分的长度。P[i] 不可能比 id+P[id]-i 更大。

证明如下：假设 P[i]> id+P[id]-i，以 i 为中心的回文字符串可以延长 a、b 两部分（延长的长度足够小，使得 P[i]< P[2×id-i]），如第 2 种情况所示。由回文字符串的特性可以得出：a=b，找出 a 与 b 以 id 为对称点的字串 d、c。由于 d 和 c 落在了 P[2×id-i] 内，因此，c=d；又因为 b 和 c 落在了 P[id] 内，因此，b=c。所以，可以得到 a=d，这与已经求出的 P[id] 矛盾，因此，p[id] 的值不可能更大。

（3）i 落到了 P[id] 对应的回文字符串中，把 id 当作对称点，找出 i 对称的位置 2×id-i，如果 P[2×id-i] 对应的回文字符串的左半部分与 P[id] 对应的回文字符串的左半部分完全重叠，那么 P[i] 的最小值为 P[2×id-i]，在此基础上继续向两边扩展，求出 P[i] 的值。

（4）i 落到了 P[id] 对应的回文字符串中，把 id 当作对称点，找出 i 对称的位置 2×id-i，如果 P[2×id-i] 对应的回文字符串的左半部分完全落在了 P[id] 对应的回文字符串的左半部分，那么 P[i]=P[2×id-i]。

根据以上这 4 种情况可以得出 "P[i] >= MIN(P[2×id- i], P[id]-i)"。在计算时可以先求出 P[i] = MIN(P[2×id - i], P[id]-i)，然后在此基础上向两边继续扩展，寻找最长的回文字符串，根据这个思路的实现代码如下：

```
#include <iostream>
#include <cstring>
using namespace std;
int min(int a, int    b)
{
        return a>b ? b : a;
}
/*
*函数功能：找出字符串最长的回文子串
*输入参数：str 为字符串，center 为回文字符的中心字符，len 表示回文字符串长度
*如果长度为偶数，那么 center 表示中间偏左边的那个字符的位置
*/
void Manacher(char* str, int& center, int& palindromeLen)
{
        int len = strlen(str); //字符串长度
        int newLen = 2 * len + 2;           //加入分隔符后的字符串长度，多申请一个字符存储 "\0"
        char* s = new char[newLen];         //插入分隔符后的字符串
        int* p = new int[newLen];
        int i;
        int id = 0;                         //id 表示以第 id 个字符为中心的回文字符串最右端的下标值最大
        for (i = 0; i < newLen; ++i)
```

```cpp
        {                                  //构造填充字符串
            s[i] = '*';
            p[i] = 0;
        }
        for (i = 0; str[i] != 0; ++i)
            s[(i + 1) * 2] = str[i];
        s[newLen - 1] = '\0';
        center = -1;
        palindromeLen = -1;
        //求解 p 数组
        for (i = 1; s[i] != 0; ++i)
        {
            if (id + p[id] > i)                //图中第一、二、三种情况
                p[i] = min(id + p[id] - i, p[2 * id - i]);
            else                              //对应图中第一种情况
                p[i] = 1;
            //接着向左右两边扩展，求最长的回文子串
            while (s[i - p[i]] == s[i + p[i]])
                p[i]++;
            //当前求出的回文字符串最右端的下标更大
            if (i + p[i] > id + p[id])
            {
                id = i;
            }
            //当前求出的回文字符串更长
            if (p[i] - 1 > palindromeLen)
            {
                center = (i + 1) / 2 - 1;
                palindromeLen = p[i] - 1;          //更新最长回文子串的长度
            }
        }
        delete[] p;
        delete[] s;
}

int main()
{
        int center;
        int palindromeLen;
        char str[] = "abcbax";
        Manacher(str, center, palindromeLen);
        if (center != -1 && palindromeLen != -1)
        {
            cout << "最长的回文字符串为：";
            //回文字符串的长度为奇数
            if (palindromeLen % 2 == 1)
            for (int i = center - palindromeLen / 2; i <= center + palindromeLen / 2; i++)
                cout << str[i];
```

```
                        //回文字符串的长度为偶数
                        else
                        {
                                for (int i = center - palindromeLen / 2; i<center + palindromeLen / 2; i++)
                                        cout << str[i];
                        }
                }
                else
                {
                        cout << "查找失败";
                }
                return 0;
        }
```

程序的运行结果为：

最长的回文字符串为：abcba

算法性能分析：

这个算法的时间复杂度和空间复杂度都为 O(n)。

3．答案：本题求满足"a[j]-a[i] <= L"和"a[j+1]-a[i] > L"这两个条件的 j 与 i 中间的所有点个数中的最大值，即 j-i+1 最大，这样题目就简单多了，方法也很简单：直接从左到右扫描，两个指针 i 和 j，i 从位置 0 开始，j 从位置 1 开始，如果 a[j] - a[i] ≤L，那么 j++前进，并记录中间经过的点的个数，如果 a[j] - a[i] > L，那么 j--回退，覆盖点个数-1，回到刚好满足条件的时候，将满足条件的最大值与所求最大值做比较，然后执行 i++、j++，直到求出最大的点个数。

有以下两点需要注意。

1）这里可能没有 i 和 j 使得 a[j] - a[i]刚好等于 L，所以，判断条件不能为 a[j] - a[i] = L。

2）可能存在不同的覆盖点但覆盖的长度相同，此时只选择第一次覆盖的点。

示例代码如下。

```
#include <iostream>
using namespace std;
int maxCover(int a[], int n, int L)
{
        int count = 2;
        int maxCount = 1;                        //最多覆盖的点个数
        int start;                               //覆盖坐标的起始位置
        int i = 0, j = 1;
        while (i < n && j < n)
        {
                while ((j < n) && (a[j] - a[i] <= L))
                {
                        j++;
                        count++;
```

```
            }
            j--;
            count--;
            if (count>maxCount)
            {
                start = i;
                maxCount = count;
            }
            i++;
            j++;
        }
        cout << "覆盖的坐标点: ";
        for (i = start; i < start + maxCount; i++)
        {
            cout << a[i] << " ";
        }
        cout << endl;
        return maxCount;
    }

int main()
{
    int a[] = { 1, 3, 7, 8, 10, 11, 12, 13, 15, 16, 17, 19, 25 };
    printf("最多覆盖的点个数: %d\n\n", maxCover(a, 13, 8));
    return 0;
}
```

程序的运行结果为：

```
覆盖的坐标点: 7 8 10 11 12 13 15
最多覆盖的点个数: 7
```

真题详解 18　某知名 IT 外企校招 iOS 开发笔试题详解

一、单选题

1. 答案：D。

分析：本题考查的是 MRC 下的对象引用计数和 NSString 对象的内存管理。

题目中 str 是通过字面量创建的，是一个放在常量区的字符串常量，由系统管理和优化其内存，创建后可以认为已经被 autorelease 了。它并不是由程序员手动管理其内存，对其进行引用计数操作是无意义的。其引用计数的值永远都是一个机器能表示的最大数，代表它的引用计数是没有意义且不会改变的。另外如果字符串对象是通过 stringWithFormat 或 initWithFormat 格式化方式创建的，那么就和一般的对象无异，是创建在堆上面，需要手动管理其内存参与引用计数。

所以，本题的答案为 D。

2．答案：A。

分析：选项 A 中的是 tableView 的方法而不是代理。

所以，本题的答案为 A。

3．答案：C。

分析：本题考查的是前置自减运算符--与 while 循环的知识。

对于 while 循环而言，只要循环条件（while 语句后面括号内的表达式的值）为真，则循环一直进行下去；对于前置自减运算符--而言，当运算结束后，变量的值会减 1（注意区分前置运算符与后置运算符的差别）。

本题中，while 循环的条件是变量 a 的值大于 0，由于 a 的初始化值为 100，因此，当代码执行时，会进入 while 循环内执行，由于执行了一次自减操作，于是变量 a 的值变为 99，a 的值此时仍然大于 0，此时循环继续执行，直到 a 的值变为 0，不满足 while 循环的条件，此时循环终止，所以，最终变量 a 的值为 0。因此，选项 C 正确。

所以，本题的答案为 C。

4．答案：B。

分析：本题考查的是排序算法的知识。

本题中，对于选项 A，选择排序的原理是每一次从待排序的数据元素中选出最小（或最大）的一个元素，存放在序列的起始位置，直到全部待排序的数据元素排完序为止，它不需要额外开辟空间，所以，选项 A 错误。

对于选项 B，归并排序是一个递归的问题，它采用"分治"的思想实现，但是这种算法需要额外的存储空间（归并子数组的时候），所以，选项 B 正确。

对于选项 C，快速排序是在数组自身上进行交换的，并不会产生额外的空间，所以，选项 C 错误。

对于选项 D，堆排序每次只对一个元素操作，是"就地排序"（如果排序算法所需的辅助空间并不依赖于问题的规模 n，即辅助空间为 O(1)，那么称为"就地排序"），所用辅助空间为 O(1)，不需要开辟额外的存储空间，所以，选项 D 错误。

所以，本题的答案为 B。

5．答案：A。

分析：本题考查的是操作系统的知识。

在操作系统中，文件是按照块的形式进行存储的。如果能够将块的大小设置得更大一些，那么当读取时，一次性读取的内容就会更多，磁盘吞吐量（每秒磁盘 I/O 的流量，即磁盘写入加上读出的数据的大小）就会得到提升，但是，也需要看到，当块的空间变大时，由于文件可能不能占满整个块，因此会造成大量的块内容被浪费，成为碎片，此时反而会导致磁盘的利用率下降。

那么，将块的内容定义为多大较为合适呢？通常需要根据系统的情况综合考虑。如果系统用作邮件或者新闻服务器，那么使用较大的块大小，虽然性能会有所提高，但会造成磁盘空间较大的浪费。例如，文件系统中的文件平均大小为 2145B，如果使用 4096B 的块大小，那么平均每一个文件就会浪费 1951B 空间。如果使用 1024B 的块大小，那么平均每一个文件会浪费 927byte 的空间。

通过上面的分析可知，如果将固定块大小的文件系统中块的大小设置得更大一些，那么会有更好的磁盘吞吐量和更差的磁盘空间利用率，所以，选项 A 正确，选项 B、选项 C、选项 D 错误。

所以，本题的答案为 A。

6. 答案：A。

分析：本题考查的是二叉树的知识。

二叉树是每个结点最多有两个子树的树结构，通常子树被称作"左子树"（Left Subtree）和"右子树"（Right Subtree）。所谓遍历（Traversal），是指沿着某条搜索路线，依次对树中每个结点均做一次且仅做一次访问。而通常情况下，如果中序遍历未知，那么无法还原出二叉树。但本题只要求判断根结点的孩子结点，因此，是可以实现的。

二叉树中的前序遍历也称为"先根遍历"或"先序遍历"，遵循的原则为"根左右"，即先遍历根结点，再遍历根结点的左子树结点，最后遍历根结点的右子树结点。从前序遍历序列可知，结点 e 紧跟着结点 a，可得结论①：结点 a 为根结点；结论②：当结点 e 为结点 a 的右孩子时，结点 a 有且仅有结点 e 一个孩子。

二叉树中的后序遍历也称为"后根遍历"，其遵循的原则为"左右根"，即先遍历左子树结点，再遍历右子树结点，最后遍历根结点。从后序遍历序列可知，结点 e 之后紧跟结点 a，可得结论③：当结点 e 为结点 a 的左孩子时，结点 a 有且仅有结点 e 一个孩子。从结论①、②、③可知，根结点的孩子有且仅有 e。

通过前序遍历序列和后序遍历序列不能够唯一确定一棵二叉树，本题存在图 48 所示的两种情况。

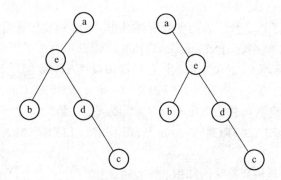

图 48　两种二叉树结构

但无论是以上哪一种情况，都可以看出根结点的孩子结点只有 e。

所以，本题的答案为 A。

7. 答案：C。

分析：本题考查的是概率与统计的知识。

本题中，假设为了生育男孩，每个家庭孩子个数的期望值为 n，家庭孩子个数为 n 的概率为 p(n)，那么，可以有如下推理。

| P(1)=0.5 | //有一个孩子，只有可能是男孩的概率为 0.5 |

P(2)=0.5×0.5	//有两个孩子，第一胎是女孩，第二胎是男孩
P(3)=0.5×0.5×0.5	//有三个孩子，第一胎是女孩，第二胎是女孩，第三胎是男孩
…	
P(n)=0.5^n	//有 n 个孩子，前 n-1 胎都是女孩，最后一胎是男孩

那么家庭孩子的期望值为：$1×p(1)+2×p(2)+…+n×p(n)=2$。

因此，每个家庭孩子个数的期望值为 2，也就是说，有一个男孩一个女孩。因此，男女个数是相等的。

还有一种简单的方法可以得出这个结论：在所有出生的第一个小孩中，男女比例是 1：1；在所有出生的第二个小孩中，男女比例是 1：1；……在所有出生的第 n 个小孩中，男女比例还是 1：1。因此，男女个数总是相等的，所以，总的男女比例是 1：1。

所以，本题的答案为 C。

8. 答案：B。

分析：本题考查的是数据库的知识。

在 SQL 语言中，"%"和"_"表示的是通配符（通配符指的是一种特殊语句，用于进行模糊查询，在匹配字符串时，可以用它来代替一个或多个真正字符，当不知道真正字符或者不愿输入完整名字时，常常使用通配符代替一个或多个真正的字符），其中"%"表示的是 0 个或多个字符，而"_"表示的是一个字符。

在本题的查找条件中，要求倒数第三个字母为"W"，所以，字符"W"后面有两个其他字符，可以表示成"W__"，并且还要求至少包含 4 个字母，而当以"%"开头时，它表示的字符可以不存在，所以，开头应加一个"_"，那么查询条件子句应写成 WHERE DNAME LIKE '_%W__'。

所以，本题的答案为 B。

需要注意的是，除了以上介绍的两种通配符以外，SQL 语言中还有两种通配符：[charlist]表示字符列中的任何单一字符，[^charlist]或者[!charlist]表示不在字符列中的任何一个字符。例如，要求从名为"Persons"的表中选取居住的城市以"A"或"L"或"N"开头的人，可以使用下面的 SELECT 语句：SELECT * FROM Persons WHERE City LIKE '[ALN]%'。要求从名为"Persons"的表中选取居住的城市不以"A"或"L"或"N"开头的人，可以使用下面的 SELECT 语句：SELECT * FROM Persons WHERE City LIKE '[!ALN]%'。

9. 答案：B。

分析：本题考查的是最短路径的知识。

如果从图中某一顶点（源点）到达另一顶点（终点）的路径可能不止一条，有这样一条路径，沿此路径上各边的权值总和（称为路径长度）最小，那么该路径称为最短路径。

本题中，如果将各条边的权值按从小到大排序，那么权值乘以 2 之后的排序不变，也就是权重的相对关系不变，P 仍是最短路径，所以，选项 B 正确。

所以，本题的答案为 B。

10. 答案：A。

分析：本题考查的是一个简单函数的执行结果分析。

本题中，要想知道函数的返回值，关键就需要洞悉函数的执行过程，当进行 for 循环时，一共执行了以下内容。

循环 1：sum=1，i=3。

循环 2：sum=4，i=5。

循环 3：sum=9，i=7。

循环 4：sum=16，i=9。

循环 5：sum=25，i=11。

循环 6：sum=36，i=13。

循环 7：sum=49，i=15。

…

通过规律可以发现，sum 的值为循环次数的平方，本题中，22×22=484，循环退出时，sum=484，函数返回 true。而 sum 的值等于 $1+3+5+\cdots+k=(k+1)^2/4$，且 k 为奇数，当 $(k+1)^2/4 \geqslant$ n 时循环结束，n 的值为 484，所以，$(k+1)^2 \geqslant 1936$，如果存在奇数 k 使得等式成立，那么函数返回 true，否则，返回 false，正好当 k=43 时，等号成立。因此，返回 true。所以，选项 A 正确。

所以，本题的答案为 A。

11．答案：C。

分析：本题考查的是排列组合的知识。

通过题意可知，对称矩阵可以根据对角线下方的元素推断出上方的元素，因此，只需要存储对角线及其以下的元素即可确定该矩阵内容，所以，可以得出这样一个结论，对称矩阵可由它的下三角矩阵唯一确定。

本题中，第一行需要填充 1 个元素，第二行需要填充 2 个元素……第 n 行需要填充 n 个元素，加起来有 $1+2+3+\cdots+n= n(n+1)/2$ 个元素。此外，每个数字是 0 或 1 两种可能，因此，一共有 power(2,n(n+1)/2)个不同的对称矩阵。

所以，本题的答案为 C。

12．答案：A。

分析：本题考查的是编译器的知识。

有限状态自动机（Finite State Automation，FSA）是为研究有限内存的计算过程和某些语言类而抽象出来的一种计算模型。有限状态自动机拥有有限数量的状态，每个状态可以迁移到零个或多个状态，输入字串决定执行哪个状态的迁移。有限状态自动机可以表示为一个有向图。有限状态自动机是自动机理论的研究对象，所以，选项 A 正确。

下推自动机（Pushdown Automation，PDA）是自动机理论中定义的一种抽象的计算模型。下推自动机比有限状态自动机复杂：除了有限状态组成部分外，还包括一个长度不受限制的栈；下推自动机的状态迁移不但要参考有限状态部分，而且要参照栈当前的状态；状态迁移不仅包括有限状态的变迁，还包括一个栈的出栈或入栈过程。术语"下推"来自原型机械自动机物理上接触穿孔卡片来阅读其内容的下推动作。术语"确定下推自动机"（Deterministic Pushdown Automation，DPDA）指的是识别确定上下文无关语言的抽象计算设备。

图灵机，又称图灵计算、图灵计算机，是由数学家艾伦·麦席森·图灵（1912 年—1954 年）提出的一种抽象计算模型，它有一条无限长的纸带，纸带分成了一个一个的小方格，每个方格有不同的颜色。有一个机器头在纸带上移来移去，机器头有一组内部状态，还有一些固定的程序。在每个时刻，机器头都要从当前纸带上读入一个方格信息，然后结合自己的内部状态查找程序表，根据程序输出信息到纸带方格上，并转换自己的内部状态，然后进行移动。

词法分析（Lexical Analysis）是计算机科学中将字符序列转换为单词（Token）序列的过程，是编译过程的第一个阶段。完成词法分析任务的程序称为"词法分析程序"或"词法分析器或扫描器"。从左至右地对源程序进行扫描，按照语言的词法规则识别各类单词，并产生相应单词的属性字。词法分析器一般以函数的形式存在，供语法分析器调用。

通过上述分析可知，词法分析主要依靠有限状态自动机进行，所以，选项 A 正确。

所以，本题的答案为 A。

13．答案：C。

分析：本题考查了两个知识点。一个知识点是静态变量的使用；另一个知识点是递归函数的使用。

本题中，首先定义了一个静态变量 i，它的值初始化为 1，以后每次调用 f 函数，该值都不会重新初始化，而会在原来的基础上继续执行后续操作。

具体执行过程如下。

（1）执行 f(1)，静态变量 i 的值为 1，由于 n 的值为 1，因此，执行完代码以后，n 的值变为 2，i 的值变为 2，此时返回 f(2)。

（2）执行 f(2)，n 的值变为 4，i 的值变为 3，此时返回 f(4)。

（3）执行 f(4)，n 的值变为 7，i 的值变为 4，此时返回 f(7)。

（4）执行 f(7)，由于 7>5，此时返回 7。

所以，f(1)=7，选项 C 正确。

所以，本题的答案为 C。

二、多选题

1．答案：A、C、D。

分析：本题考查的是对 iOS 中的类别（Category）和扩展（Extensions）特性的理解。

选项 A 的说法正确，正是类别扩展的特点。

选项 B 中的说法是继承的特点，implement 中是写方法实现的，并不能增加方法和属性，所以选项 B 是错误的。

选项 C 和 D 的说法都是正确的，Extensions 扩展区域可以添加新属性和新方法，并且不会暴露在头文件中，起到私有封装的作用，且该区域声明的方法可以不被实现，但是编译器会给出警告。

所以，本题的答案为 A、C、D。

2．答案：A、B、C、D。

分析：表视图内置的扩展视图指的是 cell 单元格右边的内置样式图标或按钮，内置就有 4 个选项中的这 4 种样式（开发者还可以使用 UITableView 的 accessoryView 属性添加自定义样式）：选项 A 中的 UITableViewCellAccessoryNone 指的是没有样式；选项 B 中的 UITableViewCellAccessoryDisclosureIndicator 是一个朝右的指示箭头，通常表示单击 cell 会进入新的扩展视图；选项 C 中的 UITableViewCellAccessoryDetailDisclosureButton 是一个带有朝右箭头的圆形按钮；选项 D 中的 UITableViewCellAccessoryCheckmark 是一个表示选中的对号图标。

所以，本题的答案为 A、B、C、D。

3．答案：A、B、D。

分析：本题考查的是计算机网络与通信的知识。

HTTP 是 Hyper Text Transfer Protocol（超文本传输协议）的缩写，HTTP 是一个属于应用层的、用于从 Web 服务器传输超文本到本地浏览器的传送协议，由请求和响应构成，其主要特点如下。

（1）支持客户/服务器模式。

（2）简单快速　客户向服务器请求服务时，只需传送请求方法和路径。请求方法常用的有 GET、HEAD、POST。每种方法规定了客户与服务器联系的类型不同。由于 HTTP 简单，使得 HTTP 服务器的程序规模小，因此，其通信速度很快。

（3）灵活　HTTP 允许传输任意类型的数据对象。正在传输的类型由 Content-Type 加以标记。

（4）无连接　无连接的含义是限制每次连接只处理一个请求。服务器处理完客户的请求，并收到客户的应答后，即断开连接。采用这种方式可以节省传输时间。

（5）无状态　HTTP 是无状态协议。无状态是指协议对于事务处理没有记忆能力。缺少状态意味着如果后续处理需要前面的信息，那么它必须重传，这样可能导致每次连接传送的数据量增大。此外，在服务器不需要先前信息时它的应答就较快。

本题中，对于选项 A，HTTP 是无状态的，因此，需要 Cookie、Session 等对客户端浏览器做标明，所以，选项 A 不正确。

对于选项 B，FTP 和 HTTP 都是应用层协议，不存在谁使用谁的问题，所以，选项 B 不正确。

对于选项 C，HTTP 的 3×× 状态码表示请求资源被转移。HTTP 状态码被分为五大类，如表 19 所示。

表 19　HTTP 的五大状态码

状　态　码	描　　　述	已定义范围	分　　类
1××	信息性状态码	100～101	信息提示
2××	成功状态码	200～206	成功
3××	重定向状态码	300～305	重定向
4××	客户端错误状态码	400～415	客户端错误
5××	服务器错误状态码	500～505	服务器错误

所以，选项 C 正确。

对于选项 D，HTTP 工作在应用层，TCP 与 UDP 工作在传输层，所以，选项 D 不正确。

所以，本题的答案为 A、B、D。

三、填空题

答案：1。

分析：本题考查的是数学知识。

123456789101112…2014 可以被分解为以下形式：$1×10^n + 2×10^{n-1} + \cdots + 2014$（①式）。而 $10^m - 1$（m 为自然数）都可以被 9 整除，一个能够被 9 整除的数具有这样一个特点：各个数位上的数字之和能被 9 整除，可以使用 $1×9999\cdots9$（共 n-1 个 9）+ $2×9999\cdots9$（共

n−2 个 9）…+ 2013×9（②式）来表示一个能够整除 9 的数，用①式减掉②式之后，其余数不变。而①式减掉②式以后，其结果变为 1 + 2 +…+ 2014，所以，本题的问题就转换为了求 1+2+…+2014 的和除以 9 所得的余数了，而 1 + 2 +…+ 2014 =(1+2014)×2014/2 = 2029105，而不能被 9 整除的数具有这样一个特点：如果各个位数字之和不能被 9 整除，那么所得的余数就是这个数除以 9 得的余数。对于数字 2029105 而言，2+0+2+9+1+0+5=19；对于 19 而言，1+9=10；对于 10 而言，1+0=1，所以，2029105%9=1。所以，123456789101112…2014 除以 9 的余数为 1。

所以，本题的答案为 1。

2．答案：中序。

3．答案：53。

分析：赫夫曼编码是用到一种叫作"前缀编码"的技术，即任意一个数据的编码都不是另一个数据编码的前缀。而最优二叉树即赫夫曼树（带权路径长度最小的二叉树）就是一种实现赫夫曼编码的方式。赫夫曼编码的过程就是构造赫夫曼树的过程，构造赫夫曼树的相应算法如下。

有一组需要编码且带有权值的字母，如 a(3)、b(8)、c(6)、d(2)、e(5)。括号内分别为各字母相对应的权值。

（1）选取字母中权值较小的两个 a(3)、d(2)组成一个新二叉树，其父亲结点的权值为这两个字母权值之和，记为 f(5)。

（2）将 f(5)结点加入原字母序列中（不包括已经选择的权值最小的两个字母），则剩下的字母为 b(8)、c(6)、e(5)、f(5)。

（3）重复进行步骤 1），直到所有字母都加入到二叉树中为止。

根据这个思路可以得到本题所给序列对应的赫夫曼树，如图 49 所示。

树的带权路径长度为树中所有叶子结点的带权路径长度和，这个树的带权路径长度为：3×3+2×3+5×2+6×2+8×2=53。

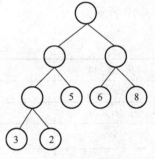

图 49　序列对应的赫尔曼树

四、简答题

1．答案：类别（Category）与继承（Inheritance）的区别如下所示。

（1）子类继承是进行类扩展的另一种常用方法，当然基于子类继承的扩展更加自由、正式，既可以新增属性也可以新增方法。类别可以在不获悉、不改变原来代码的情况下往里面添加新的方法，但也只能添加方法，不能添加属性，属于功能上的扩展。类别的优点是不需要创建一个新的类，而是在系统中已有的类上直接扩展、覆写，不需要更改类就可以添加并使用扩展方法。

（2）相对于子类继承，类别的另一明显优势就是实现了功能的局部化封装，扩展的功能只会在本类被引用时看到。例如，假设原类为 UIButton，现在要使用类别扩展一些用于模块 A 的方法，那么这些扩展方法就可以定义在一个叫作 UIButton+A.h 的头文件中，只有在引用 UIButton+A.h 的地方，才能看到模块 A 添加的那些扩展方法，如果不需要模块 A 的功能，那么不引用 UIButton+A.h 头文件就看不到 UIButton 的那些扩展方法，实现扩展模块的隔离。

类别与扩展（Extension）的区别如下所示。

Category 和 Extension 的明显区别在于，后者可以添加属性。另外后者添加的方法是必须要实现的。Extension 可以认为是一个私有的匿名的 Category，因为 Extension 定义在.m 文件头部，添加的属性和方法都没有暴露在头文件，在不考虑运行时特性的前提下这些扩展属性和方法只能类内部使用，一定程度上可以说是实现了私有的机制。

2．答案：Objective-C 对象可以被复制的条件是要遵守 NSCopying 和 NSMutableCopying 协议，默认是不遵守的。可以向遵守 NSCopying 协议的类的实例发送 copy 消息，也可以向遵守 NSMutableCopying 协议的类的实例发送 mutableCopy（可变复制）消息，而如果没有遵守协议而发送 copy（复制）或 mutableCopy 消息，那么就会出错。两个协议分别对应不可变复制和可变复制，而协议内部的实现方式决定是深复制还是浅复制。

例如，典型的系统类 NSArray 是同时遵守了 NSCopying 和 NSMutableCopying 协议的，因此既可以发送 copy 消息，也可以发送 mutableCopy 消息。此外，iOS 中同时遵守 NSCopying 协议和 NSMutableCopying 协议的类还有：NSString、NSValue、NSDictionary 和 NSSet 及其子类。

如果想自定义深复制或浅复制方法，那么就要先遵守对应的协议，并重新实现对应的协议方法。

NSCopying 的协议方法为 copyWithZone。

```
- (id)copyWithZone:(nullable NSZone *)zone {
// 深复制或浅复制实现
}
```

NSMutableCopying 的协议方法为 mutableCopyWithZone:

```
- (id)mutableCopyWithZone:(nullable NSZone *)zone {
// 深复制或浅复制实现
}
```

3．答案：BAD_ACCESS 报错属于内存访问错误，它会导致程序崩溃，而错误的原因是访问了野指针（悬挂指针）。野指针指的是本来指针指向的对象已经释放了，但指向该对象的指针没有置 nil，指针指向随机的未知的内存，程序还以为该指针指向目标对象，导致存在一些潜在的危险访问操作，这些危险访问操作无法被指针指向的未知内存所处理，就会导致 BAD_ACCESS 错误造成程序崩溃。访问的含义包括多种情况，例如：向野指针发送消息，读写野指针本来指向的对象的成员变量等。

调试 BAD_ACCESS 错误是比较困难的事情，BAD_ACCESS 错误是由于访问了野指针，但程序不会在野指针出现时或者在访问野指针的代码处报错，这就会导致对其难以察觉，而调试 BAD_ACCESS 错误的思路如下所示。

（1）开启僵尸对象诊断

开启僵尸对象诊断模式，利用僵尸对象来对野指针的出现位置提供线索。僵尸对象指的是引用计数为 0 被系统回收的对象，但这些对象暂时还存在于内存中，且理论上还是可以使用的，但是不稳定。开启僵尸对象诊断后，僵尸对象会暂时保持活跃用于调试，野指针在对象回收后依然指向该僵尸对象，在访问野指针也就是访问僵尸对象的情况下可以被编辑器检测出来。这个时候还是会报 BAD_ACCESS 错误，但是后台会打印出该线索，例如下面的访问野指针打印的后台信息。

2017-03-12 16:28:31.501 Debug[2371:1379247] -[TestViewController respondsToSelector:] message sent to deallocated instance 0x16749682

可以看出消息发送给了一个僵尸对象，僵尸对象原本是 TestViewController 的一个实例，但现在该对象被回收了而开发者还试图访问它，由此可以很容易定位问题所在。

另外开启僵尸对象诊断的方法为：打开 Xcode 顶部导航栏的 Product-Scheme-Edit Scheme，在弹出的界面中选中左侧的 Run 模式，然后勾选右侧 Dianostics 下的 Zombie Objects。不同版本 Xcode 可能选项位置略有差异。

（2）Analyze 分析

僵尸对象诊断可以帮助快速定位多数情况下的野指针问题，但也有时候不能奏效，这个时候只能利用 Xcode 的 Analyze 静态分析帮助检查可能存在问题的地方，而仔细检查问题所在，比较费时。

使用方法很简单，选中 Xcode 顶部导航栏 Product-Analyze 或使用快捷键〈Command+Shift+B〉，分析需要花一些时间，然后左侧会列出编辑器发现的存在潜在问题的地方，选中蓝色图标对应的问题项会跳到问题项所在的代码行。但这只能给出一些潜在提示，帮助搜索问题所在，不一定和出现的 bug 相关。